バッタを倒すぜ アフリカで

前野 ウルド 浩太郎

光文社新書

まえがき

100万人の群衆の中から、この本の著者を〝手間がかかる〟が見つけ出す方法がある。

まずは、街頭インタビューを実施し、「あなたのミドルネームは何ですか?」と一人ずつに聞いてほしい。「えっ? ミドルネームとかないですけど?」という怪訝(けげん)な答えが大半を占める中、「ウルドです」と控えめに小声で答えた者が、著者くさい。だが、もしかしたら複数の「ウルド」が紛れ込んでいるかもしれぬ。

そんなときは、絶対なる確証を得るために、活きの良いバッタを著者候補の腕になすりつけてほしい。長期間にわたってバッタを触り過ぎたときに発症する奇病「バッタアレルギー」による蕁麻疹(じんましん)、別名「赤き紋章」が浮き上がった者こそが本書の著者である。実に手間がかかるが、万が一、そんなヤツが複数人いたら世も末である。

古来、アフリカの民は、しばしば大発生し農作物を食い荒らすサバクトビバッタに苦しめられてきた。私は、人類の宿敵とでも言うべきこのバッタと闘うため、アフリカに渡って研究をしているバッタ博士である。

何かの弾みでウッカリこの本を手にしてしまい、日本語の意味はわかるが説明の意味がわからず、このまま読書を継続すべきかどうかジャッジメントを下そうとしている初めましての方々は、ますます心配になっているかと思う。

一方、自らの意志でこの本を手にし、『バッタを倒すぜ　アフリカで』というタイトルにピンときた聡明で博識な方々よ、そう、ご明察の通りこの本は『バッタを倒しにアフリカへ』（光文社新書）の続編である。

前作では、ひそかに進めていたメインの研究について論文発表ができていなかったため本文中で触れることができず、サイドプロジェクト的な研究や西アフリカ・モーリタニアでの珍プレイ、研究者としての就職話を中心に話を進めた。

この時点で前情報を持ち合わせていない初顔合わせの読者の皆様は、「そんなアフリカでの話なんかをよくもまぁ1冊の本にしようと著者は企(たくら)んだもんだし、脅されたのか弱みを握られたのか知らないけれど、光文社は商売度外視でよくもまぁそんな本を出版したもんだ」と呆れているかと思う。

ところが、である。前作は25万部以上売れ、挙句の果てに海外で翻訳されたり、児童書が刊行されたりと異例のベストセラーとなった。なぜゆえにバッタ本がここまで爆売れしたのか、著者ながら世の中を心配すると共に、大勢の物好きたちの大いなる好奇心に感謝するばかりであった。

いやそして、光文社の決死の営業・宣伝活動や、入ってすぐの平台という貴重なスペースに著作を陳列してくださった書店の粋な心意気、色んな紙面で刺激的な書評をしたためてくださった書き手の皆さん、さらには読書を推進してくださるＳＮＳ強者の方々の賜物である。

アフリカで研究を始めてはや13年。ようやく極秘裏に進めていたメインの研究成果を論文発表することができ、学術的要素をふんだんに盛り込んだ本を執筆できる準備が整った。

そのメインの研究とは、サバクトビバッタの繁殖行動について調査したものだ。具体的には、バッタの雌雄がいかにして出会い、結ばれ、産卵しているのか、その一連のプロセスを明らかにしたものである。研究者として、論文発表前の研究成果を公の場で書き記すことは控えるのがしきたりのため、これまで執筆することはできなかった。

秘蔵の話がようやく公表可能になったとはいえ、その内容はバッタの繁殖行動について、である。ぶっちぎりで世の人々の関心を振り切っており、しかも、研究の論文ともなると英語で書かれているわ、やれ理論がどうした、先行研究がこうしたと、難解かつ聞いたこともない専門用語が飛び交っていそうな予感が満載である。実際問題、専門用語やら説明に工夫を凝らさないと、とてもじゃないけど、気楽に読んではいただけない。

この本を執筆するにあたり私が直面したのは、

「人々の興味のない、しかも難解なバッタの繁殖行動話を1冊の本にまとめ、幅広い年齢層をターゲットにして一人でも多くの読者に楽しんでいただく」

オフゥ、なかなか難しい問題、すなわち難問である。たとえ、出版していただけても、嫌がらせや罰ゲームに使われることで著作が話題になったりすると切ない。どうせなら、老若男女の読者の皆様には明るく仲良く元気よく読書していただきたい。

どんな感じで本を書いたらいいか、私は長考することとなった。しかし、いつまでも待ってはいられない。私は忘れっぽいのだ。いくつものエピソードが忘却の彼方（かなた）へと旅立つ前に、本を書いてしまわないといけない。

ただでさえ研究で忙しいのに、恋人ができて、彼女と結ばれ、結婚して子供を授かったら、ますます忙しくなってしまう。今はまだ独身だからなんとかなるけれど、マッチングアプリを活用し、お見合いパーティーにも行き始めたので、恋人ができてしまうのも時間の問題である。この独身期間を逃しては、執筆できないとみた。部屋の片隅で、体育座りのままウィスキー片手に一人しんみり孤独を嘆く時間を執筆に充てたら、研究の時間を削がずに済む。

諸々の状況を鑑み、「裏話」に注目することにした。研究者たちと飲んでいるとたくさんの裏話が飛び交い、研究の内容以上に個性豊かで面白いのだ。研究を始めたきっかけ、どんな工夫をしたのか、どんな悲惨な目に遭ったのか、どんな思いでその研究を進めたのか、など、実にバラエティに富んでおり、しかもウケるときている。バッタの繁殖行動以外の裏話が興味深かったら読者も食いついてくれるかもしれない……。

私の武器となりそうな裏話は、モーリタニアのサハラ砂漠で野宿しながらバッタの生態を調査するというもの。これまた人々の関心とは遠くかけ離れている。

しかしながら、この時代、どういうわけか主人公が何らかの形で異世界へと移動し、生活や冒険をする「異世界転生モノ」と呼ばれるジャンルがマンガや小説で人気を博している。

私のケースは「ノンフィクション・異世界転生」に該当する。フィクションを超える予想外の出来事が日々起き続けており、一部の読者のハートをがっちりわしづかみできるに違いない。

ただ、異世界転生話戦法だけでは多くの人たちに満足していただけない。政治や経済、歴史や健康など、世の人々が強い関心を持っているジャンルを盛り込むことができたら、よりいっそう楽しんで読んでもらえるのではないかと考え、さらに三つの柱を準備することにした。

一つ目の柱は、「婚活」。バッタの繁殖行動はいわば婚活である。人類は、恋に恋い焦がれ、恋に泣いてきた。恋に癒され幸せいっぱいの時を過ごすこともあれば、恋に狂っておかしくなったり人生が破綻したりすることもある。

私は結婚願望丸出しの独身者であり、恋を実らせるため婚活をしているが、苦戦の最中にいる。老若男女、多くの方々は恋に触れたいと願い、あるいは触れた機会があり、婚活は万国共通の話題として興味を持ってもらいやすい強烈な柱になるだろう。恋愛迷子の子猫ちゃんとして、婚活話を押し込んでいきたい。

二つ目の柱は、「仕事」。研究者として論文を発表しなければならないが、どのようにアイデアを生み出し、直面する地味な難問に折り合いをつけ、工夫しながら実験や観察をしてデータ収集を行い、論文を執筆して成果をあげているのか。そうした仕事の進め方を紹介したいと思う。

共同で作業するときにはチームメンバーと良好な関係を築く必要があるし、人を雇い、人に雇われるときは、お金がからんでくるため細心の注意が必要である。人間関係を悪化させないお金の使い方は社会人として極めて重要な課題だ。

また、「こんなこと、やってみたいなぁ」と思うものの、まだ実力が伴わずにできないことは何歳になっても起こりうる。私のケースは異国で、しかもバッタがらみの作業であるため、皆様にそのままの状況が当てはまるわけではないが、自身が成長するために試練に挑むチャレンジ精神がどのように生まれているのか、その誕生秘話を共有したい。

そもそもの進路を決めるときは不安で、心を病むレベルで悩むことになる。どの道に進んだらよいのかは人それぞれだけど、どうしてバッタに人生を懸けることになったのかを紹介することは、路頭に迷う人々を未然に防ぐのに役立つはずだ。

世の人々の多くは仕事をしている／していた／これからするわけで、生きとし生ける者、共通の話題になるに違いなく、仕事話を結め込んでいきたい。

三つ目の柱は、「旅」。世の中には旅本が溢(あふ)れており、人々は日常を離れた景色やグルメ、文化や歴史が大好物である。おまけに旅先では、人との出会いやアクシデントが満載で、旅話は大変魅力的だ。とくに馴染(なじ)みのない地域への海外旅行がもたらす情報は新鮮で、たとえ自ら行くことはなくても話を聞くだけでも十分にお楽しみいただけるものだ。私は研究の都合であちこち異国に出向くが、フラッと現地をかすめるのではなく、現地の人たちと一緒にやいのやいの仕事をしなければならない。一見(いちげん)さんでは出合えない、普段の、家庭的な料理なんかにもありつくことができる。旅話もねじ込んでいきたい。

この本は、すなわち、異世界転生モノ的に、アフリカのバッタの繁殖行動を明らかにしようとする研究者の活動話を大黒柱とし、それを「婚活」「仕事」「旅」という裏話の三本柱で支えたものである。

すでに壮絶にバランスが悪く、崩壊しそうな建てつけになっているが、そこは著者と編集者の腕の見せどころである。どのようにバランスをとりながら本書が綴られるのか、ハラハラしながらお楽しみいただきたい。

私にとって本作が3作目となる。本作では、前作と内容がかぶらないように注意した（当たり前か！）。この本だけを、このまま読み進めても楽しく読書はできる。しかし、前作『バッタを倒しにアフリカへ』を読んでから本書を読むと、登場人物たちの成長っぷりや新たなる一面などがわかり、なおさら楽しく読書できること請け合いである。今回は、お馴染みのモーリタニアに加え、他の大陸にも出向き、新たなるキャラが多数登場する。

本書は、一人の若き研究者が、長年にわたって見過ごされてきたバッタの繁殖行動の謎に気づき、自身が立てた仮説を検証し、論文発表するため、先人たちが築き上げた知のバトンを受け継ぎ、世界各地に散らばっている仲間に助けてもらいながら研究していくアカデミックな闘いの書である。

目　次

第10章 結実のとき

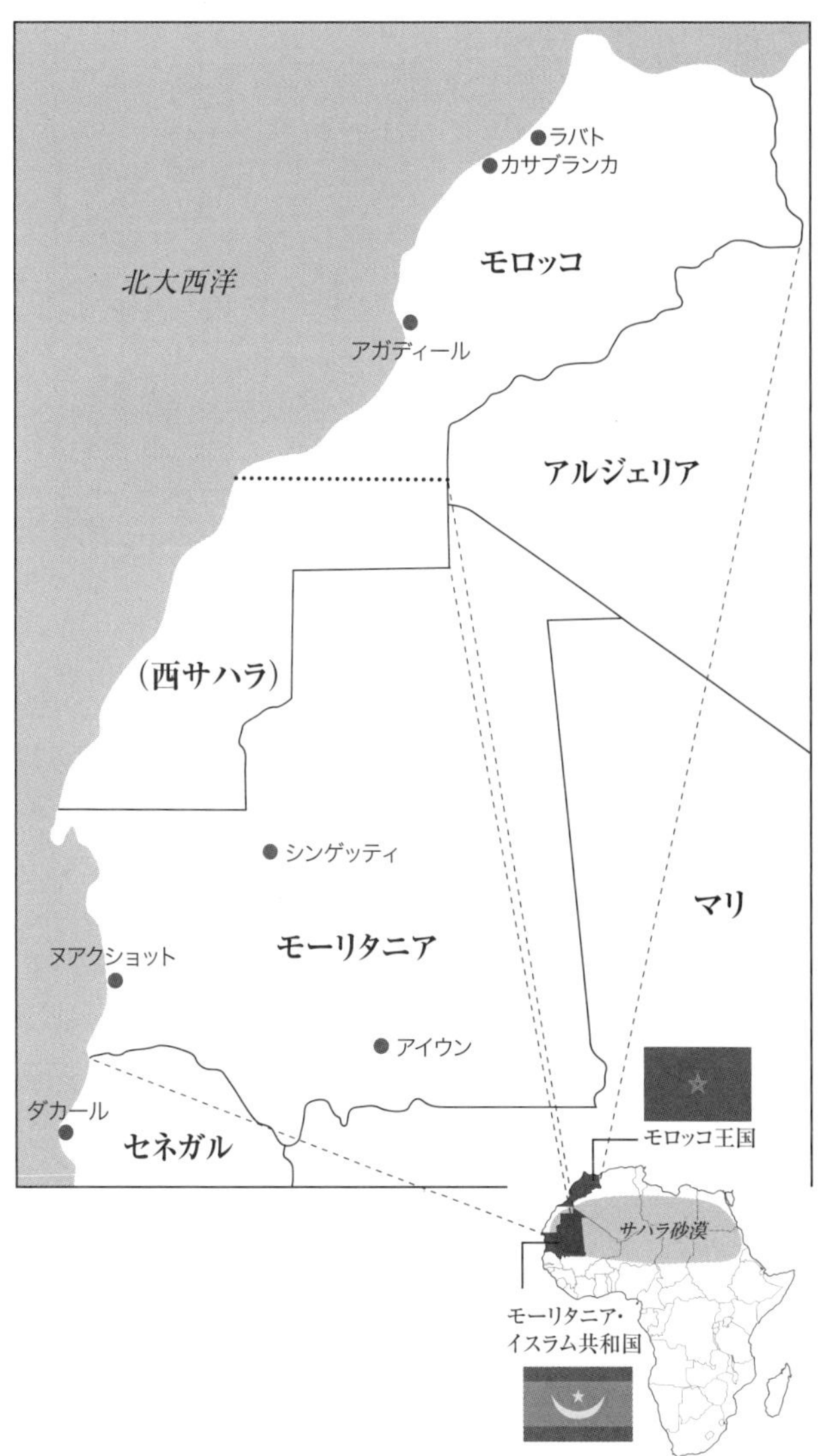

ラバト
カサブランカ
モロッコ
北大西洋
アガディール
アルジェリア
(西サハラ)
シンゲッティ
マリ
モーリタニア
ヌアクショット
アイウン
ダカール
セネガル
モロッコ王国
サハラ砂漠
モーリタニア・
イスラム共和国

イギリス
ベルギー
ドイツ
パリ
フランス
スイス
ビスケー湾
ボルドー
イタリア
モンペリエ
マルセイユ
スペイン
地中海

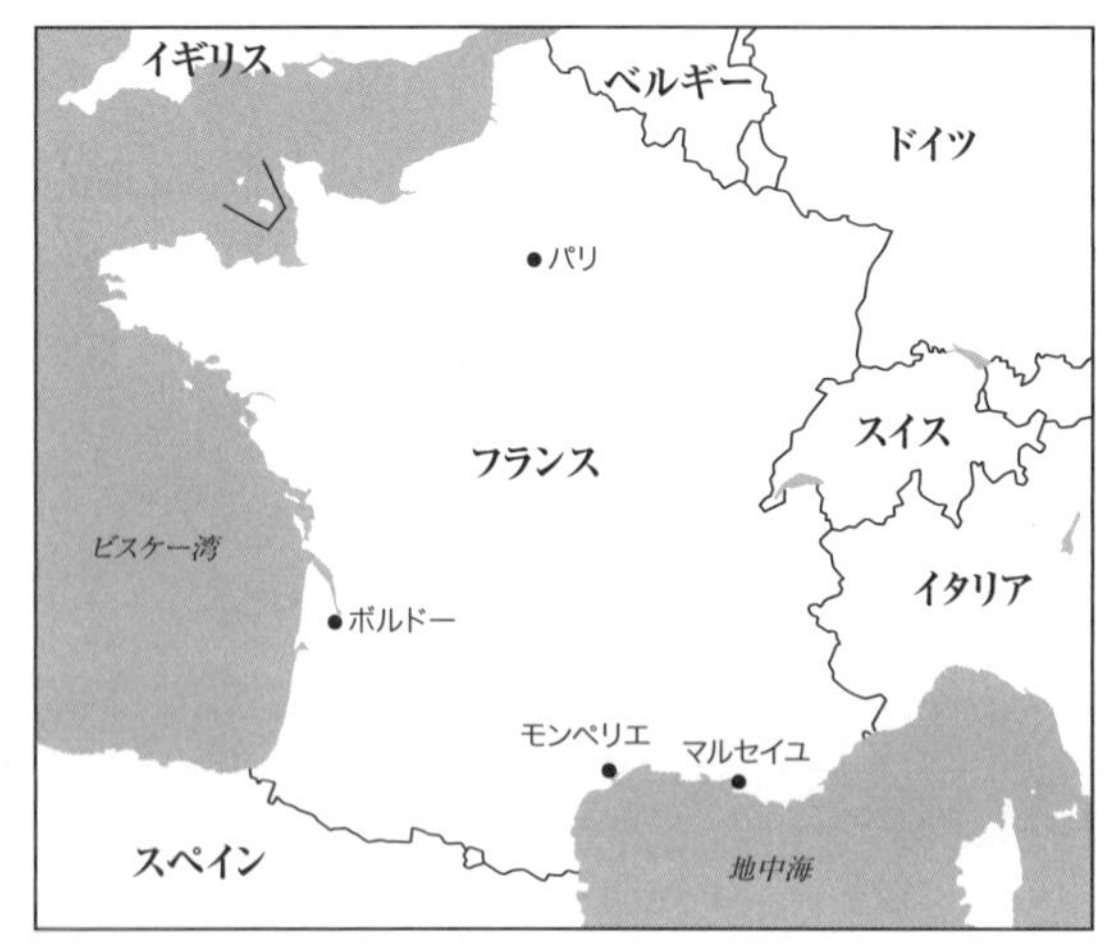

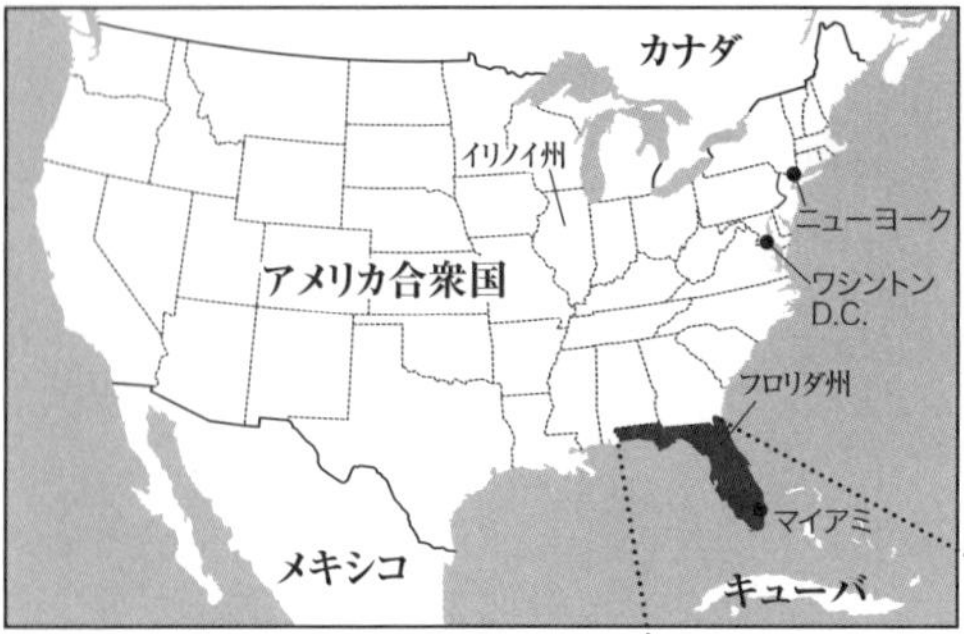

カナダ
イリノイ州
ニューヨーク
アメリカ合衆国
ワシントン
D.C.
フロリダ州
マイアミ
メキシコ
キューバ

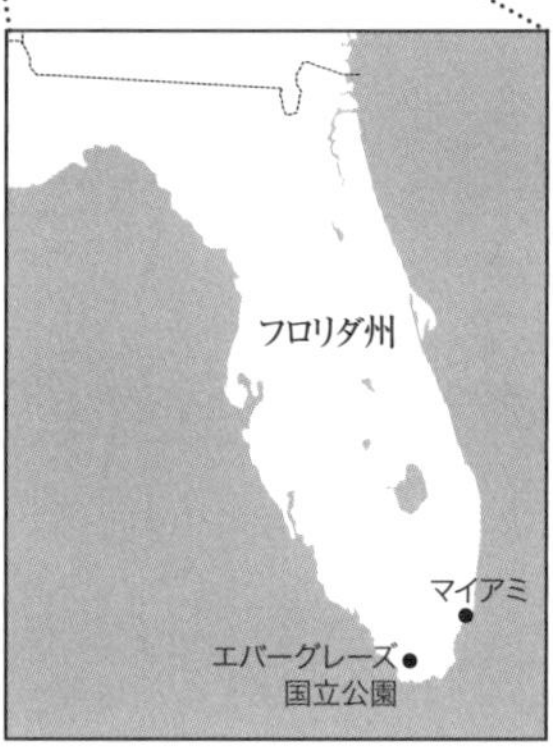

フロリダ州
マイアミ
エバーグレーズ
国立公園

第1章　モーリタニア編――バッタに賭ける

会心の目撃

月光はおぼろげで、鼻先をそよ風がくすぐる。乾いた砂を踏みしめる音色（ねいろ）が辺りに響く。まことに静かな夜であった。

ここサハラ砂漠は圧倒的に広大で、地平線の彼方から彼方まで四方八方を見渡しても、明かりが見えるのは我々のキャンプ地だけだ。人間社会から隔離された静寂の闇夜を、ヘッドランプの一筋の光で切り裂きながらゆっくりと歩みを進める。

その光は、突如、奇妙な光景を照らし出した。2匹の昆虫が重なり合い、地表を埋め尽くさんばかりに蠢（うごめ）いていた。私は思わず目を見開き、息を飲んだ。

その昆虫、サバクトビバッタ（以下、諸事情によりバッタと略す）は、メスの背中にオスが乗り、雌雄共に腹部の先にある交尾器を結合させて交尾する。目を凝らしてバッタのカップルたちを観察すると、お互いの交尾器を結合させて交尾中のもの、交尾器は外れ、ただオスがメスの背中に乗り続けているもの、メスが腹部を地中に差し込んでいるものが見受けられる。

腹部を地中に差し込んでいるメスは産卵中のはずだ。バッタのメスの腹部は、やや硬めの

バッタのカップルを略すとバカップルだね

バッタ好きにはたまらないバッタの集団

11節からなっている。節の間の薄い皮、すなわち節間膜がアコーディオンのように伸びることで、腹部全体を2〜3倍に伸長させる。硬化した腹部先端は上下に分かれたくちばしのような形状をしており、上下に開閉し、地中を掻き分けていく。これによって、地下10センチ辺りに一度に100個ほどの卵を塊で、5〜6日おきに何度も産卵する。

　日中、砂漠の地表面は灼熱の日差しを直接受け、残酷なほどに過酷な環境となるが、地下であれば高温に曝されず、かつ、保湿もでき、卵にとっては安全地帯というわけだ。

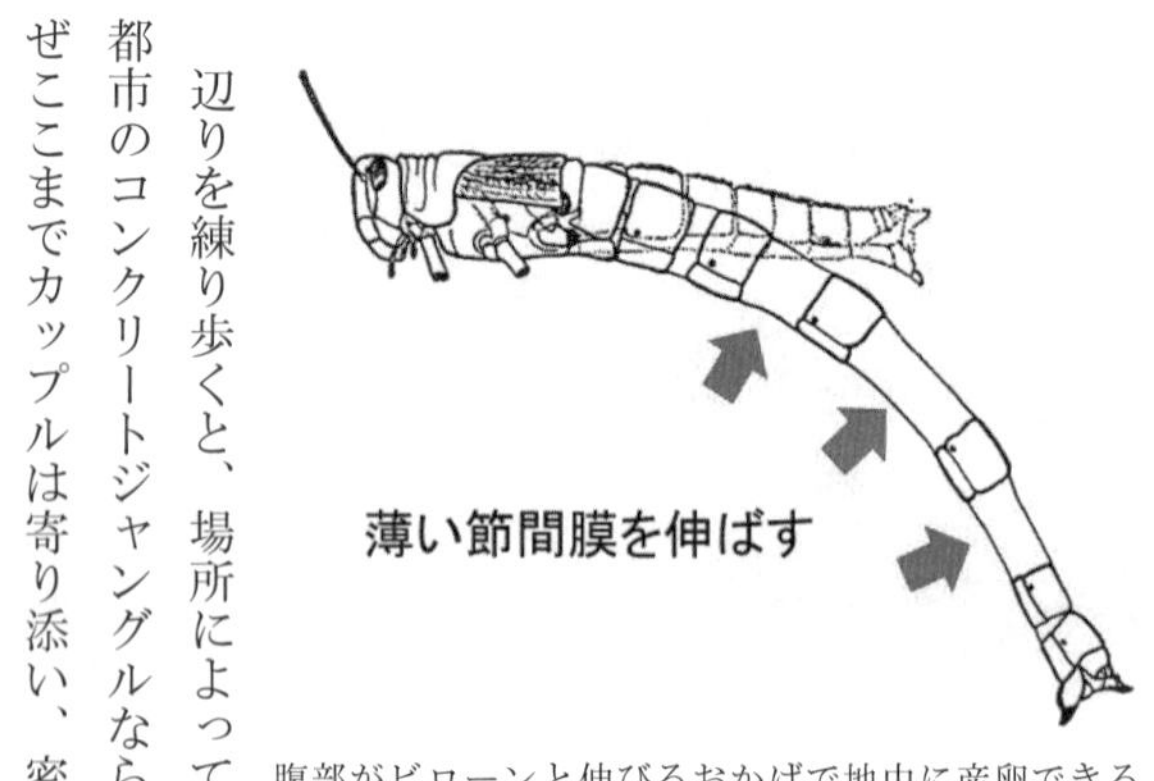

腹部がビローンと伸びるおかげで地中に産卵できる
(Uvarov 1966 より)

辺りを練り歩くと、場所によってはカップルが密集し、足の踏み場もない。緑が少ない大都市のコンクリートジャングルならいざ知らず、土地が余りまくっている広大な砂漠で、なぜここまでカップルは寄り添い、密集しているのだろうか。

「しめた！　緑色の服を着て添い寝したら、バッタに食べてもらえるかも。いや、そもそも私はバッタアレルギーだから、潰れたバッタの体液やら体表に触れてしまうと全身に蕁麻疹が出て地獄を見ることになる。好奇心旺盛なのは結構だが、近くに病院もないサハラ砂漠での野外調査中はやって良いことと悪いことの判断を誤ると命取りになるからやめとけ」など、余計な願望と自制心を闘わせつつ、辺りを散策し続ける。

あちこちで集団産卵が起きている。漆黒の闇に閉ざされた砂漠の奥地で、バッタたちが神秘的な儀式を人知れず繰り広げている。神聖なる未知の領域に足を踏み入れ、謎の現象を目撃できたことに、私は大人げなく興奮していた。日本の実験室内で８年間、毎日のようにサバクトビバッタと過ごしてきたというのに、こんな一面もあったのかと見知らぬ姿に胸のときめきを感じた。

一体何が起きているのか。考えるな、感じろ。いや、研究者だから考えろ。商売道具の頭を使え。

予期せぬ出来事に遭遇し、早々に混乱し始めていた。

バッタ大発生の謎を解くために

ここ、西アフリカのモーリタニアに広がるサハラ砂漠にて、「職業・バッタ博士」を夢見

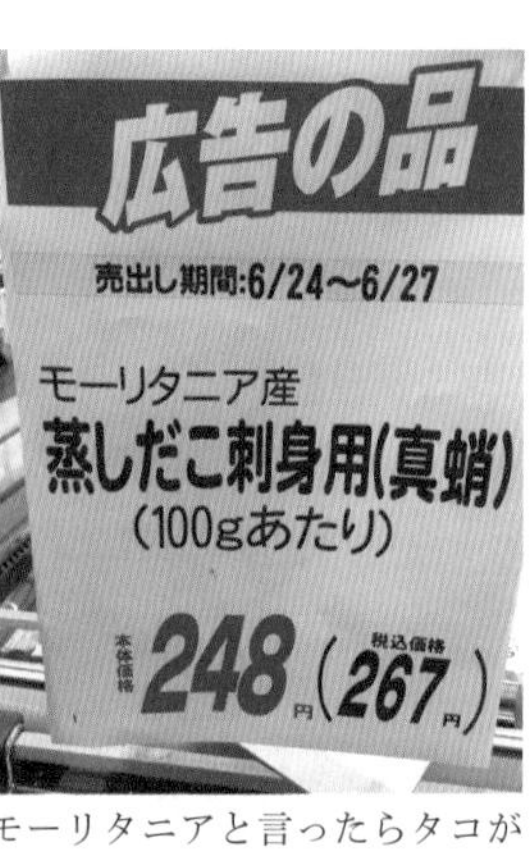

モーリタニアと言ったらタコが有名

る駆け出しの博士である私は、野生のサバクトビバッタの生態解明を目的とし、野外調査を実施していた。

モーリタニアは世界有数のバッタの発生源、「フロントライン（最前線）」であり、バッタたちとの激戦区として有名である。政府は農業省所管である専門の組織「モーリタニア国立サバクトビバッタ防除センター（前作では研究所としていたが、本作では防除センターとする）」を設立し、バッタの管理に努め、約１００人のスタッフが日本の２・７倍を誇る国土をパトロールし、バッタ大発生の兆しがないか目を光らせている。

私は２０１１年４月にモーリタニアに渡った。そして翌年10月、北東エリアを担当しているチームから、性成熟した成虫が多数目撃されているとの一報が、首都ヌアクショットの防除センター本部に寄せられた。私たちは調査のために道なき道を突き進み、日暮れ後に現場に到着した。それが冒頭のシーンである。

サバクトビバッタが大発生した時に発行された記念切手

私は、日本学術振興会の「我が国の学術の将来を担う国際的視野に富む有能な研究者を養成・確保するため、優れた若手研究者を海外に派遣し、特定の大学等研究機関において長期間研究に専念できるよう支援する制度」である海外特別研究員を活用し、2年間の滞在予定で、遠路はるばる単身でモーリタニアに赴いていた。

アフリカの野外において、バッタがいつどこで何をしているのか、その生態を探ることで、バッタ大発生のメカニズムを解き明かすためである。これまでも大勢の研究者が取り組んできたが、そのメカニズムの多くは未だ謎に包まれていた。

駆け出しの、しかもサバクトビバッタに縁もゆかりもない日本で育った若手研究者が、たった2年で何か大きなことをやってのけるとは誰も期待していない。そもそも自分自身、果たして何ができるだろうと不安を抱えていた。研究成果をあげることも大切だが、世界のバッタ研究に触れることで自分自身の成長に期待しよう。モーリタニアでの2年間の修業の日々は、最新のテクニック等を学ぶ機会には恵まれないであろう。だが、生息地の最先端で現場を知ることができる贅沢な期間になるはずだ。ただ呑気なことは言ってられず、この2年間であげる成果は、今後の就職活動にも響いてくる。何としてでも成果をあげないと、研究者として生き残ることはできない。心当たりはないけれど、何かを成し遂げなければならないのだ。

色々な修業を積んできても、研究対象である肝心のバッタがいなければ商売あがったりだ。研究者としての力を発揮することができない。あそこに行けば年中通してバッタを観察できるよ、というような観光名所的なスポットが存在しないのが、バッタ研究の最大のネックだ。よりによってバッタの成虫は、一日に100キロ以上も移動する元気いっぱいの長距離飛翔能力を有しており、目撃情報が寄せられて現場に駆けつけたとしても、すでに移動した後で、空振りをすることが多々ある。

この日は300キロほど離れたエリアに向かったのだが、運の良いことにバッタの集団に出会えた。私は情報提供をしてくれた現地スタッフと、現場にいざなってくれた相棒のドライバー・ティジャニに、心からの労(ねぎら)いの言葉をかけた。

違和感の正体

息を潜めながら、バッタたちに急接近する。日中だと、少しでも近づこうものならあっという間に飛び去ってしまうのに、夜だと、そっと近づけば逃げようとしない個体もいる。こちらに気づかないのか。

それにしてもすさまじい数のカップルが成立している。しばらく観察を続けているとバッタたちがうらやましくなってきた。

「いいなぁ、バッタはカップルになれて。こちとら血気盛んな男女が集(つど)うお見合いパーティーに参加してもそんな簡単にカップルになんかなれないというのに……」

雌雄が存在する生物、すなわち有性生殖を営む生物は、雌雄が交わることで次世代を生み出す。バッタにも雌雄が存在し、両性が巡り合い、お互いを受け入れ、結ばれる営みを全うしている。彼女がいない私は、バッタのカップルにさえ嫉妬してしまう。早く自分も人生のパートナーと巡り合いたい……と、うらやましく思うと同時に、ふと違和感を覚えた。

シングルのメスやオスがほとんど見当たらないのだ。経験上、お見合いパーティーでは、カップル成立率はせいぜい10〜30％程度と、そこまで高くない。男女ともにあぶれてしまった人がそれ相応に存在する。特定の人だけがモテにモテたり、タイプでないとお断りされたりするから、誰一人あぶれることなく全員がうまい具合にカップルになるなど、理論上ありえない。カップリングの困難さは自身の経験からも裏付けられている。人間界だけでなく動物界においても、カップリングは困難を極めるやっかいな営みの一つのはずなのだ。

　ところが、バッタの場合、あぶれた雌雄はほとんど見当たらない。そんなバカな。同志とも言うべきシングル同士で傷の舐め合いができないではないか。ほとんど全ての雌雄がカップルになれるとか、凄腕の仲人がいたって不可能だ。全員がカップルになれる夢のような状況は、許されない、許さない。

　より意識しながらシングルの雌雄をあらためて探すも、やはり少ない。あぶれたオスはちょこちょこいるものの、メスのカップリング率は驚愕の高さだ。カップルだらけの中、一人で歩くのがなんだか恥ずかしくなってきた。

　お見合いパーティーに参加したのにカップルになれず、できたてホヤホヤのカップルたちを眺めながら一人で帰宅するのは惨めである。なぜ遠いアフリカにまで来て、あの情けなさを思い出さなければならないのか。

嫉妬から生まれた疑問は、私の中でじわじわと増幅していった。

これは一体全体どうなっているのだ。バッタの世界では、雌雄共にカップルを望む個体はあぶれないような社会システムが充実しているのだろうか。カップルたちが自分たちの幸せっぷりを見せつけている気がして、段々腹が立ってきた。悲しみを分かち合ってくれるあぶれた雌雄はどこにいるのだ。早く出てきて、大いに慰め合おうじゃないか。

あちこち探し回っても同志はいっこうに現れず、くたびれてしまった。明日になったら何かわかるかもしれないと、宿題を胸にしまい込み、寝床（砂の上に敷いたパイプベッド）に横たわる。


モーリタニアに渡った初年度は、あろうことか、大干ばつに見舞われ、バッタは消え去り、商売あがったりだった。それが次年度の後半戦で、ようやく大量のバッタとのご対面である。待ちに待ってたバッタたちよ！　お前たちをどれだけ待ち焦がれていたことか。

「明日からこの大量のバッタたちを独り占めして、調査できたら色んなデータ取れまくりで、今までの遅れを一気に取り戻せるはずだ。あぁ、なんて私は幸せ者なのだろうか！」

あれもしよう、これもしよう、と夢を膨らませながら眠りについた。

失望の朝

新しい朝が来た。希望の朝だ。喜びに胸を開き、大空あおぐ。

星はまだ輝いているが、空の色が黒から青に変わりかけた頃に、自然と眠りから覚めた。サソリが侵入せぬよう、パイプベッドの上にあげておいた靴を履き、今日はかなりの距離を歩くであろう決意を込めて、しっかりと靴紐を締める。

昨夜、バッタの大群がいた辺りに、ウキウキと歩を進める。朝の薄暗いうちから大量のバッタにおはようと挨拶ができる幸せを噛みしめる。

朝一からバッタに出会えるなんて、どんなモーニングサービスよりも贅沢だなぁと、感慨にふけりながら歩くが、あれ？　こっちにバッタおらんやんか。寝ぼけて違う方向に歩いてきたかしらと方向を変えて捜索するも、どこにも見当たらない。んん？　んなわけあるかよと、不安に完全に目が覚め、軽く小走りになる。あちこち走り回るも、バッタいないやん！いなくなってるやん！

太陽は地平線からすっかり顔をのぞかせ、ライトをつけずとも辺り一面一望できる。ちらほらカップルはいるものの、昨夜、あれだけ大量にいたバッタたちが忽然（こつぜん）と姿を消していた。

昨日、カップルになれずにあぶれたオスは、近くの大きな植物で一夜を過ごしていたのだろう、植物上や根元でひなたぼっこをしている。

一夜にして大量のバッタが消え去るとか、そんなことってある？　いや、初めての体験だからこれが普通なのかどうか知らんけど。うなだれて見下ろした砂地には、バッタが歩いた跡が確かに刻まれている。５時間寝ている間に、一体何が起きたのだろうか。

朝のお祈りを終え、朝食の準備をしているティジャニに問い合わせる。

前「ティジャニよ。あれだけ大量にいたバッタがきれいさっぱりいなくなっている。どこに行ってしまったというのだ？　私が寝ている間に、スタッフが総出でやっつけてしまったのか？」

テ「アボーン？」（マヂで？）

私は何も知らない。そもそも18時以降にバッタを観ようとしたことがないから、夜に

昨夜、集団産卵があった場所。２本の太い線は車が走った後だからね。念のため

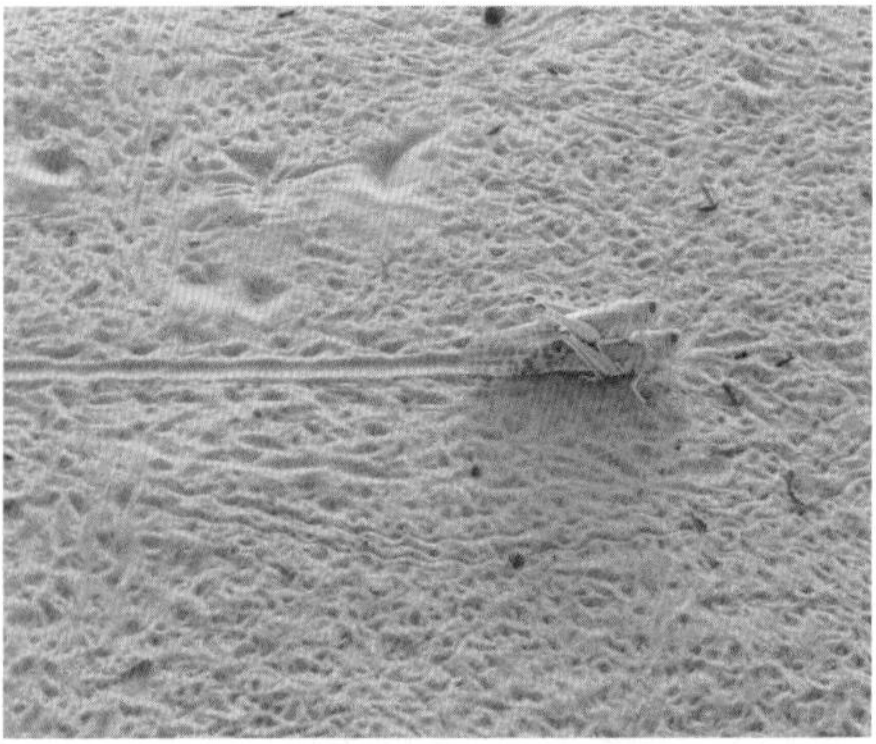

バッタが何をしているのか全然知らない。きっとどこかに飛んで行ってしまったのだろう。それより、朝食を食べよう。いつものアレに、ミルクにコーヒーを準備してある。お茶は食後に出すつもりだ」

そうだね、とりあえず落ち着こう。

バッタがいた形跡が刻まれた砂の表面

アレとは、ウィータビックス（オートミール）と呼ばれる、猫草としてお馴染みの「燕麦（えんばく）」の実を乾燥させてバー状に圧縮した保存食の一種だ。これをマグカップに入れて、ミルクを注ぎ、お好みで砂糖をぶっかけて食す。

ティジャニたちはドロドロに溶かして粥（かゆ）状にして食べるが、食感がデロデロで私はあまり好きではない。サクサクした食感のまま口に運びたいため、ミルクをかけてサラッと食べるのが私流だ。長期間にわたる野外調査ではパンを食べられないから、似たような穀物を摂取する工夫がなされている。こちらで売っている紙パックに入ったミルクは、常温で数カ月保存可能だ。冷蔵庫が使えない野外調査でとても重宝する。

突然のバッタとの別れに錯乱しかけていたが、砂糖の甘さとコーヒーの温かさで冷静さを取り戻した。

ティジャニ。ご飯を産地直送するの図

新発見のきっかけ

落ち着きを取り戻したところで、通訳係でもあるティジャニをお供に、スタッフたちに聞き込みを行う。

ほぼ砂漠に住んでいるレベルでパトロールしているスタッフでも、夜間調査はしたことがない人がほとんどだそう。月明かりがなければ、砂漠の夜は真っ暗で遭難の危険もあるため、業務は日が昇ってから日が暮れ始める18時までと決められていた。

現地スタッフにとって、日暮れ以降の活動禁止は当たり前のルールで何ら疑問も抱いていないようだが、私にしてみれば、何か知られては困ることでもあるのだろうかと勘ぐってしまう。

聞き込みで有力な情報を得ることはできなかった。車で辺りを走り回るもバッタの大群は見当たらない。どうやら本格的にいなくなってしまったようだ。いないものはどうしようもない。次の調査に望みをつなぎ、一時撤収することにした。

「まぁ、いい。次のチャンスを逃さずに仕留め、絶対にものにしてやる」

絶好の観察の機会を失ってしまったが、これはとんでもない新発見のきっかけになると直感が囁(ささや)いてきた。当時、職業としての昆虫学者になるために、論文発表のネタを探し求めていた私にとって、今回の観察は願ってもないものになった。

研究者として、歴史に残るような新発見を夢見るのは私だけではないだろう。一世一代の大勝負になりそうな研究テーマに巡り合えたことに、底知れぬ手ごたえを感じた。この巡り合いが、我が研究人生を大きく左右していくことになろうとは、このときは予想だにしていなかった。

充電タイム

モーリタニア滞在中、ひたすら野宿していると誤解されることがあるが、そこまで野生児ではない。野外調査以外のときは、首都ヌアクショットにあるモーリタニア国立サバクトビバッタ防除センターのゲストハウスで待機している。

２０１１年４月にできたての一室をお借りして以来、あれよあれよと言う間に物が増え、日本に帰る度にお持ち帰りするわけにもいかず、置きっぱなしでずっとお借りしている状態になっていた。研究に必要な物資を日本からせっせと運び込み、もはや男の隠れ家だ。８畳ほどの広さに机、作業台、ベッド、棚を配備し、一部屋でリビング、寝室、実験室、居室、文献整理室等、色々な顔を持つ。

シャワーとトイレが隣接しているが、間のトビラがシロアリに食われてしまったため、新しいものに交換した。窓から侵入してくる砂ボコリがすさまじいため、窓枠にはビニールテープを貼っている。電気機器等もビニール袋で保護しているが、半年ぶりに部屋に戻るとホコリが積もっており、滞在中、どれだけホコリを吸っているのかゾッとする。実際、会話が困難なレベルで咳が止まらなくなる奇病に数回かかり、ホコリ対策には気を使っている。夜、懐中電灯を空にかざすと、光の道筋がくっきり見える。砂ボコリが常に舞っているためだ。呼吸する度にこれを吸い込んでいたら具合も悪くなるよなぁ。

野外調査翌日は、休養日にしたいところだが、あれこれ作業が待ち受けている。電気機器類のバッテリーの充電、写真データのバックアップ等々。カメラからSDカードを引っ張り出しては、データをコピーする。容量がなくなりそうだったら、新しいカードに替える必要がある。以前、コピーする前にカードのデータを消してしまったことがあり、それ以降はカードのデータを消して使い回すのではなく、カードそのものを保存するようにした。

そして、留守中の一番の懸念事項である溜まりに溜まったメールに返信していく。「明日までに返信ください」というすでに手遅れになっているメールが数日前に来ていることがよくある。

野外調査中は毎日着替えることはない。昼に着るTシャツと寝るときに着るTシャツを替えるだけだ。荷物を減らすコツであり、調査がうまくいくようにという願掛けのようなものでもある。このTシャツを洗濯すると、水がカフェオレみたいな色になる。小汚いことこの上なし。

砂だらけになった物資の掃除、使った分のガソリンや食料などの調達も必要だ。これらはティジャニにお任せする。調査から戻った翌日、ティジャニとは朝飯だけ一緒に食べて、ゆっくり休んでもらう。ただ、車の修理など、業者に依頼が必要なややこしい作業だけお願いする。

私は、常に何らかの作業に追われていて、気持ちのオンオフの区切りがはっきりしない。ただ、野外調査をこなす度に感覚が研ぎ澄まされ、頭の回転が速くなっていくのがわかる。そのせいなのか、快眠できなくなり、数時間おきに目が覚め、気が休まらない。

事務作業中は、体力は回復するが、眼精疲労が深刻化する。一方、野外調査中は、体力は消耗するが目の疲れがとれる。すなわち、事務作業と野外調査を交互に行うことで回復と消耗のバランスがとれ、常に過労状態を保つことができる。おまけに異国にいる孤独感を相殺できる。

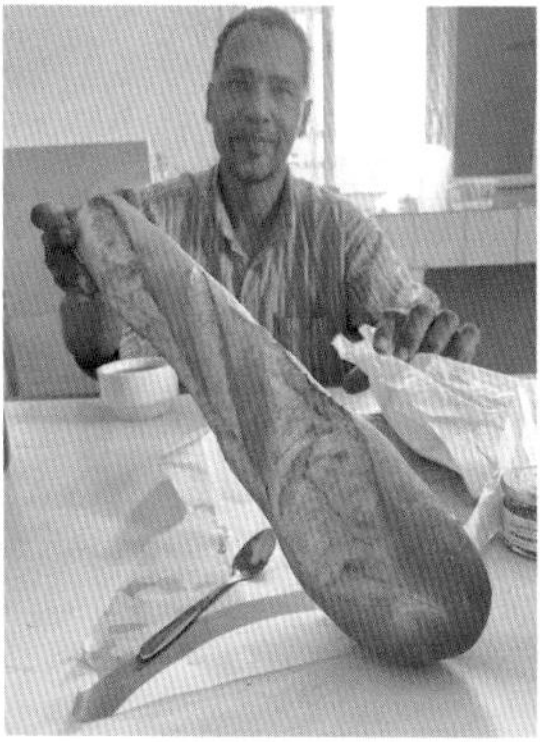

バゲットを持ってきたティジャニ

緊急野外調査

毎朝7時過ぎ、ティジャニが、私用の「パン・オ・ショコラ（チョコが入ったパン）」と彼用のクロワッサンを携え、宿舎にやって来る。

ネスカフェのインスタントコーヒーと一緒に堪能し、

前回の野外調査の反省会を行う。

「前回はライターを忘れて火をつけられず現地スタッフに借りた。次回は欠かさずに持っていこう」「砂丘が入り組む道で、あそこで右に曲がったの、すごく良かった」などとお互いのナイスプレーを褒め称え合い、思い出話に花を咲かせる。

ティジャニは8時過ぎに、本日のバッタ情報を確認しに、徒歩5分の防除センターの情報収集部の部屋に出かける。朝8時頃と夕方17時頃、各地に散らばったパトロール部隊は、現地情報を本部に無線で報告することになっている。バッタの数、発育ステージ（幼虫か成虫か）、緑の状態などは必須情報だ。数百キロ先のバッタ情報をリアルタイムで知ることができるとは、便利な時代になったもんだ。

しばらくして戻ってきたティジャニが興奮しながら、前回の調査地の側でバッタの群れが目撃されたとの報告があったと伝えてきた。なぬー！　すぐに行くしかあるまい。前回の調査から1週間待たずに、新たな集団に出くわすことができるとはラッキーな。モーリタニアに来てからなかなかバッタに出会えず困っていたが、ここにきてようやくノってきたようだ。

通常、野外調査に行くときは前日から準備し、買い出しやらなにやらを済ませておく。体力と時間を少しでもセーブするためだ。今回のように唐突のミッションとなると大慌てだが、忘れ物をしたら致命的なため、慎重に事を急ぐ必要がある。

全てのサポートをティジャニ一人に任せるとくたびれてしまうので、ティジャニのいとこにあたるディダを、我がバッタ研究チームのアシスタントに迎え入れることにした（幸い休職中だった）。これでティジャニの負担も少しは軽減されるだろう。

急いで準備したものの昼過ぎの出発となり、前回の調査と同じ現地スタッフと合流できたときにはすっかり日が暮れていた。キャンプ地から離れたところで、前回と同様に産卵中のバッタの集団を観察できたが、今回も到着が遅くなり、一連の流れ（どこからやって来たのか、どうやってカップリングが行われたのか）を押さえることができなかった。

この集団も翌朝にはいなくなっている可能性が高いが、調査に適した別の集団が近くにいるかもしれない。今夜は体力を温存し、早起きして辺りを探ることにした。

灼熱の大地

夜明けと共に生息地の全貌（ぜんぼう）が鮮明になっていく。生息地では、数は少ないがアカシアの木が生え、枯れかけたススキのような植物（お化けススキと呼ぶ）がポツポツと点在し、バッタ

調査地

の食草となる背丈の低い草がまばらに生えている。
夜間、集団産卵が見られないとき、バッタは植物の上や中に留まり、地表ではまずお見かけしない。早朝、木の上で一晩過ごしたと思われるバッタは地面にふわりと舞い降り、お化けススキの中に一晩隠れていたバッタはポツポツ這い出てきた。どいつもこいつも鮮やかな黄色だ。
読者の皆様にお贈りする暮らしに役立たない豆知識をここで一つ。
群生相のサバクトビバッタは、羽化直後は赤茶色の体色をしている。約2週間を経て性成熟、すなわち繁殖行動をするようになると、体色は徐々に黄ばみ、そのうち全身が鮮やかな黄色になる（これらの現象と用語については、第2章で詳しく解説する。どんな意味か想像しておいてほしい）。

黄色のバッタ

群生相化した成虫の体表は、メスはほんのりと黄色になり、オスは鮮やかな黄色になる。体の大きさにも雌雄差があり、メスのほうがオスよりも一回り大きい。ただし、一部の雌雄は似たような大きさのため、身体の大きさから雌雄を判別しようとすると間違える可能性がある。「小さめで黄色」だったらまず間違いなくオスだ。

バッタのオスとメスとを瞬時に見分ける無駄な特殊能力を磨きに磨いてきた私の目に映ったバッタたちのほとんどは、オスであった。

データをとらないと研究者として死ぬ

朝飯後、ティジャニと車でバッタがたくさ

オスだらけの集団。男子校かよ

んいるエリアを探索することにした。ラッキーなことに、キャンプ地から1キロほど離れた地点で、調査ができそうな好立地を見つけた。ティジャニに、「この辺りで私は野外調査を行う。人がいるとバッタが逃げたりして、自然の状態を観察できなくなるから、なるべく邪魔しに来ないでくれ」と他のスタッフたちに伝えてもらい、調査の段取りを整える。

目の前にはオスが大量にいる。とはいえ、何を研究したらいいのだろうか。物事の全体像をつかめていないとき、研究テーマ選びには頭を悩ませる。頼みのインターネットは砂漠では使えないし、文献の束も荷物になるから持ってきていない。本当だったら、1週間くらいは研究対象をじっくり観察し、興味をそそられて面白そうな、かつ、学術的に価値がある現象を見つけ出したい。そして、確実にデータを取得できそうな計画を練り上げてから本格的な調査を行うのだ。

とはいえ、居場所を転々と変える長距離移動性昆虫を相手に、そんな呑気なことは言ってられない。とくにポスドクである私は、何が何でも研究業績をあげねばならないので、焦りに焦っていた。「データをとらないと研究者として死ぬ」くらいの被害妄想というかプレッシャーに苛(さいな)まれていた。とにかく1分1秒、1歩歩く体力さえムダにしたくなかった。「後でやればいいや」と目の前の好機を逃したら、二度と出会えないかもしれない。初戦から全力で闘うしかない。

「ふぅ。この技は決勝戦までとっておくつもりだったが、こんなところで使うことになるとはな……」

技を温存する理由は何一つないので、地道に手堅く基礎的なデータをとることにした。というか、研究において手を抜いてデータをとるとか許されず、最初から本気でデータをとるつもりだったし、そもそも野外調査に決勝戦とかあるわけないよね。

四つの「はかる」

データをとると一言で言っても、自分の知りたいこと（目的）、できること（方法を含む、

目に映る全てのモノを数値化して研究する

時間や体力、研究資材や設備）、目の前のバッタの状況（研究対象である材料）の三者を考慮して研究計画をデザインする必要がある。

自然科学において、「すごくたくさんバッタがいて、産卵していた」という言葉による表現は信頼性が極めて低い。だって、人によって物事の大小、長短、重軽、早遅などは感じ方が異なるんですもの。皆が同じ基準で使用している数字にする必要がある。目に映る全ての物事を数字に変えることで、過去の知見や他の研究者のデータと比較可能になる。

晴れたり、雨が降ったり、風が強かったり、まったく同じ自然条件が野外で生まれることはないだろうが、自然科学の世界において結果は再現できるものでなければならない。

すなわち、これから私がすべきは、自分というフィルターを通して、調査対象である自然現象を数字に変えてデータをとり、それに基づいてどのような傾向があるのかを統計解析し、グラフや表を作成し、その結果を基に考察する、ということである。

では、どのデータを取得するべきか？

バッタのことを知りたいのに、砂の粒を数えたり、風の強さを測定したりするのは確実に的外れである。見当違いのデータを取得していては話にならない。あらゆる選択肢がある中で、時間と体力は限られている。全てのデータをとることはできず、必要なモノだけを選び取り、不要なモノを捨てる取捨選択する必要がある。

いわゆる「動かぬ証拠」を獲得せねばならないが、よりによって動きまくるバッタから証拠となる的確なデータを得る必要がある。研究では色んなことができるが、何をすべきかを選ぶセンスは研究者間で大きく違う。それが結果を左右するように思う。

自分が研究する際には、四つの「はかる」を大切にしている。

「図る→計画」
「測る→長さ」
「量る→重さ」

「計る→時間」

てな具合だ。

最初の「図る」は、計画を練る行為で、手段や方法を考えることも含まれる。研究を進める上で最重要なものだ。次の「測る」「量る」「計る」だが、これらの単純な方法でも、大概の知りたいことについて十分にデータをとることができる。

あ、ごめん、「数える」も重要だったけど、「はかる」に仲間入りできなかった。

トランセクト法（区画法）

さぁ、それでは、あらためて私が置かれている状況を冷静に整理してみよう。

私は今、バッタのカップル成立がいつ、どこで、どのようになされているのかを知りたくてしょうがない（研究目的）。おかげさまで私は健康で、締め切りに追われているわけでもなく、心ゆくまでバッタに密着できるから時間的な制約は小さく（資源、人材）、特別な装置がなくても目視でバッタの数や交尾の状態に関するデータをとれる（方法）。一番肝心なバッタはありがたいことにたくさんいて、やたらとオスがいる（研究材料）。

想像力を解放し、自然界で何が起きているのか、いくつものシナリオを思い描く。目の前のオスの集団が、メスだらけの集団に飛び込んで交尾しているのかもしれないし、逆にメスの集団が飛んできて交尾しているのかもしれない。

雌雄の出会いが起こるプロセスを知るためには、例えば1時間おきの定期観測を行ってデータをとれば、経時的な変化、つまり物事の流れを捉えることができる。

となると、とりあえず、オスに性比が偏っていることを科学的に証明するために、雌雄の性比に関する情報はマストだ。加えて、雌雄それぞれの繁殖行動が「シングル、交尾中、産卵中」のいずれなのかに関する情報も欠かせない。雌雄の判別も繁殖行動も「目視」でデータ収集可能だ。

うし、それでは、作戦を説明する。見渡す限りのバッタを手当たり次第カウントするのではなく、トランセクト法（区画法）を用いることにした。これは、生態学でお馴染みの手法で、決められた範囲内にいる生物の数を調べ、行動の傾向を見るものである。

今回は2メートル×25メートルの区画を10本、1時間ごとに調査することにする。50メートル×1000メートルの区画のほうがより多くの個体をカウントできてよさそうだけど、そんなもん、カウントしている最中にバッタが移動しまくるだろうし、1時間以内に個体数のカウントが終わらず、一日のうちに性比がどう変化するのか追うことができないのは目に見えている。ものには加減というものがある。

さらに、何時までやればいいのかわからない上、そもそも砂漠の炎天下での作業は熱中症の恐れがあり、正直、体力がもつかどうかも不安だ。毎時間、観察し続けるだけでもくたびれるし、休息や食事の時間も確保しなくてはならない。自分の体力と根性に相談し、40分の作業プラス20分の自由時間を12時間継続することを目安とした。

やるべきことが決まったら、後はデータの取りこぼしがないように黙々と作業を進め、かつ、他にも面白そうなテーマがないか目を光らせてバッタを見つめ続ける。この機を逃してなるものか！

閉ざされたサハラ

日中のサハラ砂漠はなんと暴力的なことか。その身を曝すと、ドライヤーを彷彿とさせる熱風、身体から水分を奪っていく乾燥、痛いほどに目に突き刺さってくる眩(まぶ)しい日差し、そして、砂ボコリを舞い踊らせる強風が容赦なく襲ってくる。サングラスがなければ、とてもじゃないけど目を開けることができない。

中でも灼熱の太陽光は、全てのものを焦がす勢いでジリジリと焼き尽くしていく。正午前後になると、あまりの熱さにほとんどの動物は日陰や穴の中にその身を隠し、避難する。地上は、全ての生物が息を止めているかのような静寂に包まれる。

だが、信じられないことに、サバクトビバッタは熱々の地表でも平然と蠢いている。バッタの野外調査がほとんどされてこなかった理由の一つは、バッタが灼熱地獄のようなサハラというバリアの中に巣食い、研究者を寄せ付けなかったからだろう。バッタに接近するためには、まずは灼熱のサハラを攻略しなければならない。

iPhone も身の危険を感じる暑さ

バッタに心囚われ過ぎて、調査にのめり込んだら取り返しのつかない「熱中症」になる恐れがある。

この時代、人類は冷気を人工的に生み出す様々な装置を開発したが、一般市民がお手頃価格で購入でき、モバイルで使用できるアイテムの冷却機能はたかが知れていた。自分でなんとかするしかない。

野外調査中、我々はこれらのサハラの試練から身を護るため、「ハイマ」と呼ばれるテントを張る。５メートル四方の厚手の布の四隅から出ているロープの端を杭で固定し、真ん中に３

ハイマと呼ばれるテント。スカート部分を巻き上げると風通し抜群

テントを支える大黒柱

メートルほどの大黒柱を立てるだけのシンプルな作りだ。

厚手の布の裾には別の薄い布が１メートルほど、スカートのように縫い合わされている。風通しを良くするときにはスカート部分をめくればいいし、強風が襲ってきたら、スカート部分に砂をのせ、テント内が砂だらけになるのを防ぐ。台風並みの強風がやってきても、大黒柱をはずせばなんとかやり過ごすことができる。

テント内の床にゴザを敷けばくつろげるリビングになるし、パイプベッドをセットすれば寝室に早変わりする。遊牧民たちもこのテントに居住しているし、全国各地に散らばっている防除センターの基地も、このテントを使っている。

テントの中にいさえすれば、猛暑の時間帯をなんとかやり過ごすことができるが、それでは野外で観察できない。さすがのモーリタニア人も、猛暑の時間帯は出歩かず日陰でお昼寝してるというのに、雪国・秋田県出身者が外で調査するのは、命がけの難問であった。

気化熱という知恵

砂漠には電気がないため冷蔵庫が使えない。そこで、凍らせたミネラルウォーターのペットボトルをクーラーボックスにギッシシリ詰め込み、持っていく。徐々に溶けていくが、４日目まではキンキンに冷えた水を飲むことができ、体の中からクールダウンできる。

ティジャニたちは、元は10キログラムほど食用油が入っていたプラスチック容器の中をきれいに洗ったタンクを水筒として使っている（「ビドン」と呼ばれる）。

車の荷台には200リットルは入るドラム缶を積んでおり、出発前に水道水を貯め込み、ビドンの水がなくなればそこから補充している。ミネラルウォーターで手を洗うなど、食べ物を粗末にするのと同じであり、生活用水はティジャニたちの水を共有することにしていた。

水の鎧のヒントになったビドンと呼ばれる服を着たタンク

日中、空のペットボトルに手洗い用の水をビドンから分けてもらうと、熱湯になっていてもおかしくないのに、不思議と冷たい。冷蔵庫などないはずなのにどうやって冷たい水を作り出しているのか？

日陰に置かれているビドンをよく見ると布の服を着ており、ティジャニがときおり水をかけて常に湿らせている。触ると、ビドンの表面はやたらと冷たい。水が蒸発するときに熱を奪っていく気化熱を利用して、砂漠のど真ん中で冷たい水を作り出していたのだ。

なんと賢い！　玄関先に水をまき、涼をとる日本の「打ち水」に通じる。ティジャニに聞くと、布の服は彼らの手作りではなく、街で布を着せたものが売られているとのこと。

水の鎧を装備するとチクビが透けてしまうのが弱点

この話を聞いてピンときた。自分の帽子やら服やらを水浸しにしてからひなたに繰り出したら、暑さをしのげるかも。さっそくペットボトルに入れた水を頭の上からチョロチョロと注ぎ、全身を水浸しにしてから日射の中に繰り出すと、すぐに涼しくなり、なんだったら寒いくらいだ。気化熱恐るべし！

15分ほどですっかり乾くという時間制限はあるが、モーリタニア人の生活の知恵のおかげで、強烈な日射の下でも快適に動くことができる。巨大なエアコンで気温を下げてサハラ砂漠を征服するような真似は到底できないが、この「水の鎧（よろい）」をまとうことで、何人（なんぴと）たりとも寄せ付けなかったサハラの聖域に忍び込むことができ、灼熱の時間帯の野外調査が可能となった（後で気づいたが、日傘を使うのもアリだった）。

大人の威厳をぶつけ合う

朝の9時から順調に調査を続け、13時の灼熱の定期調査を終え、昼食が準備されているテントへと戻る。

今日のメニューは、トマトソースにミックスベジタブル、ツナを入れた上、砂漠環境2日目で冷蔵庫に入れてもらえず、しょぼくれ始めたキャベツとナスを投入、さらにニンニクを加え、コンソメで味を調えてグツグツと煮込んだソースを、白米にオンザライスする「お野菜たっぷりトマトソース丼」である。

「米は水で洗って30分ほど寝かせてから炊くと上手に炊けるのだ」と、日本でもお馴染みの手法をティジャニは独自に編み出し、その秘伝の技を惜しげもなくコックに伝授していた。おかげで、ごつい鍋で炊いた白米はつややかに輝いている。

「ボナペティ（いただきましょう）」の一声を発し、早速口に運ぶ。うむ、おいしくて美味（うま）い。労働後の食事は格別である。キャベツさんのザクッという食感が病みつきになる。

「セボン（ナイス味付け！）」とコックに労いの言葉をかけ、ライスにソースをたっぷりかけ、次なる一口を運ぼうとしているときに異変に気づいた。ティジャニがどこか遠くを見ながらモグモグとやっている。彼のお皿にはまだ白米しか盛られていない。

「コイツ、やりやがったな！」

彼は、最初の一口として、白米だけを口に入れ、素材の味わいを堪能してから、ソースを楽しむつもりだ。やられた！　その振る舞いは、日本の蕎麦（そば）通に知られている、まず蕎麦をつゆにつけずに風味を味わう上級者テクニックではないか！　ちきしょう！　悔しいが、大人っぽい！

私たちは、出会った頃からなんとなくお互いの国の威信をかけ、大人の威厳を競い合ってきた。私は、コーヒーに砂糖を入れずに飲むことで、大人の威厳をティジャニに見せつけ、先に一本とっていたのだが、今回のライスに関しては、二本はとられたのではなかろうか。日本人にとってライスは生活の一部で、切っても切れぬ関係であり、いわばお家芸と言ってもいいほど馴染みある食材である。まさかライスの食い方で大人の威厳を見せつけられるとは、私は日本の恥である。

しかもティジャニは、二口目はライスにサラリと岩塩をふりかけ、塩ご飯を堪能してやが

お昼ご飯にタバスコ添えて

る……。銀シャリの美味さを確認するとはコイツ、タダ者じゃねぇ。ライスの味わいをしっかりと確認した後、ティジャニはようやくソースをたっぷりとかけた。

調査中は集中力が求められるため、昼食のときくらいは、心身ともに休息すべきであるが、大人の威厳に関しては、一人の人間として譲ることはできない。

私はヒゲ面（づら）である。ヒゲはイスラム圏では大人の男の象徴なので、見た目から入る必要がある。だが、中身も伴っていないといけない。この場でも、勝ちを譲ったまま終わるわけにはいかず、逆転の勝機を探る。

ふと、タバスコの赤い小瓶が目に入り、力

技で攻めることにした。

ティジャニは痔である。いや、見たことも診察したこともないけど、片言のフランス語の説明によると、「木のイスに座っているとお尻の穴付近が痛すぎて耐えられない」とのことで、明らかに痔の症状である。痔の人にとって辛い物はご法度(はっと)であろう。

これ見よがしに、タバスコをビシャビシャとソースにぶっかけ、ライスにからめ、口に運ぶ。こいつぁ刺激的だが、博士の威厳と日本人の尊厳を守るため、攻め続けるしかない。何より、旨味が増した気がし、モリモリと食べ進める。

「おぉぉ、マジか！　ティジャニには無理だ。ドクターはそんなにも辛い物を食べるなんて大丈夫なのか！　なんて危険な。なんて危険なんだ！」

体を張ったかいがあり、かろうじて一本取り返し、今回は引き分けとなった。こうして、我々の闘いは続くのであった。

こぼれ話　謎肉の正体

日清食品のカップヌードルにはサイコロ状の旨味溢れる肉が入っているが、その正体は謎で通称「謎肉」と呼ばれている。というか、製品に使用している主な原材料名を表記しなければならないため、候補は絞られており、なんだったら正式名称はダイスミンチで、ポークエキス、野菜などの原料を混ぜ合わせた加工食品であることが知れ渡っている。正体はわからないが、口に運んでみると、とにかくおいしい。

モーリタニアではヤギがご馳走だ。ヤギをプレゼントしたら人々は大喜びするし、大概の融通が効くようになる便利なワイロである。私は裏ヤギを利用し、防除センターのスタッフを買収して防除活動を延期させ、その隙に調査を行う技を編み出していた。

ヤギはその場で捌かれ、みんなで一緒に食べることになるのだが、ホルモンの煮込み料理の中に得体の知れない謎肉が混入していた（前作で、ホルモンミックスの写真を載せていた）。タラの白子のようなプリッとした見た目で、クルクル巻きのヒモ状の肉は一体何者なのか。美味いには美味いのだが、不安を抱えながら味わっていた。

とある調査で、バッタはいなかったもののチームメンバーを労うために遊牧民からヤギを一匹購入し、調理することになった。この計らいのおかげで、謎肉の全貌が解明されることになった。

謎肉の正体は、小腸と思われた。小腸は細長いチューブ状の器官。端っこから20センチほどを左手で摘まみ上げ、こちらを空中に垂らしたまま芯とし、ものすごく長いほうを上部か

謎肉であやとり

謎肉の正体は小腸のクルクル巻き

らクルクルと器用に回して巻き付けていく。巻き付けが完了するとナイフで切り、次のクルクルを作りにかかる。あやとりをしているような光景だ。

正体がわかった小腸のクルクル巻きはいつも以上の美味さで、なるほど、腑に落ちた。

さぁ、本編に戻ろう（※この本では本筋とは関係ない話を執拗にぶち込み、話の腰を折りまくりますので、注意されたし。ちなみに、今はデータをとり始めたところの話をしていたから、その結果について触れていきます）。

淡き一夜の戯（たわむ）れに

昼過ぎ、何やら地表でジタバタやっているバッタを見かけるようになった。目を凝らして

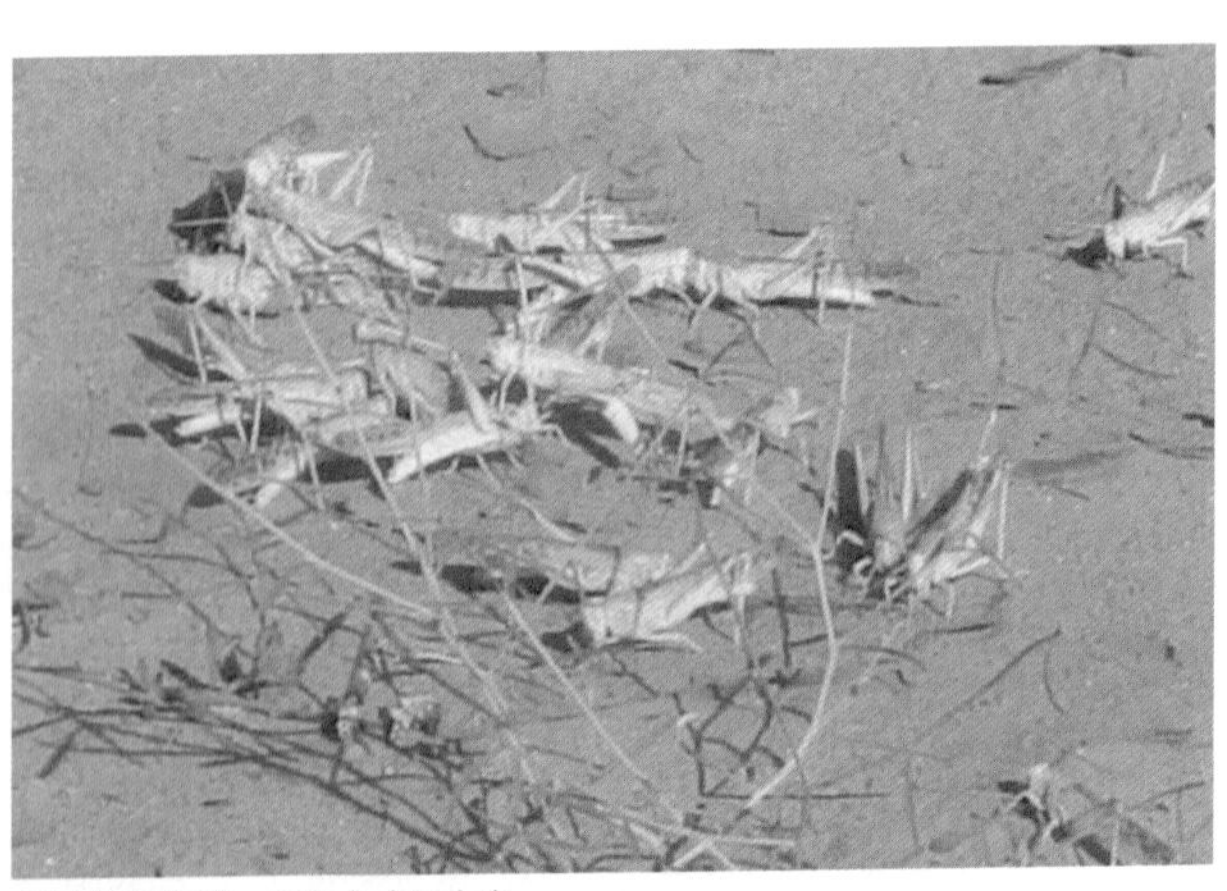

交尾相手を巡って争うオスたち

観察していると、どこからともなく1匹のメスが、地表でたむろしているオスの集団の中に飛来し、着陸するや否や、多数のオスがそのメスの背中に飛びかかっているのだ。

カップルになるとメスはオスを背中に乗せたまま、日陰へと避難していく。オスたちは、カップルが成立するまでは狂ったように争うが、ひとたび1匹のオスがメスの背中に乗ると、それ以降はちょっかいを出さない。まるで紳士協定が結ばれているかのようだ。

オスたちがたむろしている場所に、試しに小石を放り投げてみたら、小石の着地点に一斉に群がってきた。小石に交尾を迫ることはなかったが、オスたちはどうやら着地してくるメスを待っているようだ。

どこにメスが飛んでくるのかわからない。１台の、しかもバッテリーが数時間しかもたないなけなしのビデオカメラを使って腰を据えて決定的シーンを撮影したいが、今は定期観察中のためガマンだ。

夕方近くから、静かに動きがあった。何やらカップルの数が増えてきているのだ。メスのほとんどはすでにオスに乗られてカップルになっている。

前回の調査では夜から観察を開始し、すでにカップルだらけで産卵が起こっていた。夕暮れ時の今は、まだ産卵は見られない。もし、今回のシーンが、前回のシーンの前段階であるならば、この後、産卵が起こるのではないか。この予測はあながち間違ってはおるまい。果たして集団産卵は起こるのか、乞うご期待である。

良い感じでデータ収集が軌道に乗ってきた。朝から動き回っているため、くたびれているが、ありがたいことに太陽が隠れると共に気温は下がり、ずいぶん楽になってくる。真っ暗になる前に懐中電灯やら、ヘッドランプやらを準備し、晩飯のスパゲティをいただいて夜間観察に備える。

暗くなると、どっちがどっちだかわからず、遭難の恐れがあり、恐ろしいことこの上ない。車の屋根の上には据え置き型のランプを灯して置き、灯台代わりにする。

パイプベッドの上にカヤを置いて寝ればサソリに襲われないはず

キャンプ地は、調査地から少し離れたところに陣取っている。だが、調査地とはすでに何度も往復しているため、私の足跡でできた道がくっきりと浮かび上がっていた。

自分の足跡を辿り、調査地へ。はやる気持ちと高鳴る胸の鼓動を抑え、一歩ずつ歩み寄っていく。ライトに照らされた地表を見て確信した。

「やはり暗くなるとカップルは集まって産卵を始めるぞ」

一部のカップルが密集して産卵を始めていた。

さぁ、夜はこれからだと思ったが、すでに疲労困憊（こんぱい）であった。本日は、早起きして1時間おきに規則正しく調査をしてきたため、体力の消耗が半端なかった。水の鎧を着こめども、砂漠の日中は恐ろしいほど体力を奪っていく。慎重にデータを収集しているため、気力の消耗も激しい。徹夜はとてもじゃないけどできそうにない。己の体力と気力の管理ができておらず、またしても夜間観察の機会を失う失態を犯してしまった。フィールドワークを長時間継続的に行うには、欲張り過ぎてはダメなのだ。

全体像を知らないため、最初から的確な観察方法を考案できなかったのは致し方ないが、自身の体力の管理ができていないのは、迂闊（うかつ）であった。諦めて思い切って切り上げることも長期間観察するためには必要だ。目先のバッタに囚われず、次なる機会にこの反省を生かそう。

ということで、22時には床についた。達成感と未練感が交差しながら見上げた夜空は満天の星であった。

翌朝、ほとんどのバッタがまたいなくなっていた。

見過ごされてきた課題

知のピースとなる観察事例が増えるほど、パズルが組み上がっていくように、知りたい自然現象の全体像を想像しやすくなる。

今回の野外調査で、昼はオスだらけなのに、夜になるとカップルだらけになっていることを観察できた。手持ちのほんのわずかな知のピースを眺めているだけでも、「もしかしたらこうなんじゃ……」と、妄想を繰り広げるこの時間は、もどかしいけど、すごく贅沢かつエキサイティングである。

これまでたった2回の調査しかしていないが、ピースを時系列に並べると、

1　日中、集団はオスに性比が偏っている
2　オスの集団にメスが飛来する
3　夕方、カップルが集合し始める
4　夜になるとカップルが密集して産卵し始める
5　朝になるとほとんどのバッタがいなくなっている

という流れになる。

もし雌雄が同居していたら、日中の時点で性比はほぼ1対1になるはずだが、出だしはオスに性比が偏っている。徐々にメスの割合が増え、カップルの数も増え、夜になるとカップルだらけになり、性比はほぼ1対1になる。

ということは、メスはオスと同居せずにどこかで別居しており、交尾・産卵するためにオスの集団を訪れ、翌朝までにカップルを解消して、どこかに移動しているのかもしれない。てっきり雌雄が仲睦(むつ)まじく同居しているもんだと思い込んでいたが、なんだこの繁殖行動

は！　たった2回の観察で結論付けるわけにはいかないが、これは未だかつて知られていない発見になるのではなかろうか。

過去の文献を漁(あさ)っても、サバクトビバッタの繁殖行動に関する論文は10報も見つけることができない。ポポフ博士の１９５４年、１９５８年の報告や、ストワー博士の１９５８年の報告あたりが最新のようだ。集団産卵についての記述は充実しているが、雌雄がどのように出会い、交尾しているかに関する情報は見当たらない。

サバクトビバッタが群れることは、世界的に有名過ぎて、研究者たちは確かめもせずに雌雄はいつも一緒にいるものだと決めつけてきたのではなかろうか。今は２０１２年。半世紀以上も重要な野外調査がほったらかしにされてきた可能性がある。

人生最大級のファインプレー

私は愕然(がくぜん)とした。

人類を苦しめてきたサバクトビバッタについて、１００年以上にわたり爆量の研究がなされてきたが、基礎中の基礎となる繁殖行動についてほとんど何も知らない状態だったとは⁉︎

全人類何してんのよ！　見逃し過ぎにも程がある。

今現在も、実験室内でしか研究をしたことがないバッタ研究者たちは、集団生活を営むバッタの雌雄は出会いに困らないと仮定している。実験室内でメスとオスが交尾する時間の長さを測定することも大切だろうけど、野外で雌雄がいつ、どこで、どうやって巡り合って交尾しているのかも知らずに人工的な環境下で無理やり、その気になっていない雌雄を小さなケージに閉じ込め、交尾行動を観察し、全てわかった気になっているのではなかろうか。

性成熟したオスは、いつでもメスに交尾を迫ろうとするが、メスはいつもオスの交尾をすんなりと受け入れているわけではないことは、実験室で観察済みだった。

メスの背中に飛び乗り交尾を迫るオスをそのまま受け入れる場合もあれば、猛烈に蹴っ飛ばそうとする場合もあり、明らかに嫌がっている。これまでのほとんどの研究は、メスのモチベーションを気にせずに実験を行い、明らかに不自然な条件下での行動観察しかされていない。

しかも、産卵は一日中起こるものだと考えられていた。実際に、日中もちらほらと産卵している個体が観察されてはいる。しかし、今回の観察によると、夜に大量のバッタがシンクロして産卵しており、日中にはそのような大規模な集団産卵は見られない。ならば、日中に産卵している少数のバッタたちは、単に前夜の集団産卵のタイミングに間に合わず、遅れてしまっただけなのではなかろうか。

生息地のサハラ砂漠の環境を踏まえてよくよく考えると、灼熱の日中に地面にいたら焼け死ぬ恐れがあり、涼しい夜に産卵したほうが安全だ。しかも、産卵には数時間かかるため、その間は身動きが取れない。日中、呑気に集団で産卵していたらものすごく目立ち、食ってくださいと言わんばかりの無防備さだ。

生息地の環境やバッタの生理的な交尾意欲、雌雄の関係など基本的なことを気にも留めず、サバクトビバッタの繁殖行動がどう営まれているのか、今まで疑問にも思わなかった自分が恥ずかしくなった。

地球規模の大害虫をやっつけようと、世界中の研究者が力を注ぎ、あらゆる研究テーマが注目され、最新鋭の研究技術や解析機器が導入され、精力的に研究されてきた。それにもかかわらず、繁殖行動が実は知られていないとは盲点中の盲点で、私はとんでもないことに気づいてしまったのかもしれない。わなわなと震えるこの手で繁殖行動の全貌を解き明かすことができれば、学術的にも社会的にも大きなインパクトになる。

研究テーマは無限にあり、その中から自身が取り組むべき研究テーマを選ぶことは最も悩ましい問題の一つだ。直感で、この繁殖行動の研究こそ、自分が一生を懸けてでも取り組むべき研究テーマだと思えた。青春の日々を全てぶつけるにふさわしきやりがいに巡り合えたのやもしれぬ。人生を懸けてモーリタニアに来たが、このことに気づけたのは、自分史上、最大級のファインプレーであった。

野外研究の難しさ

しかし、喜んでばかりもいられない。これから研究の力で繁殖行動を解明しなければならないが、野外で観察した現象を、科学的に証明するのは至難の業だった。

野外で得られたデータには「たまたまだったんじゃないの?」という疑惑が常につきまとう。そのとき、たまたま風が吹いていたから、たまたま鳥が飛んでいたから、と、いくらでも別の解釈ができてしまう。

「再現できるもの」だけが、科学として認められる。だから、野外よりも環境条件を一定に調節できる室内のほうが、圧倒的に再現しやすい。説得力のある野外データを収集するのはとても大変そうだ。

外に飼育ケージを置いて動物の行動を観察するような、半野外条件下で実験を行うことも一手である。だが、長距離移動がからむ現象では、スケールが大き過ぎて、名のある財閥の跡取りでもない限り潤沢な研究資金を準備することができず、実験は難しい。

「人里離れた砂漠に来てまで調査したんだから、ちょっとくらいは大目に見てよ」などの甘えは許されない。激変する砂漠環境下であろうが凍てつく南極であろうが、納得のいくデータを収集する必要がある。

「たまたま」ではなく、「普遍的（広くあてはまること）な自然現象」であることを証明するために、できることならば他の場所や、別の年でも確認することで、「再現されている」とみなしてもらえる。

そもそも、たとえ変化する自然界でも、生物の大切な営みは受け継がれ、同じように再現されるはずだ。激動の自然の中で、変わらずに再現されるものを見定め、それを裏付けるデータをとって検討する必要がある。

さて、自然科学では、データを収集する前に、既知の情報や予備的な観察、実験を基にして、まずはすべきことがある。それは、仮説を立てることである。

仮説に向き合う

仮説（英：Hypothesis）とは、真偽はともかくとして、何らかの自然現象や法則性を説明するときに立てられる仮の説明のこと。「もしかしてこうなのでは?」という、些細（ささい）な気づきが仮説の核となり、すでに得られている自分自身の予備観察のデータや、先人がすでに報告している知見等から導き出された仮説が、研究を進めていく上での大黒柱になる。

英語の論文でも「We hypothesized that ○○○」＝「我々は○○○であることを仮説とした」と記述される。

「知られてないから調べた」という流れも往々にしてあると思うが、仮説検証型の研究のほうが、エレガントで華やかな印象を私は持っていた。

お次に、立てた仮説がデータに支持されるかされないかを確かめる行為を「検証（英：Test）」という。実験や観察など情報収集をして、仮説を確かめていく行為だ。

立てた「仮説」が支持されようが、されまいが、研究者としての生死を問われるわけではないし、わざと仮説を支持するデータだけを取捨選択する必要もない。自身が立てた仮説には愛着がわくが、第三者として、贔屓（ひいき）せず肩入れもせずに中立の立場で検証作業を進めていく。

論文中、「We tested this hypothesis by ○○○」＝「○○○をすることによって、この仮説を検証した」と表現される。

仮説に呼び名を

そして、重要なのは、仮説にいかに魅力的な呼び名をつけてあげられるかである。

例えば、細将貴（ほそまさき）博士（早稲田大学）は、右巻きのカタツムリが大多数を占める中に左巻きのカタツムリがいることに疑問を抱いた。そこで、右巻きを食うのに特化した捕食者がいたら、左巻きは食われずにすむから、進化しやすくなるのでは？　という仮説を立てた。細博士は「右利きのヘビ仮説」と命名し、幻のヘビに着目して、検証に取り組んだ。なんという秀逸な仮説の呼び名。すでに細博士によって検証済みであるにもかかわらず、思わず自分でもやってみたくなる魅惑のネーミングである。なんなら、「右利きのヘビ仮説の細」と、研究者の二つ名になってしまうくらいインパクトが大きい（細将貴著『右利きのヘビ仮説』東海大学出版部）。

私も仮説を立てるときは、ステキな仮説名を編み出したいと思っていたが、今回は絶好の機会である。聞き慣れない専門用語は避け、なるべく馴染みのある言葉を使い、ホッコリするような、クスリと笑ってしまうような、それでいて端的に内容がわかる仮説名にしたい。「群れているバッタの雌雄がそれぞれ棲み分けをして繁殖をしている可能性があるかも」という仮説はすでに立ったのだが、この長ったらしい説明を一言で表すような仮説名をどうするか。研究がうまくいくかどうかは仮説の呼び名次第と言うのは過言だが、大切だ。

「集団別居仮説」

今回の場合、まだまだ知のピースが足りないが、もしかしたら「サバクトビバッタの雌雄は普段は離れ離れに生活し、オスの集団にメスが飛んできて交尾し、夜に集団産卵する」ことが予想できた。ちょっと大人の事情を匂わせ、それでいて聞いたことがないような呼び名にしたい。色々と考え、この仮説を「集団別居仮説」と名付けることにした。

初めて聞いた人でも、どんな事情があって集団で別居することになったのか、興味をそそられるのではなかろうか。

この仮説が支持されるかどうか、最大のカギを握るのは、メスだらけの集団を見つけることだが、そんなものは聞いたこともないし見たこともない。我ながら大胆な仮説名にしてしまったが、そのほうがドキドキ感マシマシで研究を進めることができる。

集団別居仮説が支持されるかどうかを確かめるために、検証すべきことと、どうやってデータを収集したらよいかを決めておく必要がある。

1　検証すべきこと：集団の性比はメスかオスかのどちらか一方に偏っているか？

→野外で遭遇するバッタのグループの性比を記録することで検証できる。大発生する前のバッタの集団は、生息地の全てをカバーしているわけではなく、不連続的で、あちこちに散らばっているように思われる。それぞれのバッタの集団を訪れ、雌雄の数を目視でカウントすれば、それぞれの集団の性比が雌雄どちらに偏っているかわかる。

オスの集団でカップルが交尾していることは観察できたが、仮にメスの集団があるとして、そちらでも交尾しているのだろうか？　メスの集団でも交尾が繰り広げられているとしたら、わざわざ雌雄が別居する必要はなさそうだ。だから、メスの集団では交尾は行われていないのではなかろうか。

このことを確かめるために、

2　検証すべきこと：交尾はオスの集団のみで行われる
→野外で遭遇するバッタのグループの構成員がシングルか交尾中かを記録すれば、確かめることができる。こちらも目視でデータがとれる。

この二つの要点をまとめ、雌雄の数を数え、それぞれがシングルか交尾中かを記録すれば、「集団別居仮説」を検証することができそうだ。おそらく、後から続々と色んな疑問が湧いてくるはずなので、その都度、実験なり観察なりをして確かめていくことにする。とりあえずは、進むべき方向性が定まった。

自分の舞台に

剛速球を投げるピッチャーがスーパーの品出しをしていても、その秘めたる能力は最大限発揮されず、宝の持ち腐れである。せいぜい棚から落ちてくる缶詰をミラクルキャッチするくらいで、その後にすかさず得意のピッチングを缶詰で披露したら、ヘタしたら傷害罪で逮捕されてしまう。自分の特性が生きる舞台探しは、人生において極めて重要なことだ。

私が選んだ実験方法は「目視」。極めて原始的な研究方法だ。とはいえ、バッタの雌雄の判別能力はおそらく世界トップレベルだし、視力が裸眼で２・０ある私にはピッタリだ。

複数の研究者が同じ仮説を立てたとしても、検証する方法には個人差があるように思う。めちゃ大変な方法でアプローチするか、一工夫することでラクしてデータをとるか、クスリと笑っちゃうような方法を編み出してデータをとるか。「どんなデータをどうやってとるか」には、研究者の「色」が滲み出てくる。

私は、化学はさっぱりだし、分子生物学もどういうわけか理解が及ばず、ローテクしか使えない呪いがかけられている。日本では周りの研究者たちがハイテクを駆使し、なにやらきらびやかな研究を推し進めており、時代遅れのようで恥ずかしかった。

しかし、物資や設備が制限されたサハラ砂漠では、ローテクはほとんど影響を受けず、いつものパフォーマンスを発揮できる。自分の能力を最大限発揮できる場所がここサハラ砂漠で、しかもサバクトビバッタを研究しているときなのだ。

わざわざ遠くまで行かなければ自分の本領を発揮できないとは、どういうことだろうか。どこで人生設計を間違ったのか。だが、世界で、過去の研究者たちとも闘えるこの舞台こそ、自分が輝ける唯一の場所である。そしてまだ若い。体力も気力も十分にある。おまけにバッタのことは、潰れるほど抱きしめたい衝動に駆られるくらい大好きときたもんだ。多少の困

サハラこそが己が躍動できる舞台

難ならバッタのために目をつぶり、そっと口づけする覚悟はある。

あとは野外調査をこなして、仮説を検証するための観察や実験を行っていけばよいという見通しは立った。今回の研究は、やればなんとかなる類の研究計画であり、力を注げば着実に前進していくはずだ。いくはずだったのだ……。

方向性が定まり、ヤル気に満ち溢れ、スポットライトに照らし出される心の準備も整えたのだが、どうにもこうにもバッタ運に見放される不幸の星の下に生まれたようだった……。

この手をすり抜けて

モーリタニア滞在初年度は散々だった。サバクトビバッタが大発生することで定評のあるモーリタニアに来たというのに、建国60年で最悪の干ばつに見舞われ、バッタにほとんど出会えなかった。本命のバッタがいないから、致し方なく浮気してゴミムシダマシの研究をしたり、フランスに遠征して室内実験を行ったりとなんとか耐え忍んできた。

前述のように、２年目も終盤に差しかかり、ようやく大量のバッタに遭遇できた。そして、バッタ界最大の見落としとでも言うべき奇妙な繁殖行動に気づくという渾身の野外調査をやってのけ、勢いそのままに野外調査に繰り出そうとする私を、さらなる地味な不幸が襲ってきた。

バッタがいるのに日本に一時帰国しなければならなかった。

防除センター所長で心の支えとなっているババ所長が、日本の研究所主催のシンポジウムに出席することになり、お供しなければならなくなったのだ。

日本でもバッタに関心を持ってもらえるのはありがたいし、久しぶりに帰国できるのも嬉しい。しかしながら、なにもこのタイミングでなくてもよかろう。バッタがいないのであれば、野外調査できないのも納得できる。しかし、バッタがいるのに野外調査ができないとは、想像を超えた不幸である。

こんな仕打ち、歴代のフィクション作家でも考えつくだろうか？　バッタ研究者になろうとしている私にとって、どんな罰ゲームよりも、どんな拷問よりも残酷だ。「事実は小説よりも奇なり」という言葉があるが、「事実は小説よりも酷なり」だ。

信じられない現実に絶望しながら、日本に帰国し、悶々（もんもん）とした2週間の滞在を終え、モーリタニアに戻ったが、すでに性成熟した成虫はどこかへと消え去り、その年はもう出会えなかった。悪い夢ならば覚めてほしかった。

悲しみの上乗せ

せっかくの機会が台無しになって気落ちし、一人でぼんやりとほうけたように妄想する時間が増えた。吐く息、全てがため息だ。ため息をつくために息を吸っているようなもんだ。

悪いことは重なるという言葉に忠実に、来年度から容赦なく無収入になる基本方針が定まった。ただでさえ落ち込んでいるところに追い打ちをかけて、身の上の心配もしなければならなくなった。落ち込むことに忙しくなってきたが、抜本的な改善策を講じることが急務となった。

研究するため、生活するため、まずは活動資金を確保しなければならないが、「アフリカでバッタの研究をしたい」と望む、まだ実績を積み上げるに及んでいない研究者を支えてくださる助成制度は、すでに採択された日本学術振興会の海外特別研究員制度しか見当たらなかった。

自分では探し当てることができなかったが、中村達博士（将来、上司となる）から、給料は出ないが研究費を2年間で200万円ほど支援してくれる助成を教えてもらった。実は、今回の一時帰国の理由の一つに、研究費を受給するための事務手続きも含まれていたが（すでに面接を受けに極秘に一時帰国しており、採択されていた）、その後も一筋縄ではいかなかった。

さぁ、海外を拠点とする若手研究者がこのような日本の研究助成制度を使用するときに、何が起こるのかを説明しよう。

メールやスカイプを介した手続きは許されておらず、日本での現地対応が必須となる。すなわち、①面接、②合格後のオリエンテーション、③報告会は日本で行われるため、海外に住んでいるとこれら3つのイベントが行われるときには日本に帰国しなければならない。加えて今回の助成制度は、2年間だが、初年度は3月で一度締められ、5月頭に次年度が開始

モーリタニアへの帰路、経由したモーリタニア北部の空港。建物一つなくて衝撃を受けた

される。次年度の開始時は日本から出発しなければならない。

話が大変ややこしいが、私は日本学術振興会の海外特別研究員のため、基本的にモーリタニアにいなければならず、初年度の助成報告会が終わったら再びモーリタニアに戻り、学振の任期満了日となる4月頭に日本に帰国し、次年度の助成が開始されるまで（5月）は手持ち無沙汰になってしまう。

私自身が混乱しているのに、他人にこの複雑な状況が理解できるだろうか。

個人都合のモーリタニア—日本間の移動は自腹になる。すなわち、往復3回分となる交通費約60万円と帰国時の滞在費は自腹なのだ。「モーリタニア—日本」間の片道は約35時間。これを6回フライトしなければならない。冷静に考えると、２００万円の研究費をゲットするために、「自腹60万円＋移動時間２１０時間＋書類作成諸々の手間＋日本での宿泊費」が代償となる。

本来、自由に使える自分のお金を、わざわざ研究にしか使えないお金に変え、しかも収支決算書のような報告書まで作成し、何を研究したかまで報告しなければならない。お金をもらうのは大変なことだ。

まだＺｏｏｍなどを使ったオンライン会議が主流ではない時代であったにしろ、スカイプはすでにあったし、ご対面とはいかなくとも、電話を使えばいくらでもリアルタイムでの受け答えはできたはずだ。

だが、日本の伝統が育（はぐく）んできたハンコとか、人と人との対話とか趣を尊重する文化が深く根付いていると「現地参加」は必須となり、若手研究者はその悲惨なしきたりの餌食（えじき）になる。海外から日本に面接に呼ばれて落ちることなどザラにある。経済には貢献できるが、ムダになった交通費の痛いこと痛いこと。時代は進んでいるというのに、どうにかならないものか。

長時間のフライトやら乗り継ぎは骨の髄までくたびれる拷問で、時差ボケも重なり、地獄の体調不良となる。

身も心もすっかりくたびれてしまった。モーリタニアも12月になると夜は5℃近くまで気温が下がる。打ちひしがれるには絶好のコンディションが整っている。なんだこのグダグダの人生設計は。バッタを研究したくて23歳から鬼のようにがんばってきたはずだけど、なかなか報われないではないか。今後、一体どうなってしまうのだろうか。目は虚ろになり、どんよりと心は曇り、重苦しい空気に押し潰されていった。

己の不幸を嘆こうと意気込んだら、力の入れ方を間違えたようで、なんだか楽しくなってきた。

ウルドの名に懸けて

「バッタ研究のために人生を捧げます」とババ所長に誓い、モーリタニアのミドルネーム「ウルド（～の子孫）」を頂戴し、研究者の名前を改名したが、バッタの研究を続けないのにウルドを名乗り続けるのは完全に謎である。

「お宅の旦那さん、なんでウルドを名乗っているの？」

研究の道とは違う人生を歩み、運良く結婚相手に巡り合えたとしても、相方にまで恥ずかしい思いをさせる恐れがある。

どうしてもバッタの研究を続け、「集団別居仮説」を検証してみたい。ここで諦めたら、せっかくの仮説が日の目を見ずに闇に葬られてしまう。たった2回の観察だが、どうなっているのか気になってしかたがない。何が何でも、どうなっているのか知りたいのだ。今後の人生、上の空で歩んでいくのは耐えがたいものがある。

知りたい思いが強いのは、幼少期に受けた影響が大きい。子供の頃に読んだ『ファーブル昆虫記』に描かれていた、自分自身の研究の力で昆虫の謎を解き明かしていくファーブルの姿に憧れを抱いた。自分で不思議だと思った謎を工夫して解き明かしていく快感を、是非とも味わっていきたいのだ。

お腹を空かせて困っている人に、自身の顔面の一部をちぎっては差し上げる子供向けアニメ「それいけ！アンパンマン」（やなせたかし原作）のオープニング曲の歌詞に「わからないままおわる、そんなのはいやだ！」とあるが、痛いほどその心意気に共感できる。

「わかって、おわる」方法はたった一つ。自分自身が研究できる環境にしがみつき、来たるべきチャンスを待ち続けるしかない。生活のために就職先を見つけるのではなく、この研究テーマに取り組むことができるような就職先を選ぶくらいの勢いで行動するしかない。

そもそも、日本とは縁もゆかりもないサバクトビバッタを研究して飯を食べていこうとする人生設計は虫が良すぎるのだ。世の中の役に立つのやら立たないのやらよくわからないことをしたがっているのだ。少しくらい苦労しなければ、世の中、モノ好き野郎たちで溢れかえって回らなくなってしまうじゃないか。

バッタの繁殖行動の謎に気づき、それを己の手で解き明かしたときの喜びと感動は想像するだけでウットリしてしまう。是非とも身も心もとろけるような甘美なひと時を味わってみたい欲望に取り憑かれてしまった。この気づきは呪いのように私を束縛し、人生をも左右しかねない。ラッキーだと思っていたのだが、実はとんでもない沼に引きずり込まれたのかもしれない。

とはいえ、気づけないより遥かにラッキーだった。一般的に、運良く研究者になれたとしても、一生を捧げたいと思える研究テーマに巡り合うことは難しいはずだ。まして、何らかの制限で研究活動そのものができなくなる場合もあるだろう。その研究や研究環境づくりに、自分の時間を注げるのは幸運なことである。とすれば、可能性が残されている私は恵まれすぎていることになる。今後のがんばり次第で夢が叶うのだ。

私の代わりに他の研究者がサバクトビバッタの繁殖行動の全貌を解き明かし、それを知識として与えると言われても、ちっとも嬉しくないし、聞きたくもない。

「なんぼでも苦労していいから、自分の手で解き明かし、論文発表したい」という自身の心の叫びが聞こえてきた。

それに、ある意味、私は日本代表として異国に送り込まれ、その活躍を皆が楽しみにしているはず。世界が手をこまねいている問題を日本人が鮮やかに解決できたら喜んでもらえるだろう。郷土の誇りを抱き、秋田を、東北を、そして日本を盛り上げることができるかもしれない。こんなやりごたえのあることはそうそうないはずだ。ならば、こたえてやらねばなるまい。

もはやヤケクソである。いずれ、自らの手で決着をつけねば、仮説も浮かばれないはず。よし、嘆いていたって始まらない。やるならばとことんやってやろう。臆することなく真っ赤に燃えた情熱をドボドボと注いだら、大概のことはうまくいくはずだ。

友人たちの大方の予想通り、バッタを追いかけた故に無収入になってしまうのは王道過ぎてネタ的にイマイチ面白くない。このまま「バッタ道」を突き進み、人類がビックリするような研究発表ができたら、友人たちの予想の上を行くことができるし、既成概念に囚われずに進めば、予想外の展開が待ち受けているはずだ。これを試すことができるのは世の中で私

日本でもバッタが大発生してくれたらいいのに。平和が憎い

しかいないのだ。

大きなスケールで見たら、日本代表どころか、世界代表、人類代表になっているかもしれない。

「バッタの研究に人生を全振りするとどのような末路になるのか？」

この身を捧げぬ限りわかり得ぬこと。ならば、一世一代の人体実験に手を染め、答えを得ようではないか。

老後の生活とか、自身の結婚とか、未来のことも多少気になるけど、理性のことは忘れて自分のワガママに振り回されてみるのも人生だ。だってもう私の中に巣食う欲望という名の魔物が私を操ってしまっているのだ。己の欲望の声に耳を傾け、この身をゆだねようぞ！

モーリタニアでは自由に酒も飲めない身ではあったが、己を奮い立たせるために「決意、決断、決行」のコンセプトが決まった記念として、一人決起集会を行うことにした。

私は、送別会とか、お誕生日会とか、忘年会とか、飲み会のきっかけになるイベントが大好きである。なけなしの缶ビール（首都に1軒だけある中華料理屋で、1本1200円で極秘裏に購入）に手を伸ばし、弱音にさよならを告げ、最後まで戦い抜く決意を込めた液体を全身に行きわたらせる。熱い決意は体内に染みわたり、そのままアルコール保存されたことだろう。酔っぱらうと気がデカくなる。

「えっ？　やるよ。やってやるぉ！　オレ以外にバッタの繁殖行動を解明されたって、バッタが、人類が喜ぶわけねーじゃん！　オレがやってやるしかねー!!!」

すっかりアルコールに弱くなり、少量で酔っ払える経済的な体になってしまった。久しぶりのビールで、1本飲み切る前にホロ酔いだ。秘蔵の亀田製菓の柿の種を肴に決意をバリッとサクサクッと噛みしめる。具体的に何をしていくかは、とりあえず、明日の自分に丸投げすることにした。私の姓は前野だ。多少、前野めりになったって男前野だからなんとかなるはずだ。

いつか、仕事としてバッタ研究で忙しい日々を送る合間に、仲間と一緒にたんまりビールを飲める日がやってくるだろうか。そんな夢みたいな日がやってきたら、さぞかしビールがうまいだろうな。

ビールを製造する際、材料の一つとして苦みや香りを添えるホップ（Hop）が使われている。次のステージへとはずみがつきそうだし、eを足した希望（Hope）が詰まったビールを飲めば、きっと自分の希望も叶うはずだ。そう信じ、明日に向かうのだ。

ビールばんざい！　ばんざいビール！　ビール、マジでうめぇ。

長期戦を覚悟せねばならず、贅沢は敵である。これからは倹約していかなければならない。飲み干したビール缶を力任せに握り潰し、その眼は確かに明日を見据えながら、おかわりを取りに冷蔵庫へと向かうのだった。

巨人の肩の上に立つ

これからの方向性を決めるため、一人作戦会議を決行する。私がやりたいことは、自分自身で気づいた疑問を明らかにするため、研究することだ。Googleで検索して調べようにも、この世にその答えはまだ存在しないし、誰かに教えてもらってもちっとも嬉しくない。自分自身で解き明かす快感を味わいたいのだ。そして、論文発表して、世界中のみんなと新発見を共有したいのだ。

世の中、色んな謎が未解明だが、ちょっとしたアイデアが謎を解くカギとなっている場合もある。しかし、もし、色んな人に相談して誰かにアイデアをパクられ、先に論文発表されてしまったら、喜びを横取りされたも同然で、殺意が芽生えるだろう。むやみやたらとアイデアを話すわけにはいかない。情報が漏洩しないよう、信頼のおける少人数にしか相談できない。

ならば研究は、その都度、ゼロからのスタートで、孤独な作業になると思われるかもしれないが、そんなことはない。先人たちが積み重ねてきた発見のおかげで、出だしからすでに色んなことがわかっているのだ。科学は、先人なくしては成り立たない。

「巨人の肩の上に立つ」(Standing on the shoulders of giants) の標語は、学術文献検索サイトGoogle Scholar のトップページにも掲げられている。偉大な先人たちの業績や先行研究などを巨人に喩えたものだ。

由来には諸説あるが、アイザック・ニュートンがフランスの哲学者の表現を用い、自身の手紙に記した言葉、

「私が彼方を見渡せたのだとしたら、それは巨人の肩の上に立っていたからです」

から、流行(はや)ったとされている。

現代風に砕けて言うと「マジ、先人リスペクト」と、逆に無礼な表現に成り下がってしま

うが、すでに多くの先人が知の礎を築きあげてくれたおかげで、現在の研究者は新たな研究課題に取り組むとき、高い所から研究を進めることができ、より遠くを一望できる。

論文は、大発見だけが重要ではない。たとえ地味な実験結果であっても、それによって後世の誰かが同じ失敗をせずとも済む、意義のあることなのだ。

論文は半永久的に残り、受け継がれ、知の結晶として積み上がっていく。色んな大きさ、形、色があるだろうが、確実に折り重なり、すそ野に、高みに加えられていく。論文は研究の証となり、歴史をつくっていく。

私がこれから挑もうとしている「バッタの繁殖行動の解明」についても、先人たちが様々な発見を重ねてきてくれたおかげで、この研究課題に気づき、対策を練ることができる。

先人たちが築き上げてきた「バッタ学（Acridology：アクリドロジー）」の歴史を深く理解することは大いなる力となり、私を新発見へといざなってくれるはずだ（バッタ学を専攻する者は、Acridologist〈アクリドロジスト〉と呼ばれる）。

ということで、研究の話を進める前に、バッタ学の歴史をご紹介したい。読者の皆様にとっては、びっくりするくらい日常生活には役立たない情報だが、この本を手にした時点で覚悟はできていたはずだ。次の章では、バッタを対象とした学問がいかに発展してきたかを、学術的に解説していく。

第2章　バッタ学の始まり

神の災い

地球史において、1年という単位はあまりにも短く、ほんの瞬きの間に過ぎない。しかし、人類は唯一無二の、かけがえのない1年を繰り返し、その蓄積が歴史となり語り継がれてきた。

本章では、幾人もの研究者たちが築き上げてきたバッタ学の歴史について解説していく。まずは、世間におけるバッタの誤った取り扱いについてお伝えすべく、旧約聖書に描かれている古代エジプトでの逸話を取り上げる。当然、私はその場で見たわけではないため、文献やネット上の記事を手掛かりに、詳細は省きながら自分なりにアレンジして綴っていく。詳細を欲する者は、確実に原著をあたられたし。その後で、バッタ学がいかにして発展してきたか、学術的に解説していく。

ちなみにこれから登場する、大変ノリが良い神様の演出は『夢をかなえるゾウ』(水野敬也著、文響社)の影響を受けた。神様や宗教、人種を冒涜する意図は全くない。

出エジプト記

古代エジプトでは、エジプト人がイスラエル人を強制的に労働させていた。エジプト国内では外国人扱いになるイスラエル人の人口が増え続け、勢力が強まり、エジプト王は彼らが敵になるのを恐れていた。そこで、彼らが力をつけすぎないように重労働を押しつけ、目の届く範囲に留めようと国内に囲っていた。

イスラエル人（＝別名ヘブライ人、「国境を越えて来た者」の意）のモーセ。成人した頃、同胞がエジプト人に痛めつけられているのを目撃。血が騒ぎ、誰も見ていないところでそのエジプト人を殺害。こっそり殺したつもりが、目撃されていた。殺人事件の犯人であることが知れ渡り、エジプト王の耳にまで届き、指名手配される。捕らえられたら処刑の危機。やむなくモーセは遠くに逃亡。逃亡先で結婚し、子を授かった。何年かしてエジプト王は死んだものの、イスラエル人の重労働は変わらず、人々は神に救いを求めた。叫びは天に届き、ついに神が動

レンブラント「十戒の石板を破壊するモーセ」

き始めた。

神（人々からは主と呼ばれる）は、モーセに呼びかけ、こきつかわれているイスラエル人をエジプトから脱出させ、「乳と蜜の流れる国（＝約束の地）」に連れて行けと命じた。モーセは、唐突な無茶ぶりにムリムリと断ろうとするものの、神様の言うことは絶対。時の権力者・エジプト王ファラオを訪ね、イスラエル人を解放するよう交渉する重大な任務を負うことに。

無茶な要求であることは神様も薄々把握しており、あらかじめ、モーセが持っていた羊飼い用の杖を投げると蛇に変わる一発芸的な魔法を授けてくださった。蛇のしっぽをつかむと、杖に戻る便利さも備えていた。

神「そもそも神から遣わされてきたとか言っても、王様どころか誰にも信用してもらえないやん。だけど、杖が蛇に変わるって奇跡やん。もはや神業やん。もう神様の存在を信じるしかないやん。まごうことなく神様の遣いやん！　よっしゃ、ほんなら行ってらっしゃい！」

一人では心細いモーセは兄のアロンを同伴し、ファラオに会いに行き事情を伝えた（大変余計なことではあるが、指名手配されていた件は、王が代わったこともあり不問なのだろうか）。予想通り「ムリ」と断られる。

我に物申すとは何事か、と烈火のごとく激高するファラオ。杖を蛇に変える大技を披露するタイミングを見計らっていたモーセを追い返し、ただでさえ過労のイスラエル人に対して、さらに嫌がらせ的な過酷な仕事を押しつける手配をする。

労働環境がさらに劣悪になるという迷惑を被ったイスラエル人の労働者たち。ファラオに対し、仕事を楽にしてほしいと直訴（じきそ）するも却下。労働者たちは、もはやどうしようもなくなり、状況を悪化させた張本人のモーセをののしり始める。

民「もとはと言えばモーセが余計なことをしたから我々の労働環境がさらに劣悪になってしまったのだ。助けるどころか、むしろ我々を殺す気か。いや、助けるとか言いながら、こうなることを計算してたんだろ？　主の裁きをうけるがよい」

気の毒なモーセ。モーセ気の毒。やりたくもない交渉を神様から押しつけられ、挙句の果てに同胞からは恨まれる始末。とばっちりを受けたモーセは神様に抗議。

モ「主の命令のおかげで、事態はますます悪化しております。どういうことでしょうか？」

神「いや、心配すんなって。いいから私に任せとけって。みんなを脱出させるから安心しろと、みんなに伝えてみ」

労働者たちはすでに痛い目を見ているため、モーセの言うことなど信じない。神様はモーセに、もう一度ファラオにイスラエル人たちの国外脱出をお願いしに行ってこいと、再度の無茶ぶり。モーセだって、ホイホイと素直に引き受けるわけにはいかない。ムリムリと断ろうとするも、さらなる秘策が。

神「ファラオはタダでは言うことを聞かないと思うけど、神がエジプトに災いをもたらすぞと脅したら、効果抜群、これなら言うこと聞くっしょ！」

これは神の力の職権乱用か。実力行使で、無理やり言うことを聞かせようとする神様。80歳のモーセ（兄、83歳）には厳しいことこの上ない状況。

モーセと兄は、再度ファラオに会いに行き、イスラエル人の出国の要求に加え、神の使いであることを証明するため、杖を蛇に変身させるあの大技を実行した。ファラオは対抗意識を燃やし、かかりつけの呪術師たちを呼びつけ、お前たちも同じ魔法を見せろと命ずると、なんと、彼らの杖も蛇に変わっちゃいました。

王「え、何？　神様でなくてもツエヘビできるではないか。イスラエル人の出国は許さぬ！」

再交渉決裂。モーセと兄、撤退。神様から追加命令。

神「蛇はアカンかったかー。そんなら、お前に託した奇跡の杖で、ナイル川の水をたたくと川の水が血に変わるようにしといたから。魚は死に、水は臭くなり、エジプト人はナイル川の水を飲めなくなるから。脅しの効果としては効き目抜群だから。さぁ、もう１回やで！」

こうして、モーセと兄はファラオの目の前で記念すべき第一の災い「ナイル川の水を血に変える」を実行。あらびっくり、川の水が血に変わってしまった。ファラオは怯（おび）え、神様の脅迫の前に屈服寸前。ところが、近くで見ていた呪術師たちが、しれっと水を血に変えてマウントをとってきた。

王「え、何？　誰でもできるではないか。神様だけの奇跡ではなく驚き損だ。第一の災い、大したことなく、恐るるに足らず！」

ファラオは今回も国外脱出を許してはくれなかった。とはいえ、川の水は血になったまま。血液型は何型なんだろうという個人的な疑問はさておき、エジプト人は飲み水を手に入れるため、井戸を掘って問題解決。こうして、せっかくの脅しは回避される。第一の災いは失敗に終わった。

さて、次の週のこと。神はモーセに第二の災いを授ける。

神「イスラエル人を国外退去させてくれないなら、国中をカエルだらけにしてやるから。ナイル川はカエルで溢れ、家の中にも飛び込ませるから。寝室もベッドもカエルだらけにして、エジプトをカエルで埋め尽くしてやるから！」

　これは凶悪な災いだ。おそらくは繁殖活動のためにカエルの大合唱が繰り広げられ、騒音問題も起こり、踏み潰したカエルのせいで、国中が生臭くなりそうである。同伴者の兄が、神様に指示されたように、川や水たまりに杖を向けると、カエルが発生し、国はカエルで溢れかえる。これには耐えられない。呪術師たちが対抗してカエルを大量発生させても、事態は悪化するだけ。さすがにお手上げのファラオ。

王「カエルをなんとかしてくれ。カエルさえいなくなったら、この国からお前たちを出してやる」

モ「承知しました。ナイル川にいるカエルのほかは、皆死ぬようにします」

　神様にカエル駆除の件を相談すると、たちまちカエルは死に始め、辺りは死骸で埋め尽くされる。カエルを全滅させず、川にいるカエルは残すあたり、生態系を考慮したモーセの粋な計らいか。

　そんな心意気とは裏腹に、あちこちに山と積み上げられたカエルの死骸から、悪臭が漂ってくる。予期せぬ嫌がらせ発生か。悪臭が原因なのかは不明だが、ファラオはまたもや約束を破り、イスラエル人を行かせないことにした。

第二の災い、失敗。モーセ「脅す」→王「やれるもんならやってみろと言いつつも、やられたらすごく困り、国外退去の約束をするも、問題解決したら約束を破る」というお決まりの応酬が続き、とうとう第八の災いの出番となった。

第八の災いに物申す

モーセと兄は再び、ファラオに告げた

「主からの伝言です。私の民を行かせないなら、明日、イナゴの大群を送りつけます。国中がイナゴで覆われ、地面さえ見えなくなるはず。青草は食い尽くされ、エジプトの家という家はイナゴで覆われますよ」

特級の嫌がらせだと思われるが、またも交渉は決裂。ならばやるしかない。モーセは神様の命令通り、杖を天にかざし、一昼夜、東風を吹かせた（地図上で見ると右から左）。朝になると、東風がイナゴの大群を運んできて、エジプト全土を覆い尽くした。植物は食い荒らされ、緑という緑は壊滅的な被害を受けた。さすがのファラオもこれにはびっくり。説明をすっ飛ばした別の災いのおかげで国の食料が激減していたため、イナゴによるダメージは深刻だ。

サバクトビバッタの大群を撮影するところを撮影

王「今度ばかりは参った。今度こそ約束を守るから、イナゴをどうにかしてくれ」

王がようやく降参したから、イナゴをなんとかしてくれと、モーセが神様に吉報を伝えると、神の力で今度は西風が吹き始め（地図上で見ると左から右）、イナゴを紅海まで運び去り、エジプトからイナゴは消え去った。今回も神による自作自演で問題は解決した。

しかしながら、お約束通り、ファラオはまたもや約束を破った（この一連のやりとりを、すでに7回やっているんですもの）。

結局、第十の災いまで続き、この後、モーセは紅海を割って海の真ん中に道を作り、イスラエル人を率いて歩いて渡り、エジプトを脱出しました、とさ。

この長ったらしい前置きをしてまで私がお伝えした

かったことは、モーセのメンタルが鋼だということではなく、「イナゴ」と誤訳されている点である。

「Grasshopper」がイナゴと訳されることはけっこう知られているが、原文は「Locust」である。「Locust」の意味をご存じだろうか。実は、「トビバッタ」と訳され、大群で長距離移動するバッタの特別な呼び名なのである。「出エジプト記」に登場した「イナゴ」は、サバクトビバッタだと考えられ、イナゴと訳すのは誤りだ。学術的には「サバクトビバッタ」や「トビバッタ」と訳すのが好ましい。人によっては「トビバッタ」ではなく「ワタリバッタ」と言ったりする。

じゃあ、イナゴとトビバッタ、何が違うのか？　学術的には、混み合いに応じて、行動、形態、生理的特徴を変化させる「**相変異**」を示し、大群を成して移動するものを「トビバッタ」、はっきり示さないものを「イナゴ＝単なるバッタ」と区別し、それぞれ「Locust」、「Grasshopper」と記す。

Locustの語源はラテン語の「焼野原」であり、トビバッタの大群が過ぎ去った後には緑という緑は残らないという惨状を表している。Grasshopperであるイナゴは、草をピョンピョン跳ねているイメージだが、英語でもまったく同じ。日本の田んぼでよく見かけるやつ

「蝗＝稲子＝イナゴ」は「Rice grasshopper」と呼ばれている。

　誤解しないでいただきたいのは、サバクトビバッタをはじめとするトビバッタ類の大発生は、超常現象的な神の罰ではなく、世界各国の穀倉地帯では、固有種のトビバッタが幾度も自然に大発生してきた。約６８００種が知られるバッタ科の中で、真正なトビバッタは約20種とされている。


　本書にメインで登場する昆虫は「トビバッタ」であるため、「バッタ」ではなく「サバクトビバッタ」か「トビバッタ」と記すほうが好ましいが、破格の登場回数の多さであり、どう表記するかは悩ましい。

　例えば、日本では、女性配偶者は、「妻、女房、家内、奥さん、かみさん、嫁、連れ」など様々な呼び名がある。嫁は、息子のところに嫁いできた女性の意味だが、日常会話では意味が通じる。共働きしている夫婦で、女性が外で働いている場合、家内と言えるのだろうか。日本語には、たまにあやふやなところがある。

　学術用語を使用するとき、正確だが馴染みのない用語を使うべきか、正確な表現ではないが、一般的に使われている用語を使うべきか、悩みどころである。

私としては何度でも「サバクトビバッタ」と記したいが、余計なスペースを食うし、インクも消耗する。無駄をなくしてエネルギーを大切にするＳＤＧｓの波に乗るとしたら、短い呼び名のほうが好ましい。

しかしながら、専門家たちが使用している「SG（学名：*Schistocerca gregaria* の略）」や「DL（英名：Desert Locust の略）」というサバクトビバッタの略称は、皆様には微塵（みじん）も馴染みがないだろう。

諸々の懸念事項を考慮し、皆様にも馴染みがあり、直感的に思い浮かべることができる名前を優先し、本書では「トビバッタ」のことを「バッタ」と記すことをお許しいただきたい。

「えっ、何この人？　バッタ博士を名乗るくせにトビバッタのことをバッタって呼ぶとか、バッタもんじゃん」と、私を蔑（さげす）む方が必ず登場するだろう。私はその方々に対して逆に質問させていただく。

「日本でも見かけるトノサマバッタは先述のようにトビバッタの仲間ですが、トノサマトビバッタと呼ばれていないのは問題ないんですか？」

先方が返答に困るという前提で話を進めさせていただくが、著者の特権として、本書ではサバクトビバッタをバッタと呼ばせていただく。

ただし、「サバクトビバッタ」を「イナゴ」と呼ぶことは、許されざる暴挙、重罪、倫理違反であり、その人の教養や民度を疑う、私が最も軽蔑する行為である。サバクトビバッタのことをイナゴと呼ぶ人たちを改心させることが、私に課せられた裏の使命である。

「そんなこと言われるんだったら、もうそれらしきものを全部トビバッタって呼ぶわ」

ノンノンノン。トビバッタと呼ばれることは栄誉で誇り高きことであり、選ばれし「相変異」を発現できるバッタのみに許された特権のため、イナゴがトビバッタ扱いされることは断じて許されない。許さない。そう、研究者のこだわりは面倒くさいのである。

「**相変異**」という学術用語が出てきたが、こちらは極めて重要な専門用語であり、略しようがなく、トビバッタを語る上で最も欠かせない生物現象である。

母国語で書かれた本は、物事を知る上で大変ありがたい存在である。とくに、昔の出来事を知ろうとすると大変な手間がかかるが、ありがたいことに、今から1世紀以上前、バッタ学が始まった頃の世界のバッタ研究に目を向けられ、解説書を出版された日本を代表する昆虫学者の先生がいらっしゃる。巌俊一（いわおしゅんいち）先生、桐谷圭治先生、伊藤嘉照先生らである。

先生方はバッタを専門に研究されていたわけではないが、その情報量とまとめ方は重厚としか言いようがない。私などは、先生たちの記述の元になった一次情報すら探しあてることができない始末。バッタ一筋で研究している身としては、大変恥ずかしいが、リードしてくださり感謝している。執筆においても「巨人の肩に立つ」である。

残念ながら、バッタについて記された先生方の本は絶版になっており、読者の方々が気軽に手に取ることのできる機会も少ない。先生方が後進に残してくださった書籍と、私自身が調べた論文や外国の本や雑誌を基に、バッタ学の歴史の概説を試みたい。

バッタ学が大きく進展したきっかけは、日本にも生息しているトノサマバッタ（*Locusta migratoria*）だった。なお、登場人物は親しみを込めて敬称は略す。

見つからないバッタの謎

動植物には、今でこそ、それぞれ学名がつき分類されている。「新種が発見されました」というニュースをよく見かけるが、要は、まだ学名がついていない動植物が見つかったということだ。昔から、ヒトはなぜか分類したがる習性に突き動かされてきた。

動植物の呼び名の情報を整理し、分類するための礎の確立を試みたのが、スウェーデンの博物学者カール・フォン・リンネだ。生物の学名を、属名と種小名の2語のラテン語で表す二名法を提案し、体系づけられ始めたのが18世紀のことだ。リンネが貢献した分類法は生物学の土台となり、自然科学を大きく発展させていったが、トノサマバッタ属（*Locusta*）では混乱が続いていた。

ロシア各地には、トノサマバッタ属のロカスタ ダニカ（*Locusta danica*）が生息していた。ダニカの幼虫は、緑色や茶色の体色をしており、成虫の体長は5センチほどになる大型のバッタだ。毎年見かけるが、ちらほらといる程度で、物好き以外は誰も気にも留めない普通のバッタだった。

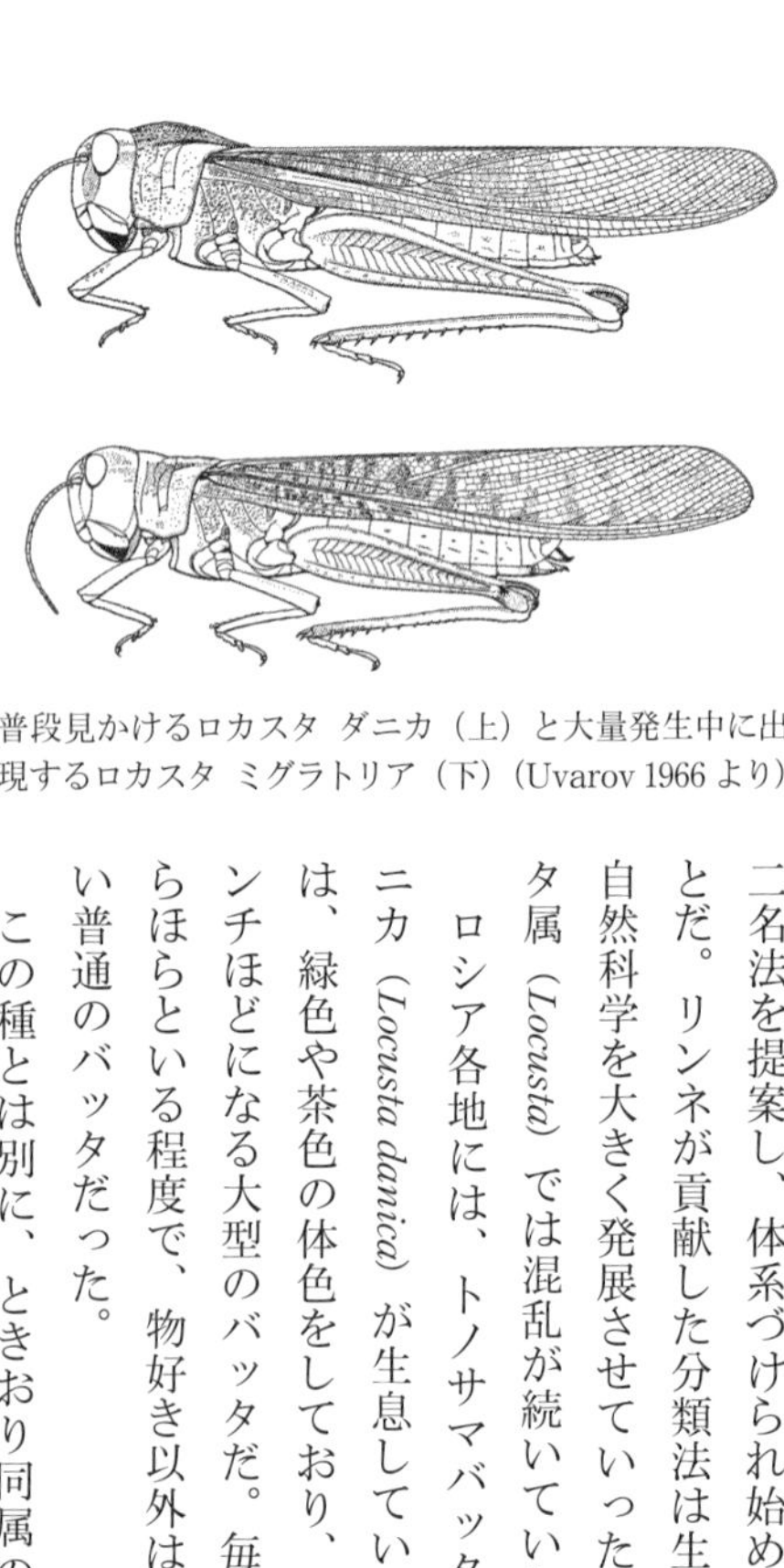
普段見かけるロカスタ ダニカ（上）と大量発生中に出現するロカスタ ミグラトリア（下）（Uvarov 1966より）

この種とは別に、ときおり同属のロカスタ ミグラトリア（*Locusta migratoria*）が大発生し、群飛（ぐんぴ）することがあった。ミグラトリアの大群は農作物を食い荒らすため、人々から恐れられていた。

ただ、不思議なことに、ミグラトリアは大発生した年にしか目撃されなかった。ミグラトリアは、大発生していない年は一体どこに潜んでいるのだろうか？ 突如出現し、突如消え去る大群のバッタの謎は人々を怖がらせた。

１８７０年、ロシア人ケッペンは、この2種が、実は同種ではないかという考えを初めて提唱した。

古くから、動物を異なる種に分類するときは、交尾器の形や体表の毛の本数など、明らかに異なる形態学的特徴が指標として使われていた。トノサマバッタ属についても「この形態学的特徴を使えば、両種をきっぱりと分けることができる」という、決定的な特徴を分類学者たちは探したが、なかなか見つけることができなかった。というのも、中間的な形態学的特徴をもつ個体が存在したためだった。

「ダニカとミグラトリアは同種」という考えに至ったケッペンであったが、両者は姿形から行動まであまりにも異なり、両種が同種であるという決定的な根拠に欠けていた。

専門家同士で異なる学名が使われると、過去に大発生した記録や他の国々で得られた情報を同種として比較できず、防除対策が立てづらくなるという弊害があった。分類学者が、論文発表の際に誤った学名を記載すると、その誤った論文を引用した論文がさらに誤りを拡散させていく。誤りは誤りを呼び、混乱は深まっていった。

昆虫学者ウバロフの挑戦

「ダニカ - ミグラトリア問題」をきっかけに、バッタ学の歴史が大きく動き始めたのは、19世紀に入ってからだった。

田舎町で育ち、父からもらった6巻に及ぶ『動物の生活』（アルフレート・ブレーム著）に大きな影響を受けたロシア人のボリス・ウバロフは、自然を愛し、虫に興味を抱き続ける人生を歩む。

20代前半の若さで農業局に勤める昆虫学者となったウバロフは、1911年から1914年にかけて、黒海とカスピ海に挟まれたコーカサス地方で、トノサマバッタ属の分類にまつわる未解決の問題やバッタ防除に取り組むため、現地調査の任にあたった。

自然に親しみながら成長したこともあり、生態学的な知見も取り入れた優れた分類学者として頭角を現し始めた若かりし頃のウバロフ（23歳）は、昆虫局の初代局長になり、我こそは、2種のトノサマバッタが別種だと裏付ける分類学的手がかりを見つけてやると意気込んでいた。

調査を始めると、2種の姿形だけでなく、行動も全く異なっていることに気づいた。

「こんなにも違っているバッタが同種であるわけがない。ケッペンは何を言っているのだろう」

１９１１年、ウバロフは早々に、ケッペンとは正反対の、両者は別種に違いないという考えを発表した。この考えをさらに支持するため、いくつかの博物館や昆虫局の協力を得て、彼らが所有する多数の乾燥標本を調べた。両種を見分ける決定的な形態学的特徴があるはずだという期待を込めて。

ところが、翅(はね)の長さや脚の長さなど、いずれの形質も両種で連続的で、どこをとっても区別がつかないことがわかってきた。ウバロフをもってしても、形態学的特徴によって、別種か同種かを裏付ける根拠を得ることができなかったのだ。むしろ、別種どころか、ケッペンの言う通り同種かもしれないという疑惑が強まっていった。

ウバロフの挑戦は続き、その努力が結実したのは、研究を始めてから10年後であった。

困惑のダニカとミグラトリア

１９２１年、ウバロフはイギリスの昆虫学雑誌「Bulletin of Entomological Research（昆虫学研究紀要）」に、「トノサマバッタ属の分類学的改訂とトビバッタの周期性と移動に関する新理論」と題する論文を発表した（Uvarov, 1921）。

この論文には、ウバロフが「ダニカ‐ミグラトリア問題」を解決するために取り組んだ数々の試みが克明に記されている。その中から印象的な箇所を抜粋して紹介していこう。

ウバロフが謎解きに挑戦した当初、動物博物館に勤務していたA博士から、「オスの交尾器の形態を使用すれば、苦労せずに2種に分けることができるはずだ」というアドバイスと、スケッチ、写真を託されていた。

ウバロフ自身、それを信じ、丁寧にバッタを解剖し、調査した。その結果、両種の交尾器は似たり寄ったりでA博士の考えが完全に間違いであることに気づき、その事実を本人に伝え、納得させるに至った。事情聴取の結果、A博士はダニカとミグラトリアそれぞれ一個体ずつしか解剖していないことが発覚した。同じ種内でも交尾器の形や大きさに多少の個体差はあるため、とんだ早とちりである。

ウバロフはよほど頭に来たのだろう、論文中に、「He gave up his work, but handed over to me his sketches and photographs.（彼は自身の仕事を諦めたが、私に彼のスケッチと写真を託した）」と記している。解剖をたった2匹で諦めた根性なし丸出しの事実は、後世に残され、ウバロフの期待を裏切った代償は末代までさらされることになった。

体色についても検討された。幼虫において、ダニカは緑色、茶色、灰色などばらついていたが、ミグラトリアは黒とオレンジの２色からなる目立つ体色をしたものがほとんどだった。重要なのは、ミグラトリアの幼虫に特徴的な目立つ体色は、ダニカでは見られないことだった。

論文中では述べられていないが、ダニカの成虫は幼虫と同様に緑色、茶色、灰色などばらついているが、ミグラトリアは赤茶色である。ダニカの成虫の体色は歳をとってもほとんど変化しないが、ミグラトリアのほうは黄色に変色することが観察された。体色を見る限り、同種には思えなかった。

行動について調査した結果も記述している。ミグラトリアの幼虫は集合し、日中、同じ方向に移動する習性があることを観察している。移動中は、エサとなる植物があるエリアでも食べずに歩き続けることから、空腹のためエサを求めて移動しているわけではなさそうだ。また、ミグラトリアの成虫も集団で飛翔することが報告された。

一方のダニカについては、無害な昆虫のため、その生態は見向きもされてこず、ほとんど情報がなかった。唯一知られていたのは、ダニカは幼虫も成虫も群れることがないということだった。

そして、熱帯地域で見つかることがある同属のバッタが、ちょうどダニカとミグラトリアの中間の形態学的特徴を持っていることがわかった。英国博物館から取り寄せたメスがまさにそうだった。

常人であれば両極端なモノだけに気を取られがちだが、ウバロフだからこそ中間型の存在に目を向けることができたのだろう。中間型の存在は、生物学的に極めて重要な意味を持っていた。

野外調査からの飼育実験、そして友情

運はウバロフに味方した。たった3年間の野外調査期間にもかかわらず、気まぐれに大発生するミグラトリアに遭遇できたことは幸運であった。

1912年の秋、調査地にミグラトリアの大群が侵入した。大量に採集した個体全てがミグラトリアの特徴を持ち、ダニカや中間型は見当たらなかった。

さらに産卵場所を突き止め、翌年のふ化を待った。ふ化幼虫を飼育し始め、3回脱皮すると、幼虫の大部分はミグラトリアだったが、一部、ダニカの特徴や中間の形質を持つ個体も含まれていた。

別種であればこのようなことは起こりえない。やはり、ダニカとミグラトリアは同種の可

能性がある。しかし、成虫の群れに少数のダニカが混じり、同じ場所に産卵していた可能性はぬぐい切れない。

　自然を知る上で、野外調査はかけがえのない科学的な価値があるが、様々な可能性を排除できない弱点がある。その弱点を補う唯一の方法、それは実験である。余計な要因を排除し、純粋に知りたいことを知ることができる実験がもたらす説得力は強力であり、現代科学においても健在である。


　ウバロフは、中央アジアのトルキスタン昆虫学研究所で飼育実験を行っていた友人のプロトニコフに、一連の出来事を手紙で伝えた。すると、プロトニコフから、飼育実験で両種を互いに転化させることができる旨の返信があった（1912〜1915年実施）。

　1913年、プロトニコフは雌雄のダニカを野外から採集し、交尾と産卵をさせた。そのふ化幼虫の体色はダニカに見られる濃い灰色だった（ミグラトリアのふ化幼虫の体色は黒色）。ふ化幼虫を集団飼育したところ、脱皮後、黒色とオレンジというミグラトリアに特徴的な体色を示す幼虫が現れ始めた。その成虫はダニカの特徴を持っていなかった。ダニカがミグラトリアに変異することが、飼育実験によって確実に観察できたのだ。

逆に、ミグラトリアから得られた卵からふ化した1匹の幼虫を飼育したところ、2齢になるとダニカに特徴的な緑色の幼虫になった。ミグラトリアもダニカへと変異したのだ。たった1匹ではさすがに心もとない。さらに実験を進めたいところではあったが、プロトニコフが徴兵されたため、研究は残念ながら中断するしかなかった。

論文中では、ウバロフの野外観察とプロトニコフの飼育実験の結果とを組み合わせ、ミグラトリアとダニカは別種ではなく、ミグラトリアからダニカに、あるいはその逆の変異が起こると結論づけられた。

ダニカをミグラトリアの別種とみなすことはできず、ここに未知の生物現象が含まれている可能性が浮上したのである（余談だが、原文に、〝Such experiments have been undertaken by my friend V. Plotnikov〈そのような実験は私の友人のプロトニコフによって行われた〉〟とある。論文中に「マイフレンド」と記されているのは胸アツである）。

ウバロフは1915年にはある結論に達していたが、戦争が論文発表を妨げた。いかにもどかしかっただろうか。第一次世界大戦の影響はウバロフを直撃し、研究体制は悪化していった。

当時、ウバロフは、グルジア州立博物館の昆虫学動物学部門の部長及びグルジア大学の動物学の教授になっていた。１９１８年から１９２０年にかけては給料が支払われず、困窮する不遇に陥った。彼はしばしば手作りのパイをマーケットで売り、収入の足しにしていたという。

研究を進めるどころではなかったが、勤務先の博物館にイギリスから研究のために来ていた著名な衛生昆虫学者バクストンに出会い、ウバロフはロンドンの帝国昆虫局の助手の職を手にし、30歳にして妻と幼子と出国することになった（ウバロフの本来の生誕は１８８９年だが、パスポートの手続き上のミスで１８８８年と記され、年齢詐称せざるを得なくなったことは余談である）。

そして、紆余曲折を経た翌１９２１年、バッタ学の歴史を動かす新たなるセオリー（説）を発表することになる。

研究の世界では不思議なことに、似たような研究がまったく独立に同時期に行われることがある。時同じく、異なる大陸で、単独性のバッタが群生のバッタへと変化することに気づいた研究者がいた。南アフリカ、プレトリア大学のフォール（Faure、ファウルの呼び名も）だ。

彼も、チャイロトビバッタ（*Locustana pardalina*）において、孤独性の個体群から体色も形も違う集合性のバッタが生じることを１９１４〜１９１５年にかけ観察していた。このことをウバロフは、１９２０年の文通で知った（2人のなれそめは不明）。

フォール自身、群生しているバッタは単独性のバッタと同種であることを確信していた。異なる種のバッタでも、トノサマバッタと同様の現象が観察されていたことで、ウバロフは自身の考えに自信を深めた。ウバロフは論文中で、フォールからの手紙の内容をそのまま紹介している。現在では見ることがない論文スタイルで、自らの考えを惜しげもなく共有してくれた友人へのリスペクトだと思われる。

ウバロフは２人の友人の科学的な後押しもあり、新しい説を提唱することに挑んだ。

「相」説（The theory of phases）、誕生

未知の自然現象を科学的に説明するため新しき説を唱えるときは、どんなに信頼のおけるデータが手元にあったとしても、大変な勇気と慎重さが必要となる。たった一つの見落としで、もろくも説が崩れ去る恐れがあったり、研究分野に混乱を引き起こし、批判の対象となる可能性だってある。

だが、今現在得られている情報を整理し、最もそれらしい説明を考え抜き、新説として論文発表し全人類と共有することは、研究者にとって使命となる。たとえ唱えた説が誰かの手によって修正されようとも、それは恥ずべきことではなく、自然科学の発展に貢献したと言えよう。

自然科学とは、誤りと修正の繰り返しによって成長し、前進するものである。新説の提唱は停滞している現状を打破し、新たなる局面を迎え入れるためのブレイクスルーとなり、研究者冥利に尽きる瞬間である。

ウバロフは約10年間かけ、これまでの野外観察及び飼育実験を基に、ダニカとミグラトリア、そして中間型の関係を最もうまく説明しうる新説を生み出したのだ。

まず、これら3種を「型（form）」とみなし、変異は連続的で、種よりも下のレベルに位置し、互いを別種として分けることはできないとした。

すでに「亜種（種よりも下位の区分。異なる地域に生息するため見た目が異なる。亜種同士は交配が可能な場合がある）」という区分が知られており、これをトノサマバッタ属の説明に応用できると考えた研究者もいたが、「3種」は同所的に発生する場合もあり、亜種とみなすわけにはいかなかった。

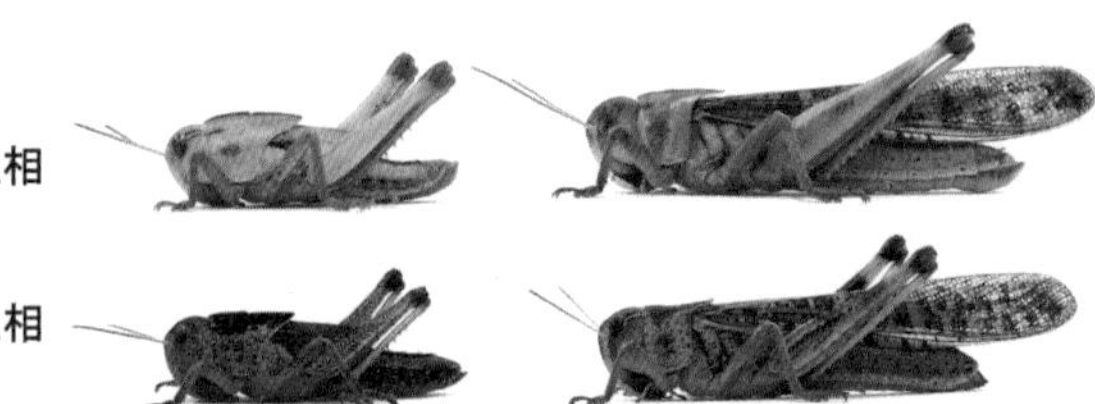

トノサマバッタの孤独相と群生相

より適した既存の用語として「モルフ（morph）」があった。アブラムシ類に見られる「有翅型 vs. 無翅型」や、シロアリ類の「ニンフ、ワーカー、ソルジャー、クイーン、キング」など、親の影響であったり、発育中の外部環境によってもたらされたりする、同種内に見られる多型のことである。

だが、モルフは「0か1か」にはっきり分かれ、どちらか一方の型へ変異中の中間型は考慮されない。なので、トノサマバッタ属の連続的な型に、モルフの概念を当てはめることはできない。

つまり、既存の説や定義では、バッタの連続的な三つの型を説明することができず、新しい説を生み出す必要があったのだ。ウバロフは多くの友人たちと論議し、最善策を模索したのだろう。マーシャルがウバロフに進言した「相（phase）」という概念が、最もしっくりくるという考えに至った。

バッタは両極端の相、すなわち孤独相（solitary phase、後にsolitarious phaseがより一般的になる）から個体数の増加と共に群生相（gregarious phase）へと変異する。中間型は、孤独相から群生相、またはその逆へと変化する途中である転移相とみなす。

すなわち、バッタの大発生のメカニズム——孤独相（ダニカ）が群生相（ミグラトリア）へと変異し、群生相化した大群が集団移動する——を初めて科学的に矛盾なく説明しうるものであった。

ウバロフの「相」説は、あの「ダニカ‐ミグラトリア問題」を矛盾なく説明することができた。ミグラトリアが大発生していないときは、ダニカに姿を変えて潜んでいることを科学的に証明し、長きにわたる謎に終止符を打ったのである。こうして、ダニカの名は消滅し、ミグラトリアとして認識されることになった。

その後ウバロフは、サバクトビバッタやアカトビバッタを含むAcridoidea科でも、相の変異が起きていることを推察した。そして、別のバッタについても他の研究者たちによって次々と化けの皮が剝がされていった。

ウバロフは、１９２１年の論文の中で、新しいデータが得られた場合、新説の修正を余儀なくされる可能性もあると断っていたが、その後、用語の使い方に修正が入っただけで、１

世紀が経った今も、ウバロフの相説を礎とし、新たなる知見が蓄積され続けている。

躍動するウバロフ

研究者は研究し、その成果を論文発表するのを生業としている。しかし、ウバロフは一大成果を挙げた後、研究に没頭するだけではなく、次のステージへと進んだ。

1920年代後半、アフリカや南西アジアで深刻なバッタの大発生が拡大していた。1929年、国際的な対策が求められるようになり、ウバロフに白羽の矢が立った。それまでの功績（1920〜1930年にかけて465報の出版物を発表。信じられないほどの高い生産性を誇るモンスターである）が評価され、バッタ問題を取り扱う組織の運営を託されたのだ。

出だしは、ウバロフと少女ワロフだけの小さなチームだったが、非公式ながら「国際バッタ研究センター」と呼ばれるようになり、すぐさま、バッタに関する国際会議をローマ、パリ、ロンドン、カイロ、ブリュッセルで企画した。これには、国際的なバッタ研究をアフリカで展開させる目論見があった。アフリカにおいて、被害額と防除に要する費用の膨張が懸念されたためである。

戦争が始まると研究活動は一時的に停滞したが、ウバロフの活躍は留まるところを知らなかった。中東と東アフリカでサバクトビバッタ、アカトビバッタ、トノサマバッタの大発生が同時に起き、ウバロフによってそれぞれのエリアに「対バッタ組織」が設立され、彼自身が運営することになった。これが初めての大規模かつ国際的なバッタ対策であった。

１９４５年、ウバロフが所属していたロンドンセンターが独立し、伝説の「アンチ・ロカスト・リサーチ・センター：Anti-Locust Research Center（ＡＬＲＣ：対バッタ研究所）」となった。ウバロフが初代所長に着任し、１９５９年の引退まで牽引することになる。

ウバロフ
Hans-Joachim Pflüger et al. (2021) One hundred years of phase polymorphism research in locusts, Journal of Comparative Physiology A Neuroethology, Sensory, Neural, and Behavioral Physiology より

研究所の主な任務は、サバクトビバッタ、アカトビバッタ、トノサマバッタの近況を把握し、情報を共有することであった。これは、アフリカや中東で対バッタ政策を進めるにあたり、的確な助言を行うためであり、また、バッタの発生時期、発生量、発生場所を前もって推察する発生予察の精度を高めるためでもあった。

そして、アフリカでのバッタ情報を収集し、毎月のレポートを蓄積していく必要があった。とくにサバクトビバッタは広範囲に影響を及ぼすため、特別な予察や防除が必要不可欠となる。

ウバロフは、月ごとにバッタの状態に関する情報収集を行うサービスシステムを構築し、この難問に取り組もうとした。しかし、50カ国以上に分布する広大なエリアから情報を定期的に収集することは容易ではない。そこで、領事事務所、先住民の集落長、宣教師、探検家、洋上船の船長など、あらゆる情報源を利用することにした。有用な情報をかき集めて報告するよう、簡単な指南書（後に小さなローカストハンドブックとなる）が出された。

これらの大がかりな活動を、ウバロフたちだけでは進めることは困難を極めた。

１９５３年に国際連合食糧農業機関（ＦＡＯ）がサバクトビバッタに対する防除キャンペーンを実施したことに、ウバロフは注目した。ＦＡＯは、全ての人々が栄養ある安全な食べ物を手に入れ、健康的な生活を送ることができる世界を目指している。バッタ問題の解決はＦＡＯの理念に合致するものである。

１９５８年には、ＦＡＯとの合意により、サバクトビバッタの情報管理を目的とした組織「サバクトビバッタ情報サービス」が設立された（現在も機能し、サバクトビバッタ大発生の際にはリーダー的存在として活躍している）。

ウバロフはこれらの活動の中で、人と人とを国境を越えてつなげ、それぞれのプロジェクトの運営方針を定めるなど、コンサルタント的な役割を果たしていた。若い頃からリーダーとしてキャリアを積み上げてきた手腕を大いに発揮したのだ。

ウバロフは幅広い視野を持ち、環境がバッタに及ぼす影響についても着目した。他の昆虫に関する見識を深める意味もあったのだろう、１９３１年には『Insects and Climate（昆虫と気候）』と題する書籍を執筆している。また、11言語、１１５０報もの論文をまとめていることから、多言語を操る国際派であったことが窺える。

多くの国々を回り、時には現地でキャンプ生活を行うこともあった。ボリス・ウバロフの顔も知らぬ現地スタッフは、雲の上の存在に等しいウバロフに親しみを込め、「ボリスおじさん」と呼んでいた。本人がその場にいることも知らずに。

バッタに関する知が集結

対バッタ研究所は防除活動に力を注ぐだけではなく、研究活動の発展を大きく支えた。ウ

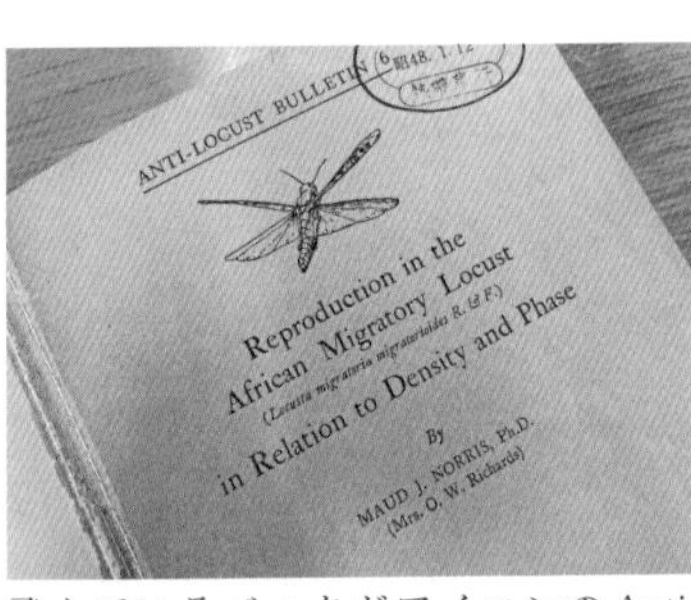

飛んでいるバッタがアイコンのAnti-Locust Bulletinシリーズ

バロフ自身のコレクションを含む３万超の文献など、バッタに関するあらゆる知が集結していった。

イギリスをはじめとする多くの国々の昆虫学者によって現地調査も行われた。サバクトビバッタに関する実験室や野外での調査により、移動のパターンに関する情報が数多く得られた。その結果、ある程度予測可能になり、効率的な防除計画の立案に役立てることができるようになった。

研究所は、これらバッタに関する独自の出版物を手掛け、１９４６年には季節移動や生物学的・地理学的な広範囲の問題を多く取り扱ったAnti-Locust Memoirシリーズ、１９４８年から実験室と野外調査の結果を取り扱うAnti-Locust Bulletinシリーズを出版した。前者は11報、後者は50報に及ぶ。

研究所には、大学で動物学を専門とするガンが正式に加わり、彼が研究活動を管理することになった。大学の動物学学科と協力し、実験室での飼育実験や海外調査を希望する学生たちに助成金を提供した。防除に応用できる、バッタの生理学と行動に関する基礎研究が大学のプログラムに組み込まれた。バッタ研究黄金期の幕開けであった。

１９５９年、定年退職後もウバロフは研究所に留まり、引き続きコンサルタントとして多くの時間を過ごす傍ら、新しい本を手掛けた。１９６６年に出版された『Grasshoppers and Locusts』1号は４８１ページに及び、バッタとイナゴに関する形態、生活史、生理、生態を含むあらゆる研究テーマが取り扱われた。

ウバロフは１９７０年に亡くなったが、生前に準備していた原稿に、同僚たちがわずかに補足的な情報を付け加え、１９７７年に６１３ページにも及ぶ『Grasshoppers and Locusts』2号が出版された。

この2冊は、今なお、バッタ研究者たちにはバイブルとして重宝されている。

ウバロフのアプローチは実践的で、国際協力の上に成り立っていた。対バッタ研究所を設立し、フィールドワークを率先して行ったことの貢献は多大であり、その姿は世界中のバッタ研究者の刺激となった。彼が多くのことを成し遂げられたのは、科学的誠実さのおかげである。

研究者として、組織の指導者として、国際的な顔として、唯一無二の存在であったウバロフは、紛れもなく20世紀を代表する昆虫学者の一人であり、「バッタ学の父」として崇められている。その優れた業績により、１９６１年にはナイトの爵位を与えられ、ウバロフ卿と呼ばれるようになった。

国際バッタ目学会は、3年おきに国際学会を主催しているが、現在もウバロフの栄誉を称え、バッタに関する理論と実践の両分野に直接的な影響を与えた優れた研究者に「ウバロフ賞」を授与している。

礎を築きし者たち

トビバッタは幼虫でも成虫でも混み合いに反応し、群生相的な特徴を発達させるが、隔離されると孤独相化が進む。そして、これらの変化はリバーシブルであることが、今日では知られている。

種によって、孤独相と群生相との間に見られる形質の違いや、その程度が異なる。幼虫、成虫のいずれかのみが集合性を示したり、形態的な変化は起こらないが集合性を示す種がいたりする。

現在、ウバロフの相説は「相変異（Phase polyphenism）」と呼ばれるのが一般的である。一時期はPhase polymorphismと呼ばれていたが、ウバロフが主張したように「morph」だと非連続的な変異を意味するため、polyphenismのほうがよりマッチしているという事情があった（polyphenisim＝多型の定義は、非連続的とされている場合が多いため、バッタの連続的な多型に同じ用語が使用されることに、違和感を覚える専門家もいるかもしれない）。

ウバロフの相説は、バッタ大発生の謎を解く重要なカギであると考えられ、バッタの相変異がらみのあらゆる問題が精力的に調べられた。とくに、行動、発育、内分泌、繁殖に関わる生理学、混み合いに反応する生理学は盛んに研究が進められた。

先述の対バッタ研究所が出版したAnti-Locustシリーズは、バッタ研究黄金期の象徴と呼ぶにふさわしい。論文というより書籍ほどのボリュームがあり、1冊に含まれるデータ量は重厚だ。10報は個別に論文発表できる代物が含まれる。基礎的ながらも画期的な発見を多数含み、1冊1冊インパクトが大きく、まさに知の結晶と言える。

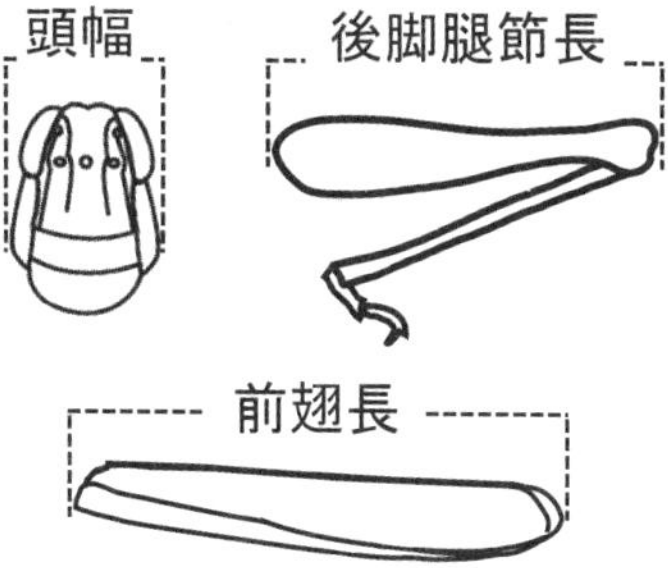

例えば、分類学者のDirshは、ウバロフですら見つけられなかったダニカとミグラトリアとを区別する画期的な形態学的特徴を発見した（Dirsh, 1951, 1953）。

頭幅、後脚腿節長、前翅長は、孤独相でも群生相でも長

頭幅、後脚腿節長、前翅長

短があり、それが重なるため、それぞれ単体の数字では、孤独相と群生相とを区別することは難しい。彼は、「比」を使うことで、両者の区が可能であることを発見した。群生相の個体は、体の長さに対して、「相対的」に翅が長く、脚が短い。そこで、「後脚腿節長／頭幅」と「前翅長／後脚腿節長」の比を用いることで、孤独相と群生相とを形態学的に区別できるという。

ちなみに、この形態学的な違いをもって、「群生相のほうが翅が長いから飛翔に適している」という説明をしている本やら解説記事を見かけたら、何を参考にそのようなことを述べているのか、その著者に問いただしてほしい。孤独相も長距離を飛翔することが知られており、形態学的な違いによる飛翔能力の差に関する研究は、私の知る限り行われていない。

また、バッタがいつ、どこで発生し、どこに行くのか、その地球規模の動きと季節移動を明確に捉えたのが、研究所発足時からウバロフを支え続けた女性研究者ワロフだった。

バッタ各種の分布域、繁殖地、移動ルートを特定し、さらに気候、植物と地理的な特徴との関係性を明らかにした。これにより、バッタが大発生しやすいエリアと大発生した際に侵入するエリアがわかり、注意しなければならないエリアの範囲を狭めることができるようになった。

バッタ学の四天王

新たなる発見は疑問を生み、その疑問に答えるとさらなる疑問がとめどなく生まれてくる。ウバロフが築き上げた研究環境下で、若い研究者たちは互いに刺激し合い、研究に没頭していったことだろう。研究所に所属していた、私がとくに尊敬している四天王とでも言うべき研究者たちを紹介しよう。

集団行動学のエリス

学生だったエリスは、１９４６年、研究所の飼育室内で、集団飼育用ケージの中にとりつけたランプの下を、トノサマバッタの幼虫がグルグルと円状に歩き回っているのを観察した。これは、野外で群生相の幼虫が集団で移動する「マーチング」と呼ばれる行動そのものであった。

研究統括者のガンは、彼女にマーチング行動を研究してはどうかとすすめた。研究所の学生向けの研究助成を受けて研究活動が始まった。

エリスは、トノサマバッタの群生相が集団で移動する「マーチング」を、独自に編み出した手法で定量化し、そのメカニズムの解明に尽力した。実験室内で移動を研究する際に問題となるのは、実験に使用する行動観察用のアリーナのサイズである。使用するアリーナの一辺が短いと、バッタがすぐに止まってしまい話にならない。まともに実験するとなると、体育館ほどの巨大な施設が必要となる。

エリスはこの問題を、ドーナッツ状のアリーナを利用することで解決した。このアリーナならば永遠に行き止まりは訪れない。狭い実験室内で行動の研究をするために、スペースの問題を一工夫で解決したセンスある研究者である。

論文の記述から察するに、実験に必要な数のバッタを育てる専門家や、実験に必要な装置を作成する技術者がいて、円滑に研究を進めることができたようだ。彼女は一連の研究で学位を取得した。

彼女の代表作として、1957年に出版された「サバクトビバッタの日周行動、移動と集合における野外研究」（Anti-Locust Bulletin 25号）がある。110ページに及ぶ超大作で、フィールド調査部門を担当していたセンターのアシャリと協力し、1949年から1955年にかけて東アフリカを中心に行われた野外調査の結果を論じている。

この報告は、サバクトビバッタの行動研究の柱となっている。彼女が行動研究の礎を築き上げたおかげで、バッタの集団行動の研究が飛躍的に進んだと言っても過言ではない。

繁殖学のノリス

ノリスは、トノサマバッタとサバクトビバッタの繁殖能力を念入りに調査し、一卵塊あたりの卵数は、孤独相のほうが群生相よりも多くなることを見いだした。

ただ、サバクトビバッタの実験では実験上のミスを犯していた。単独飼育区として、メスをオスと一緒に飼育していたのだ。サバクトビバッタは混み合いに敏感なため、オスが1匹でもいると、混み合っていると認識し、単独飼育と集団飼育との間に明確な差を見いだすことができないのだ。このようなミスも、科学では重要な報告の一つである。

さらに彼女は実験中、オスが出すフェロモン様物質によって、オスの性成熟が促進されていることを発見した。1963年には、ポポフが行った野外調査の結果を基に、集団産卵がどのように誘引されているのか室内実験を行い、群生相は集合して産卵する習性があることを明らかにしている。

形態学と生理学のハンター・ジョーンズ

1952年、彼はトノサマバッタを対象に、混み合いに反応してどのように相変異関連形質の幼虫の体色が変化するのかを緻密に調べ上げた。飼育ケージに入れる幼虫の数を変化させると、数が多いほど群生相的な体色を示すことを証明した。

1958年には、サバクトビバッタの成虫がどのように混み合いに反応するのかを調査した。メス成虫を低密度で飼育して産卵させると、緑色で小型のふ化幼虫が多数出現し、一方、高密度で飼育して産卵させると、黒色で大型のふ化幼虫を産出することを実験的に証明した。

形態学的な知見も取り入れ、世代を超えてどのように相が変化するか長期的な実験を行い、孤独相から群生相へと相が転移していくプロセスを捉えることに成功した。歴代の研究者の中で私が最も尊敬する一人で、大きく影響を受けた研究者でもある。

野外繁殖生態学のポポフ

ポポフは、サバクトビバッタの集団がどのように交尾、産卵しているのか野外調査を行い、群生相のバッタが集団産卵することを突き止めた。

気象学と大群移動のレイニー（Rainey、レイネイの呼び名も）と協力し、バッタ成虫の大群は風に乗って飛翔して、収束するエリアがあるという仮説を検証し、バッタの移動に関する理解を深めた。彼らはバッタがどのように移動し繁殖しているのか、現地での観察を克明に記している。

時代を越えて

ウバロフの死後、1971年に対バッタ研究所は海外病害虫研究センター（COPR）に改組され、バッタ関連組織は次第に廃(すた)れていった。

その後、衛星を用いて降雨量を調べ、バッタの個体群動態の予測に活用する取り組みがなされたり、レーダーを用いて飛翔パターンを解明したり、コンピュータを用いた個体群動態の予測モデルの開発が試みられたりする流行があった。フィールドワークに重きをおいた研究は、見向きもされなくなった。

1990年に出版されたウバロフの追悼記念誌の中で、対バッタ研究所が、新しいバッタ研究者の育成を諦めたことが嘆かれている（Waloff & Popov, 1990）。

バッタ問題に取り組むＦＡＯは、経験豊富なフィールドワーカーが必要とされているのに、定年退職した人たちや定年間近の人たちがいつまでも頼りにされ、後進が育たずに廃れていくことを危惧していた。

バッタの大発生は深刻な農業被害をもたらすが、その反面、注目を浴び、研究がにわかに活気づく。バッタ研究のあまりの停滞ぶりに、バッタの大発生に、バッタ学の復興が期待されるほどだ。

黄金期に活躍した研究者たちは年を取り過ぎた。ウバロフと長きにわたってバッタ問題を扱ってきたワロフは、健康上の理由により、すでに追悼記念誌の執筆に加われなかった。ウバロフと同じ時を過ごし、古き良き時代を語る者は一人、また一人と研究の舞台から去っていった。そして、サバクトビバッタを研究するフィールドワーカーが生まれないまま時は流れ、知のバトンは途絶えたかに見えた。

ウバロフが残した著書『Grasshoppers and Locusts』は、知識を次世代に伝えるためだけに書かれたものではない。ウバロフのバッタ学に懸ける想いを受け継ぎ、新しき世代のバッタ研究者が再びフィールドへ繰り出し、対バッタ研究所が築き上げた土台の上で、さらに研究を推し進めてほしいという願いが込められていた。

そして、一人の男がアフリカに渡った。ウバロフの遺志を胸に秘め……。

第3章　アメリカ編——タッチダウンを決めるまで

伝統と人生の財産

私は青森県の弘前大学・環境昆虫学研究室出身で、生まれて初めてお会いしたリアル昆虫学者が、指導教官の安藤喜一教授だった。

安藤先生は、毎日、昼用と夜用のお弁当を二つ持参し、虫とみっちり向き合いながら実験を行い、データをコツコツとっていた。雨の日も、雪の日も、自転車で転んでアバラを負傷した日も。いつもニコニコと昆虫談議に花を咲かせる姿に、「自分も安藤先生みたいになりたいなぁ」という思いを募らせた。

学会先でオオカマキリの卵包を収穫した安藤喜一先生。「カマキリが高い所に産卵すると大雪になる」という間違いを鮮やかに正した『カマキリに学ぶ』（北陸館）の著者

楽しそうにされてはいるが、実際にやられていることはストイックそのもの。毎日の餌やりを怠けたり、手を抜いたりすると、得られるデータは途端にわけがわからなくなり、混乱を引き起こすゴミと化す。真実に迫るため細部にまで気を遣い、毎日毎日同じようにデータをとっ

ていく。

私もイナゴの研究を通じ、毎日同じことを繰り返す難しさを思い知った。かつて自分で研究テーマを考え出すことができずに、先生を頼ったとき、

「自分は将来、昆虫学者になりたいと思っています」

という、己の願望しかお伝えしなかった。

すると先生は、毎日、イナゴと向き合う必要がある研究テーマを授けてくれた。弘前に生息するコバネイナゴには、５回脱皮するものと６回脱皮するものがいる。それが遺伝的に決まっているのかどうか、同じ齢数同士を掛け合わせる実験を行った。今思えば先生は、虫を見つめる時間が多くなる研究テーマを選んでくださった。これが生涯にわたる財産となった。

統計的な信頼性を高めるため、というより、自分自身が納得できるデータを得るため、実験に供する昆虫の数、いわゆるサンプルサイズはときに１０００単位になる。論文を大量生産したほうが業績数は上がるため、必要最小限のサンプル数を確保したらすぐさま次の研究に移るほうが「経済的」ではある。だが、安藤先生は妥協せず、徹底的に物事を調べていく。

剛健なこだわりをお持ちでいながら、そのスタイルを学生たちには一切押しつけようとし

ない。その背中に倣った先輩たちも自然と徹底してデータを取っていく。見よう見まねで研究を始めた私を含む新人学生は、先生と先輩たちの背中を見て、伝統の研究スタイルを身につけていく。

私は元々、サークルやら部活やら、ワイワイと遊ぶのが大好きだったし、時折、夕方の5時から翌朝の5時まで通しでバイトをするもんだから、生活リズムが狂っていた。

「前野君、もし研究者を目指すんだったらバイトしている場合でないよ」

とご助言いただき、その日のうちに今月いっぱいで辞めたい旨をバイト先に伝えた。

アルバイトは小金を稼ぐ目論見で始めたが、知らないうちに人生で大活躍するスキルを磨くことができていた。

大手チェーンの居酒屋「白木屋」の厨房で調理を担当し、大忙しの時など、フライパン3つを同時に振りながら皿うどんの餡、キムチチャーハン、豚キムチを作りつつ、麺類を茹で、レトルトをチンするような状況で働いていた。

慌てて作ってお肉が少なめだったり、味付けが変わったりしては、お客様をガッカリさせてしまう。一方、材料を多めに使うと、店長が売り上げを計算しながら様々な食材を仕入れているのに、予想より早く品切れを起こし、純利益を減らしてしまう。お客様に1秒でも早く、毎度同じクオリティの料理を提供するために、何をすべきかを瞬時に判断し、無駄のない洗練された動きでさばかないと、ホールから「調理場何やってるの？」と冷ややかな罵声を浴びせられる。己のプライドにかけて、同時にあれこれ作業する能力が磨き上げられていた。

1年半の経験だったが、この修業のおかげで、複数の事柄を同時並行で行っても頭が混乱せず、反復作業を最短で同じように行えるようになった。このスキルは、実験の効率と精度を高めるのに役立った。お金をもらえて、特殊スキルも身につけることができ、我ながらラッキーだった。

弘前出身の友達がたくさんできた。彼らは「津軽弁」という、別言語に匹敵するほどのいわゆる東北訛（なま）りを話す。地元出身者の輪に入れてもらったが、出だしは何を話しているのかついていけなかった。秋田弁に通ずるところも散見されたが、使用する単語がまったく違うのだ。

標準語「私は学校に行って友人に会わなければいけないので、それでは」

津軽弁「わー学校さ行ってけやぐさ会わねばまいはんで、へばな」

「わー＝自分のこと」「けやぐ＝友達」「まい＝しなければいけない」「〜はんで＝〜だから」

「へばな＝じゃあね」

秋田弁「オレ学校さ行って友達さ会わねばならねがら、へばまんず」

秋田弁も大概だが、「友達」が「けやぐ」という別単語になっているところに、異国に来たような感覚を覚えた。地元の人にはすぐにバレるが、他県出身者には弘前出身と思わせられるほど津軽弁が上達した。

周りが何を話しているかわからないけど、友達になろうとする度胸と人懐っこさは、異国のモーリタニアに馴染むのに役立った。苦心の末にマスターした津軽弁を、その後使う機会はほとんどなく、このときにフランス語を習得していたら、自分の人生は大きく変わっていたと思う。

予想だにしなかったことだが、学生の頃の経験は、人生を歩む上で大活躍することになった。

次世代として

バッタの研究を始めた学生の頃から、ウバロフ卿率いる対バッタ研究所の研究者たち（第2章参照）は私の憧れの的だった。

時間も労力も惜しまない徹底した基礎研究に対し、出身研究室の伝統に近いものを感じた。バッタの化けの皮を一枚ずつじわじわと剥がしていく根気の強さは、渋くてカッコイイと思った。

研究所は、組織としては手広く研究成果を発表しているが、研究者個人の研究テーマを見ると、数多（あまた）あるテーマの中から一つに絞り、深く突き詰めていた。

集団行動学のエリス、繁殖学のノリス、形態学と生理学のハンター・ジョーンズ、野外繁殖生態学のポポフなど、研究テーマがその研究者の二つ名のようになっていた。ほとんどの研究者は、ジェネラリスト（広く、浅く）ではなく、スペシャリスト（狭く、深く）として活躍しているようだった。

当時、参考文献が限られる中でパイオニア的に研究に取り組んだため、色んなテーマに手を出す余裕がなかったのか、それとも十分な数の研究者がいたため、手分けするようにしたのかは定かではない。いずれにせよ、一つの研究テーマに全力で取り組めたからこそ、味わい深い重要な発見を次々と発表することができたと思われる。

自分はどんな研究者を目指したらよいのか、深く考えていなかった。「バッタのことならなんでも知りたい」という無邪気な願望そのままに、卵の数を数えたり、卵の長さを測ったり、羽化したての成虫の体重を測定したり、脚の長さをノギスで測定したり、解剖して器官を移植したり……。手法はローテクで、いわゆる生理学的な研究を軸とし、卵、幼虫、成虫の全ての発育ステージで様々なデータを集めていく。

グラフを作成した瞬間に突如現れる棒グラフの高低差や、円グラフのパイのデカさに興奮し、一人で悦に入るのが好きだった。

頭の足りなさは、バイトで鍛えた手際の良さでカバーし、同時にあれこれ作業するのは苦ではなかったので、複数の研究テーマを取り扱うことができたのは幸運だった。

それに、欲深く貧乏性のため、あれもこれも欲しがる性格も役立った。体力が尽きるギリギリまで作業を詰め込み、節操なくデータをとり続けた。なんて面倒くさいことをしているんだろうとたまに我に返るものの、研究に没頭している自分に酔いしれ、些細なことでもなんだか楽しくなり、研究の手を止められなかった。

世の中には切手や美術品、ポケモンカードなどを熱心に収集するコレクターと呼ばれる人々がいる。私はいわば、バッタに関するデータのコレクターだ。

ただ、大好きとはいえ、研究だけやっていると作業に飽きて、段々だれてくる。そんなときはテニスをしたり、飲みに出歩いたりしてリフレッシュだ。

研究の手を止めるとは何事かと己を罵（ののし）りたくなるが、テニスで鍛えた動きはバッタを捕獲するときに役立つし、人と飲みながら話すのはコミュニケーション能力の強化にもつながる。遊びの時間は寄り道なんかではなく、研究を進めるために欠かせない財産となる。

バッタは、ふ化してから1カ月弱かけて成虫になり、2週間ほどで性成熟し交尾・産卵する。産み落とされた卵は2週間でふ化し、幼虫が新たなる世代をスタートさせていく。最短で2カ月ちょいで、世代が回る。

何度も何度もバッタのライフサイクルを見送るにつれ、彼らの生活史は様々な事柄が複雑にからみ合って成り立っており、一つの物事を見るだけでは、バッタの生き様を知ることはできないと実感していた。

このことに気づけたのは、バッタのことならなんでも知りたいと思うようになっていたのも大きいが、すでに対バッタ研究所のレジェンドたちが、それぞれの研究を推し進めてくれていたおかげだった。ゼロからスタートせずに済んだのだ。

ただ、彼らの偉業に甘えたままでいるわけにはいかない。レジェンドたちが半永久的に残る知のバトンをつないでくれたのだ。次の世代として自分も何かチャレンジし、究極の新発見を成し遂げたい。出身研究室の伝統も受け継ぎながら。さらには、ウバロフの遺志を受け継ぎながら。人生を歩めば歩むほど、色んな想いを抱くことになり、志が大きくなっていく。

私の選んだチャレンジは、

1　一人で複数の研究テーマを同時に組み合わせること

2　フィールドで研究すること

3　ローテクで挑むこと

だった。

モーリタニアでは頻繁に停電するため、電気機器に頼るとそもそもデータがとれない恐れがある。ローテクならどんなところでもデータを取得できるメリットがある。

自分一人で研究所の四天王が持つ力を結集して炸裂できたら、とんでもない新発見ができるやもと思い描いていた。そして、宿命とも言うべき研究テーマに巡り合えたのだ。

欠けている武器

時は流れ、「集団別居仮説」（第１章参照）に挑むにあたり、無収入は私を冷静にさせ、ノリだけではムリがあることを気づかせてくれた。

自分ごときにできることはたかが知れている。だが、自分が成長すれば、これまでできなかったことができるし、見ることができなかった景色だって見ることができる。私は何が何でも成長したい。成長するためには何が欠けているのか、何を伸ばすべきなのか、自分自身を問い詰めた。

まずは経験である。研究をどのように進め、どのようなデータをとればよいか、用意周到に考えておく必要があるが、その経験が少ない。とくにフィールドでは、勝負は一瞬。あれもこれもデータをとっている時間はない。

論文の原稿を執筆していると、「あー！　あの実験もしてあのデータも取得しておけばよかった……」と、後で手落ちに気づくことが多々ある。実験室での研究ならば、自分の都合で再実験すればよいが、野外調査は自然任せのため、またバッタに会えるかどうか保証がない。これは身に染みて味わっていた。

しかも、いつまで研究を続けることができるかどうかわからない。調査の機会は1回たりともムダにすることはできず、綿密なデザインをする必要がある。

野外調査のノウハウを知らずにいきなりサハラ砂漠デビューしてしまったため、他の人がどのように野外で研究を進めているか、ほとんど知らなかった。それを知ることは決して無駄ではないはずだ。

限られた時間の中で、厳選したデータをとる必要がある。様々な論文を読めば、他の研究者たちがどのようなアプローチでフィールドワークに取り組んでいるか、うっすらとはわかるものの、どうも具体的なイメージがわかない。

「百聞は一見に如かず」——似たような研究テーマに取り組んでいる研究者がどんな感じでフィールドワークをしているのか、どうしても生で見たかった。手とり足とり全てを教えてもらおうというのではなく、あくまでもフィールドワーク中の振る舞いを見てみたかった。誰かお手本となる研究者に同行することができたなら……。

実験室も必要となるはずだ。ウバロフも相説の発表前、野外調査で大まかな考えを固めていたものの、科学的に信頼のおける実験室で得られたデータを求め、友人のプロトニコフやフォールの協力を得ていた。

私の場合もどこかのタイミングで、実験室で緻密な実験を行ったデータが必須になるはず。あいにくモーリタニアの防除センターには環境を制御できる飼育室がない。富豪と仲良くなって多額の資金を支援してもらい飼育室を作ることができたらいいのだが、そのようなツテはない。ウバロフと同じように友情に頼ることができたなら……。

そして、肝心要の生態学的な考察力と論文執筆能力。どんなに素晴らしい研究データがあっても、考察力や論文執筆能力がお粗末だったら、お話にならない。論文は英語で書くのが一般的だ。私の英語能力は悲惨なまでにポンコツだが、業者にお金を払って英文校閲してもらうことで、この問題はクリアできる。

だが、それ以前に私の考察力と論文執筆能力は鍛え上げられていなかった。何を書いていいのやらわからず苦痛の時間であった。論理展開に文章表現、何をアピールしたらよいか、次に書くべき一文など、数時間かけても思いつかないことがざらにあった。

似たような研究テーマの論文を探し、文章や表現をパクリにパクって、ツギハギだらけの論文を仕上げ、その場をしのいできた。今回取り組む研究は、ヘタしたらこの世に類似の論文がなく、イチから自分で書き上げなければならないかもしれない。
世界の第一線で活躍し、その超絶面白い発見を的確に考察してエレガントな文章にして論文を仕上げている研究者の活動を見ることができたなら……。

自分に足りないものを補うことができれば、自然と成長でき、仮説検証と論文発表に挑むことができる。

他に足かせとなるのは無収入問題だが、無収入ごときで研究を諦めるわけにはいかない。ウバロフも相説を発表するために、貧困に喘ぎ、苦心しながら研究を続けていたではないか。私は戦争に直面していないだけまだマシだし、幸い独り身のため時間の融通が利くし、心配事の数は最小限のはず。予期せぬ不遇は体にこたえるが、経済危機に陥ることはアフリカに来た当初から薄々予測しており、心構えはバッチリだ。

たとえどんなに大変でも、やるべきことが明確になると不思議なもので不安は薄まり、ヤル気がみなぎってきた（我ながら、どんなメンタルをしていたのか心配である）。

当初、5月頭から次年度の助成が再開される予定で、4月に日本に帰国してからの1カ月間は広報活動に充てるつもりだった。この間にニコニコ学会βなどに参加していた（前作参照）。ところが、予算に関わる手続きが遅れるという、大人なのか、国なのか知らぬレベルの都合でモーリタニアへの出発が6月末まで延びることになった。

オフゥ。住所不定無職の私は、一刻も早くモーリタニアに帰りたかったが、お役所仕事のしきたりのため、個人の事情で出発を早めてもらうことなんて許されるわけがない。またしても日本の伝統の負の影響を受け、予定していない空白の時間が生まれてしまった。

こういうときは気持ちの切り替えが肝心である。短期アルバイトで小銭を稼ぐもよし、実家に戻り、ここぞとばかりに親のスネをしゃぶり尽くすもよし。無収入者は、経済的不安定さを誇るが、抜群に自由である。何時に起きようが、どこに行こうが、何をしようが文句を言われる筋合いはない。なんてったって、無収入と引き換えに自由なのだから。

お金では買えない、せっかくの大人の自由時間である。大いに活用するしかない。このときにしかできないことをしてこそ、浮かばれるというものだ。ということで、この時間を他の研究者が行っているフィールドワークの見学に充てることにした。

実は、私には心当たりがあった。

武者修業へ

バッタ研究界隈では、色々なテーマを手広くやっている研究者もいるが、やはり現代でも得意分野を絞り、一つの研究テーマを深める研究者が多いように感じていた。

サバクトビバッタに関して、野外での生態に興味を持ち、手広く研究している研究者は見当たらなかった。ならば、別のバッタを対象に手広く研究している人はいないか調べようとしたところ、なんと以前からの文通相手のアメリカ人が、まさに意中の人だった。

教えを乞いにアメリカに渡ることにしたが、自腹でいくしかない。渡米には17万円かかる。私はギャンブルの類は一切せず、堅実に暮らしてきたつもりだが、33歳にして貯金はざっと130万円。物価の安いモーリタニアなら、1年間はバイトをせずに暮らしていける金額だが、自己投資というか、使うべきところに使わなければ、自身の成長は望めない。覚悟を決め、大枚をはたき、人生の勝負に出た。

文通相手は、イリノイ州立大学のホイットマン教授。アリゾナ砂漠をフィールドにバッタ研究の経験があり、Journal of Orthoptera Research（バッタ目研究専門誌）の副編集長も務めていた。

まだ私が日本にいた頃、別の雑誌に投稿した論文を読んで、私の研究に興味を抱いてくれた。ホイットマン教授にモーリタニアに行くことを告げると、こんな研究をしてみたらとアドバイスをくれたり、定期的に研究の進捗状況を教えてくれと言われたり、関心を抱いてくれた。それ以降、文通していたのだ。

モーリタニアでバッタがいなくなったとき、ゴミムシダマシ（ゴミダマ）に腹一杯スパゲティを食わせてから頭を身体にめり込ませるように押し付けると、腹部先端から交尾器がニュッと出て、解剖せずとも雌雄の判別ができるという発見をした（『バッタを倒しにアフリカへ』を参照のこと）。この発見をまとめた論文を教授に送ると、

「ゴミダマの雌雄判別に関するあなたの論文を読んで、思わず笑ってしまいました。どのようにしてその方法を発見したのですか？　この方法は、多くの節足動物の種に適用できると思います。とくに、スパゲティを研究に使ったことが気に入っています。昆虫の研究にスパゲティを使った例は、これが初めてではないでしょうか？」

とお褒めの言葉を頂戴した。

教授は、相変異を示すいわゆる「トビバッタ」ではなく、グラスホッパー（＝イナゴ）を研究対象としていた。行動、形態、生理学的なテーマを幅広く研究し、フィールドワークの

経験もある研究者であった。

現在は、湿地帯に生息するバッタをメインの研究対象としているが、以前はアリゾナ砂漠に生息するバッタを研究しており、砂漠の生態にも精通している稀有な存在だ。前から、彼のフィールドである湿地帯に来ないかとお誘いをいただいていた。

無収入生活が確定した頃に久しぶりにメールをもらい、集団産卵の写真と共に面白そうな現象に気づいたと報告したところ、興奮した様子であれこれと質問が送られてきた。ついでに拙著『孤独なバッタが群れるとき』（光文社新書）にて、教授から励ましてもらったことを紹介できた旨を伝えると、

「では、本のお返しをしたいと思います。ぜひ、イリノイ州の私の許に訪ねてきてください。4月1日から7月30日の間に来てくれたら、フロリダのエバーグレーズにある私のフィールドにお連れします。私たちの家に泊まることもできます。私たち夫婦はお客さんを迎えるのが大好きで、いつも科学者が訪ねてきては泊めています。フロリダは暖かく、日当たりがよく、白い砂浜があるので、きっと気に入ると思います。エバーグレーズは巨大な淡水湿地で、たくさんの鳥、ワニ、魚、カメ、そして私の主な研究対象であるラバー グラスホッパーが生息しています。しかも、ワニを食べたり、エアボートに乗ったりできます。もし、あなた

が私を訪問できそうなら、ぜひご連絡ください」

との返事をもらった。

これは絶好のチャンスではないか。ちょうど次の助成が始まるまで時間があるため、お邪魔したい旨を伝え、アメリカ行きの準備を進めた。

ダグ。昆虫学者は虫柄のＴシャツを着がち

文通相手にご対面

海を越えて文通相手に会いに行くとか、ドラマチックである。空港でホイットマン教授がお出迎えくださった。

教授は、色んな国の留学生を引き受けた経験があり、私のつたない英語も理解してくれた。おかげでなんとか英語で会話することができた。すっかり打ち解け、教授のファーストネームのダグラスから、ダグと呼ぶことになった。日本だったら、教授を下の名前で呼ぶのは畏れ多いが、アメリカではこれが普通とのこと。

滞在中は、ダグの自宅の空き部屋を使わせてもらうことになった。緑が豊富な庭にはリスがいて、穏やかそのものだ。奥さんのキャシーは弁護士で、元々はニューヨークでとんでもない金額を稼いでいたそうだ。ダグがイリノイで職を得たため、一緒に付いてきたが、収入は激減したとのこと。それでも教授より稼いでいて、お金には困っていないという。

イースタンラバーグラスホッパー

次の日から、さっそく大学の研究室にお邪魔する。実験室、飼育室など、研究のための装備は万全だ。ダグのグラスホッパーは、人が余裕で入れる大きさの金網のケージで飼育されていた。

幼虫は、光沢のあるシックな黒い体色に黄色の縞模様があり、淡い紅色の脚を持ち、ツウ好みの体色をしている。成虫はオレンジ色で、翅を開くと真っ赤な後翅が出現するが、体のわりに翅が貧弱で、飛ぶことはできない。ずっしりと重量感のある豊満なボディー。日本にはいないタイプのヤツだ。通称は「イースタンラバーグラスホッパー（*Romalea microptera*）」だという。

辞書で「ラバー（Lubber）」の意味を調べたら「ノロマ」だった。ノロマ呼ばわりはあんまりだから、親しみを込めて「ラバー」と呼ぶことにする。

ラバーはグルメで、色んなものを食べたがるそうで、スーパーで買ってきたロメインレタスや、料理の際に出たニンジンやマンゴーの野菜くずもサプリメントとして与える。ノロノロ動くため、エサ替えも楽だ。ラボでは、学生たちが行動実験をする様子や、解剖の仕方を見せてもらった。ラボ見学は、動物園のバックヤード見学に通じる楽しさがある。

そして、前から知りたかった技術を、ダグに教えてもらうことになった。

幼虫でこの大きさ。ノロマバッタ呼ばわりはあんまりだからラバーと呼ぶ

ダグは、グラスホッパーの体温調節行動に関する論文を発表しているが、どうやって体温測定をしているのかを知りたかった。人間だったら体温計を脇の下に挟んで測定するのが一般的だが、バッタではどうするのか。論文を読んでもいまいちピンと来なかったので、実演してもらったのだ。

すると、メガネケースくらいの大きさの測定器本体に、センサーの根元を差し込んでセットし、先端が3ミリの細いワイヤーをラバーの首の後ろにある前胸背板の隙間に挿入していた。なるほど！　ここが人間の脇代わりになっていたのか。

「百聞は一見に如かず」で、実際に見られるか見られないかでは大違いである。

1週間ほどアメリカ時間に体を慣らしてから、いよいよフィールドに向かうことになった。時差ボケのままフィールドワークを行うのは過酷すぎるためである。

この間にいただいた、BLT（ベーコン、レタス、トマト）のハンバーガーは、ベーコンがカリカリに焼かれクリスピーでめちゃウマだった。

大湿地帯エバーグレーズ

6月中旬に5日間の調査旅行に出かけた。向かった先はフロリダ。アメリカの南部に位置し、マイアミビーチもあるトロピカルなリゾート地だ。ディズニーランドもあり、一大観光地として世界的に有名である。

我々は華やかな観光スポットには見向きもせず、大湿地帯「エバーグレーズ」に向けて、空港からレンタカーを走らせた。こっちだって魅力的だ。オキチョビー湖から溢れた水が、幅80キロ、長さ100キロの浅くて巨大な平野を、ゆっくりと雄大に流れる自然豊かな国立公園だ。年間100万人もの観光客が訪れるほどだから、胸を張って観光地と言えよう。

道中、構想中の「集団別居仮説」について、ダグに相談した。バッタ類の交尾と産卵に関

大湿地帯「エバーグレーズ」。フラットなため水の流れが穏やか

する総説を書くために、あらゆる論文を読んだことがあるダグでも、そんな繁殖行動をするバッタは聞いたことがないという。そして、すかさず提案してくれた。

「サバクトビバッタの繁殖行動について野外調査するつもりなら、試しに私が長年にわたって研究してきた、湿地帯のラバーの繁殖行動を調査しようじゃないか。きっと、良い経験になると思うぞ」

何か思い当たる節があるようだった。

元々、湿地帯に生息するラバーを観察する予定ではあったが、研究テーマまでは決めていなかった。漠然と観察するのではなく、自分の研究につながる調査ができるのは願ったり叶ったりだ。砂漠と湿地帯という、まったく異なる生息地にいるとはいえ、参考になること間違いなしだ。

ただ、ラバーが性成熟前の幼虫や成虫だったら繁殖行動は拝めない。ラバーが絶賛交尾中であることを祈って車を走らせた。

道中は長く、途中、民宿に1泊することになった。メキシコ料理に舌鼓を打ち、本場に近いコロナビールをいただいた。朝食は、自分たちでホットケーキを焼くスタイルだった。ダグはミッキーマウスの顔型になるように、大きな丸型のケーキの上部に耳となる二つの小さな丸型を加えたホットケーキを焼き、一緒に宿泊していたお嬢さんたちを喜ばせていた。

湿地帯は、マンガ喫茶のフラットシートに負けないほど平らで、せせらぎはほんのわずか。葦(あし)が生えまくり、場所によっては大小の島々が点在して木が生い茂っていた。

ラバーは、そんな孤立した島や水上の植物に多くいるそうで、近づくためにはなんとかしないといけない。けっこう深そうなので、胴長を履いて突撃するのも一手だが、野生のワニが普通にいる。生身の体では致死率が高いため、エアボートを使う。

エアボートは、船のように水中のスクリューを回して前進するのではなく、船上後方に備え付けられた大きなプロペラで動く平らなボートなので、水深数センチでも水上を元気よく進むことができる。

湿地帯を見学するために、いちいちエアボートに乗るのは大変、ということで、公園が整備されている。橋でつながった遊歩道を歩きながら湿地の中を観察できる。おかげで、湿地帯の植物の上にいる幼虫と成虫のラバーを濡れずに観ることができた。

彼らは泳ぎが得意で、植物から植物へとよく泳いでいるそうだ。1匹捕まえて水に落とすと、ジャンプするときに使用する後脚を蹴り出し、カエル泳ぎのようにスイスイと上手に泳ぐ。水辺にいるときに敵に襲われると「すいとんの術」を使い、率先して水中に身を隠す。湿地の環境にとても適応しているのがよくわかった。

この地域で問題視されているのが蚊だ。蚊の多さによって3段階の危険レベルで警告が発令される。私たちが訪れたときは最大だった。この辺りで野宿しようものなら、蚊の大群に襲われ、逃れようと水中にダイブしようものならワニが待ち受けている。どこにも逃げ場がな

エアーボートに乗れば湿地の真ん中にもアクセス可能。後方のでかい扇風機がミソ

く、悲惨な思いをするそうな。
私たちは静かな湖畔の森の影の隣に立てられたロッジに泊まることにした。

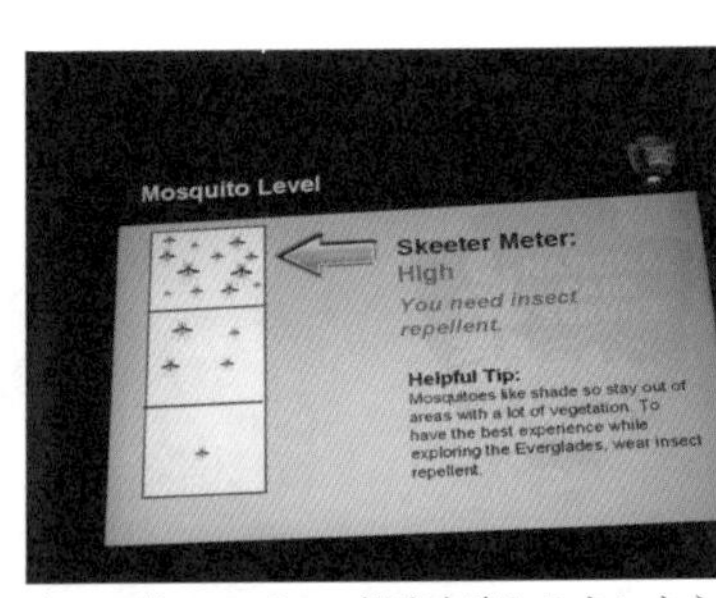

本日の蚊のレベル。観光を楽しみたいなら虫よけスプレーは必須

湿地の住人

「名は体を表す」とはよく言ったもので、サバクトビバッタはその名の通り、砂漠を飛びまくるバッタだ。では、ラバー（ノロマ）の由来は何なのか。生息地とどのような関係にあるのか。

ラバーは、身に危険が迫ると、一応、歩いたりジャンプしたりして逃走を試みるが、鬼気迫る必死さは感じられない。なんでそんなに余裕をぶちかましているかと言うと、毒を持っているのだ。天敵に捕まると、体の脇から泡状の毒を噴出させる。

目立つ体色をしているのは、毒を持っているぞと自己アピールするためだと考えられている。コイツを食べた鳥、トカゲ、ワニはその不味(まず)さに吐き出し、中には死んでしまうものもいる。魚は飲み込むのを拒否し、吐き出す。天敵は「コイツはエサとして最悪」と学習するため、二度と攻撃することはないという。

中には食べても平気な天敵もいて、哺乳類やヒキガエルはあまり影響を受けず、一晩に数匹食べても影響がないことが多い。無脊椎動物の天敵であるアリ、クモ、カマキリにもあまり毒の効き目がない。さらに、体が大きいこと自体が、天敵から逃れやすいと考えられている。毒を有し、比較的大きな体をしているからこそ、ノロマでも大丈夫ということらしい。

しかしながら、毒という防御がまったく機能しない、ラバーにとって最悪な天敵がいる。

体の脇から毒を出すラバー。クセになる香り

寄生バエだ。捕獲したラバーを解剖したところ、1匹の体内から200匹ものウジが見つかったこともある。体の大きさに関係なく、寄生バエは卵を産みつけにやってくる。

そんな寄生バエにも、一つ重要な弱点がある。ウジは乾いた土の中で蛹化(ようか)しなければならない。水の中では蛹化できない。ラバーに寄生するハエや他の捕食者のほとんどが、陸上に住み、水中では生きられない。したがって、湿地の真ん中は、ラバーにとって捕食者や寄生者がいないパラダイスなのだ。ラバーがふ化後、陸上に留まらず、湿地に移動するのはこんなわけがあるようだ。

「ヒルトッピング仮説」

しかし、ラバーのメスにとっては地面が必要となる時がある。メスは水中では産卵できず、必ず地中に産卵するため、陸に戻ってこなければならないのだ。しかも、草に覆われていない、土がむき出しになっているところがお気に入りの産卵場所となる。

エバーグレーズの地形は非常に平坦で、わずか5センチの高低差で、乾燥した土壌と浸水した土壌とがくっきりと分かれる。このわずかな高低差は、「島」を生み出し、この島が重要な意味を持つ。

オスが、湿地帯でメスを探し出すのは大変だ。やみくもに探すより、メスが必ずやってくるところで待っていたほうが、出会いの可能性が高まるだろう。ダグによれば、湿地帯は場所によっては島の数が少なく、そのような場所では、オスは希少な島に大量に集まり、そこに産卵のためにやってくるメスと交尾している可能性があるとのこと。

多くの動物は、交尾相手と出会う手段として、特定の待ち合わせ場所を使うことが知られている。その中の一つが「ヒルトッピング（＝高い場所に集まること）」だ。チョウ、ハチ、ハエ、甲虫などで知られ、山のてっぺんや木の上などで雌雄が出会う。しかし、このような行動は、約2万種以上に及ぶバッタ目では報告されたことがない。

ラバーは湿地帯に浮かぶ小さな島を雌雄の出会い場として使っている――これがダグの仮説だ。サバクトビバッタのオスが集団を形成し、そこにメスがやってくる現象に非常に似ている。ぜひとも実戦形式でフィールドワークを行いたい。こちらを「ヒルトッピング仮説」と名付け、検証することにした。

ところがダグは、別の調査地に移ると言う。せっかくの好立地を後にするのはもったいないと思ったが、国立公園で許可なく昆虫採集することは許されず、そこから離れたフリーな場所で調査したほうが面倒が少ないとのこと。

国立公園から離れ、携帯電話の電波塔が立っている直径20メートルほどの島（陸続きになった、長崎の出島のような形）を調査地とした（後述するが、ダグがこの場所を気に入っているのは、他にも理由があった）。

仮説検証

今回の仮説はこうだ。

湿地に囲まれた島では、産卵しにポツポツやってくるメスを多数のオスが待ち受けているはずだ。ダグによると、ラバーのメスは約20日おきに産卵するため、一度に産卵できるのは20匹に1匹、すなわち理論上は全個体中5％のメスだけである。

島での性比はオスに偏り、ほとんどのメスはオスに交尾されているはず。一方、湿地の隣の道路沿いの陸続きの草に覆われたエリアでは雌雄の性比に偏りがなく、ほとんど交尾していないはず。

本当は湿地帯の真ん中で調査したかったが、データをとるのが難しいため、お手軽にデータがとれる場所をコントロール（比較対照になる群）として選んだ。

今回は、同じ場所で2時間おきに雌雄が何匹いるか、メスはシングルか交尾しているかを定期観察し、データ数を稼ぐことにした。モーリタニアで自分なりに考えたデータのとり方が、実際のフィールドワーカーが考案したものに似ており、的外れなことをしていないことを知れてホッとした。

結果を簡単にまとめると、道路沿いではどの時間帯もオスがメスよりもわずかに多かったが、島では極端にオスに性比が偏っていた。最も性比が偏っていた時はメス1匹に対し、オスが85匹もいた。

また、道路沿いと島では、メスの交尾行動が異なることがわかった。島のメスはほぼ全てがオスにマウントされていた。一方、道路側ではほとんどがシングルであった。

仮説を支持するデータが得られつつあったが、ここでダグが画期的な提案をしてくれた。

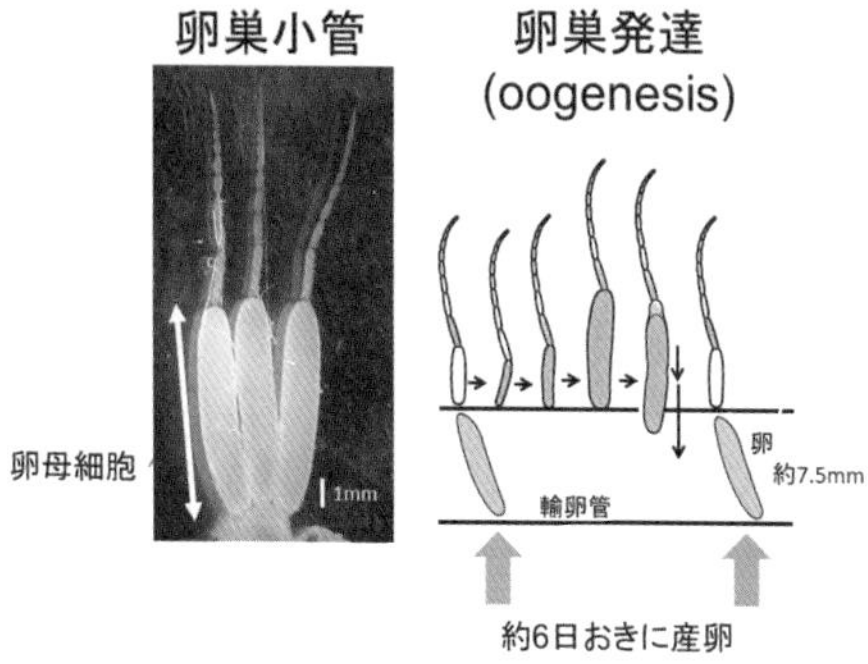

バッタの卵巣。ソーセージ状の卵巣小管が一本ずつ卵を生産する。サバクトビバッタを例に

「島で、オスが産卵しにやってくるメスを待ち受け、交尾が成立しているが、メスは成熟した卵を持ったときだけ上陸しているのかを確かめるために、解剖して卵巣の状態を調べるといいな」

なるほど、島で産卵しているメスはいるものの、別の用事で島にやってきたメスもいるかもしれない。

バッタ類の卵巣は、卵製造機である。一対のクシ状の器官のひとつずつの歯にあたる卵巣小管は、１本ずつが数珠（じゅず）状になっており、できあがった卵を運ぶ輪卵管と呼ばれる１本の太い管状の器官に連結している。

輸卵管に連結している卵巣小管の数珠つなぎになっている一つ一つの数珠は卵母細胞と呼ばれ、一番根元の卵母細胞が大きくなると卵になり、輸卵管に移動し、根元から二番目の卵母細胞が次に発達して卵になる。このサイクルを繰り返し、産卵している。

つまり、輸卵管に卵があるか、卵母細胞の大きさによって、産卵直前の卵を持っているかどうか判断できるわけだ。外見から正確に判断することは難しく、解剖して卵巣を直接観るほうがよい。島にいたメスを宿泊先のロッジに持ち帰り、解剖して卵巣の状態を調査した。

結果は、島にいた交尾中のメスと交尾を終えたメスの輸卵管には、ほぼ全て卵があった。まとめると、この島のほとんどのメスは輸卵管に卵を持ち、産卵の準備ができていた。あるいは産んだばかりだった。このことは、メスは産卵しに島にやってくることを示している。

今回、時間の都合で道路沿いのメスは解剖しなかったけど、とりあえず、産卵間近のメスだけが島にやってきていることはわかった。行動的なデータに加えて、生理学的なデータもあれば繁殖行動の理解が進む。サバクトビバッタを調査する際にも有効である。良きアイデアを頂戴した。

そこにメスがいるから

ふと疑問に思ったのだが、なぜオスはライバルひしめき合う島で、オス同士で競い合ってメスを待ち伏せしているのだろうか。どこか別の場所に行ってナンパしたほうが、抜け駆けできそうなものを。

オスにガードされながら産卵するラバー

おそらく、ただでさえノロマなオスである、湿地帯でメスを探し当てるのは下手くそなのだろう。待ち伏せしていたほうが、よりメスと出会える確率は高まるに違いない。

ダグの目撃情報によると、メスが島に到着すると、多くのオスがメスにマウントしようとし、時にはメスを真ん中にして、アプローチしてきたオスたちで球状になるほどのモテっぷりだという。

最終的に1匹のオスがマウンティングに成功し、メスとカップルになる。数時間交尾をした後、交尾器の結合を解くが、オスはメスの背中に乗ったまま、メスが卵を産むまで護衛をする。自分の精子が卵の受精に使われるように、オスは産卵までメスを見張る必要があるのだ。

オスがどのように産卵中のメスをガードしているのか観察することができた。他のライバルオスが近づくと、ガードしているオスは体を小刻みに揺らし、またカラフルな翅をばたつかせて威嚇し追い払う。私的には何一つ脅威を感じないが、バッタの世界では効果的なボディーガード術なのだろう。このようにして、オスは自分の精子だけが卵の受精に使われるようにしている。

ダグが今回の観察結果を喩(たと)えてくれた。

「ここで、1920年にアメリカで有名な銀行強盗、ウィリー・サットンが100軒の銀行を襲ったという笑い話を紹介しよう。

なぜ銀行を襲ったのかと聞かれたウィリー・サットンは、〝そこに金があるからだ！〟と答えた。なぜラバーのオスは丘に集まるのか？　なぜならば、そこにメスがいるからだ！

私たち人間も同じのはず。なぜ男はナイトクラブに行くのか？　そこに女がいるからだ！」

調査中、砂利道にクマがいた。50メートルは離れていただろうか。私を見つめてきた。野生のクマを見るのは初めてだが、背中を見せると襲われると聞いたことがあり、たじろがずにビデオ撮影する。ブログのネタになるぞ、しめしめと、うまいこと撮影できた。

ダグと合流し、クマ（ベアー）がいたと伝えると、ここいらにはクマはいないから見間違いだと否定される。クマは英語でベアーであることは知っていたが、別の呼び方でもあるのだろうか。動画を見せると、やはりベアーであっており、大変驚かれた（日本に帰国後、クマが目撃されたことがニュースになったとダグから連絡があった。私はその第一の証拠を手に入れていたことになる）。

クマ、ワニと危険動物のオンパレード地帯での調査を無事に終え、イリノイへと戻った。

大人への儀式

帰国直前、ダグの家で送別パーティーを開いてもらった。学生たちを招き、乾杯の前にはスーパーボウルが開催されることになった。

スーパーボウルとは、お祭りの屋台で見かける非常に弾力に富んだゴムボールのことではなく、アメリカンフットボールの最高の大会のことだ。アメリカ合衆国、最大のスポーツイベントが、今ここに。

アメリカンフットボールでタッチダウン

さっそく2チームに分かれ、楕円形のボールを抱えて走ったり、仲間にパスしたりしてやいのやいの遊び始めた。リアルなアメフトは、強烈なタックルが繰り広げられる格闘技に近い激しさだが、お遊戯としてのアメフトのため、凶悪なタックルをするガチ勢はいなかった。

相手の陣地に向かって走り、後方から天高く放られたボールを胸で抱きしめるようにキャッチした。

「よくやったコータロー！　アメリカではタッチダウンした者のみが大人になれるのだ。今、お前は大人になったのだ！」

ダグやみんなが握手を求めてきて、生まれて初めてのタッチダウンを祝福してもらった。

実は、フロリダ行きの飛行機代やら宿泊代やらを全てダグに出してもらっていた。

「私はあなたがお金に困っていることは知っている。フロリダ行きで使うはずだったお金は、私には返さなくていいから他のことに使って、自分の研究を進めてください。その代わり、何か面白いことがわかったら、また報告してください」

いくら教授がお金に困っていないとはいえ、見ず知らずのポスドクに飛行機代を奢(おご)ってくださるとはなんとかたじけない。お金を返すのは誰にでもできるけど、バッタに関する新発見でお返しできるのは私だけだ。

この貴重な経験を活かし、サバクトビバッタの繁殖行動の謎を解き明かし、恩返しとしてお伝えすることを約束し、日本へ帰国した。

念願のフィールドワークでの調査――私に圧倒的に欠けていた経験を手に入れることができた。

第4章　再びモーリタニア編——バッタ襲来

雨上がりの緑の中で

フロリダを後にし、日本を経由してからモーリタニアに戻った。

7～8月に大雨が降ったおかげで、ところによって大地は緑に覆われ、サバクトビバッタが戻ってきた。モーリタニアでは南から北に向かって雨が降り、日本の桜前線のように緑が北上していくことが多い。ただ、雨量が少なく緑が長持ちしない。緑が北上しながら枯れ始めるタイミングで、徐々にバッタの密度が高まっていくようだ。

9月、ようやく現れ始めた孤独相の成虫が、植物をどのように利用しているのか行動パターンを調査するため、腕慣らしにフィールドワークに出向いた。

孤独相に関する論文は極めて少ない。それもそのはず、主役のバッタがなかなか見当たらない。1匹発見する度に、「わぁ、バッタだ!」とはにかむレベルでレアだ。

バッタも歳をとると顔に茶色のシミができる。翅も傷つき、ボロボロである。捕まえた孤独相の成虫は、色白でまだ翅が傷ついていないことから、未成熟であることが窺える。

十分なデータをとるために、一体何キロ歩いただろうか。今回は、孤独相がどこにいるのか、どんな植物にいるのかを観察するだけだったからいいものの、捕まえるとなると至難の業だ。動きは素早いし、逃げるときは数十メートルをひとっ飛びだ。着地したら体色が地面の色に似ていて判別しづらく、着地点を把握できないまま近づくと、またすぐさま飛んで逃げる。猛暑の日中、地獄の鬼ごっこはバッタには敵わない。

注目している群生相化した集団だけでなく、いずれ孤独相の繁殖行動についても調べたく、あわよくばデータをとれたらと企てていたが、かなり大変そうだ。

繁殖行動に関するデータはまともにとれなかったが、夜、孤独相の成虫は大きな植物の上に留まることを突き止めた。日中は、バッタを捕獲するため動き回らないといけなかったが、夜は手づかみで捕獲できる。体力温存と捕獲効率アップのための

孤独相の色白美バッタ

重要な知見を得ることができた（Maeno et al., 2016）。

決死の砂丘越え

待ちに待った一報――「バッタの集団が交尾している」――が防除センターに飛び込んで

きた。翌日、ティジャニと車に乗り込み、現場へ向かう。今回の発生地は砂漠の奥地で、そこに辿(たど)り着くためには難所を乗り越えなくてはならない。

日本人にとって、砂漠は砂丘のイメージが強いが、実はかなりのエリアが硬い土や小石でおおわれた平坦な地面である。だから、舗装道路と同じように時速１００キロでぶっ飛ばせるのだ。

ここで、問題となるのは「砂漠」という漢字表記だ。「砂」だと砂地以外のさばくは厳密には「砂漠」ではない。そのため、水が少ないことを意味する「沙漠」のほうがより現地の状況を的確に表している。「砂漠」と「沙漠」のどちらの表記を使用したらよいのやら。

学術的には「沙漠」だが、「砂漠」のほうが一般的には馴染みあるように思われる。「沙漠」表記の推奨派は、この本で「砂漠」という言葉が出るたびにガッカリされているだろう。かといって、「沙漠」が出てくるたびに違和感を覚えるような読書の妨げもしたくない。さばくを意味する英語「デザート（Desert）」を使おうものなら、食後の甘いヤツを絶対に連想し、さらなる混乱を引き起こしてしまう。日本語ぉぉぉ！　出版業界では、１冊の本の中では漢字表記を統一する暗黙のルールがあるけれど、諸々の状況を鑑み、この章だけ、さばくを「沙漠」と表記することで、関係者の皆様、手を打っていただきたい。

逆に砂丘がやっかいで、トヨタのランドクルーザーでも乗り越えることができない。タイヤが柔らかい砂にめり込むと、空回りして前に進めなくなってしまう。車で移動する場合、沙漠地帯では砂丘を避けるのが鉄則だ。

砂が多いエリアに差し掛かると、ティジャニは車のタイヤの空気を抜く。こうするとタイヤが砂にとらわれにくくなるそうだが、パンクしやすくもなる諸刃の剣とのこと。砂が多いエリアではタイヤの空気を抜くほうが、砂にハマって脱出する手間を考えると圧倒的によい。ちなみに、車には空気入れを積んでおり、自力でタイヤの空気調整が可能である。

砂丘ゾーン

ＧＰＳで目的地をチェックすると、目の前の砂丘ゾーンの向こう側にある。迂回して目的地に辿り着くには、一体どれだけ遠回りしなければいけないのか。

前「ティジャニよ、ＧＰＳによると目的地の方向は砂丘の先だけど、とてもじゃないけど直進できないから、このまま進むのは難しそうだ」

テ「問題ない。まずは入り口に辿り着く必要がある」

海辺の波打ち際に見られる、砂に描かれた波模様を思い出していただきたい。ちょうど盛り上がったところが、目の前に見える砂丘に相当するが、そこは車では走行できない。しかし、へこんだところなら走行できる。そこにつながる一本道がどこかに存在し、その道を進むと遠回りせずに砂丘エリアを乗り越えることができる。まずは、その入り口を見つけ出そうというのだ。

世の中には「急がば回れ」という言葉があるが、今は無視して近道を探し出してみよう。

テ「トラスを探すとすぐに入り口が見つかるはずだ」

「トラス」とは「車の通り道」のこと。雪道では皆が通って踏み固められた後を歩くように、そのほうが走りやすいし、なにより安全だ。辺りをしばらく走り回ると、車のタイヤの跡が密集する、入り口というか砂丘の切れ目に辿り着いた。

安全とはいえ、身が引き締まる。アフリカに来るにあたり、両親とは、生きて帰ることを約束した。こんなところで命を落とすわけにはいかない。

本当だったら、車2台で移動するのが安全面からは好ましい。しかしながら、ガソリン代に人件費がかかってしまうため、車1台で移動せざるを得ない。何かあったときのために、現場にいるセンターのスタッフに無線で、今から難所を通ってそちらに向かうと伝えてもらう。これで我々がなかなか到着しなかったら助けに来てもらえるだろう。ビビリのため、バックアップは欠かせない。仮に何かトラブルがあっても、人が通る道にいさえすれば、助けてもらえる確率は高まるはずだ。

砂丘ゾーンを走行中に砂にハマった車をレスキューするティジャニ。轢かれたわけではない

ティジャニはひっきりなしにギアチェンジをする。車が低い唸り声をあげながら、砂地を乗り越えていく。へこんでいる道と言っても砂は深い。風が強いため、せっかく踏み固められたわだちに柔らかい砂が積もっているのだ。

深い砂地にハマり込んだら大変だ。少しでも浅い砂地を見極めて走行する必要がある。ティジャニは一瞬で安全地帯を見抜き、うねりくねった道なき道の中でベストルートを突き進む。経験がものを言う。テレビでしか見たことがない、パリ‐ダカールラリーで砂漠地帯を高速で突っ切っていくやつを実体験することになった。モーリタニアの一部の砂丘は、「死の砂丘」と呼ばれるほど恐れられている。

車体が上下左右に揺れまくり、ちょっとしたジェットコースターだ。ハラハラしながらも、私は完全に娯楽として楽しんでおり、一つ難所を越えるたびに、うぇーい！　と歓声をあげ、ドライバー心を盛り上げる。あらためて、ティジャニのドライビングテクニックは素晴らしい。

砂丘に包まれた視界が急に開け、目の前には緑に染まった大地が現れた。無事に脱出することができ安堵する。難所を乗り越えたティジャニは誇らしげだ。「よっ、さすがはスペシャリスト！」と労う。

砂丘エリアを越えるとき、1冊の本をいつも思いだす。上温湯隆氏の『サハラに死す』（長尾三郎編、山と渓谷社）だ。

ラクダに乗ってサハラ沙漠を横断しようとした日本人青年の冒険の記録である。彼はモーリタニアを出発し、ラクダと共に沙漠を歩いていく。旅の途中、おそらくはラクダに逃げられて、沙漠の真ん中で遭難し、その生涯の幕を閉じた。発見された彼の日記を基にノンフィクション作家の長尾三郎氏がまとめたのが本書だ。

サハラ沙漠において、大量の物資を積み込んだ車で走行していても不安だというのに、わずかな食料を抱えてラクダに乗って見渡す限り人間が自分一人だけの状態は、どれだけ心細かったことか。彼の死は、我々の油断を払拭し身を引き締めてくれる。私たちの旅の安全を守ってくれている気がする。野外調査を始める前は、サハラに敬意を表するため、「よろしくお願いします」と一礼することにしている（『バッタを倒しにアフリカへ』の第9章「我、サハラに死せず」は、上温湯氏に捧げたものである）。

空振り

こんだけ大変な思いをしたのだから、めっちゃ良いデータとったるどーと意気込みながら現地スタッフに合流するも、残酷な情報が伝えられた。

「バッタ、いなくなっちゃった」

おお神よ。バッタがいないとは何事か。大量のバッタが一晩でいなくなるのは、これまでの観察結果と一致するからいいけど、それでもいなくなるのはヒドイよ。集団からはぐれたのか、黄色いオスが申し訳程度にいたため、スタッフが嘘をついているわけではなさそうだ。気まずそうな顔をするスタッフに対し、気丈に笑顔をふりまくしかない。うーむ、自分の力、すなわち自力で別の場所を探し当てるしかなさそうだ。

翌日、北西の方角に行けばバッタがいそう、というティジャニの勘を頼りに車を走らせ、探索を行う。センターでは30年にも及ぶ調査経験があり、それに基づき、バッタが発生しやすいエリア「ベルト」の存在が認識されていた。ティジャニもそれを知っており、ベルト上をウロウロしていればバッタの集団に出会える確率は高まるという。

ティジャニのおかげで、再びオスの集団に遭遇できた。1年ぶりの調査だ。前回同様、雌雄の数と交尾しているかしていないかを調べると同時に、徹夜する意気込みで調査を行うことにした。

やはり夜間、大量のカップルが産卵するが、今回は一部のカップルの産卵が遅れたようで、日が昇っても強烈な日差しを浴びながら産卵していた。加えて、車が通ったわだちで産卵しているカップルが多い。

以前のポポフの報告によると、地中の湿り気と深さが重要で、2~15センチの深さに腹部を伸長させて産卵するのが確認されていた。とくに5センチのサラサラの砂の下に湿った土があるところに好んで産卵していた。わだちはまさにその条件に当てはまる。過去の条件との共通点にホッとしたり、先に報告されていて悔しかったり、複雑な感情が芽生える。

今回、徹底的に長時間連続で観察することに重きをおいた結果、メスを解剖して卵巣の状態を確認する作業を忘れてしまった。何しにフロリダまで行ったのだ。久しぶりにバッタに出会えて我を忘れ、しなくてはならない作業を忘れるとは、我ながら呆れた。そして、眠くて寝てしまった。若かりし頃、クラブで朝まで踊っていたというのに、年をとってしまったようだ。まぁ、いいさ、次回にやれば。めっちゃ解剖しまくるでー！

どうやら私は、気合を入れると空振りする星の下に生まれたようだ。次のチャンスに期待を寄せていたが、結局、この年はこの１回しかバッタの集団に遭遇できなかった。

職を得る

ここで話は日本へと飛ぶ。詳しくは『バッタを倒しにアフリカへ』をお読みいただきたいが、この後、京都大学白眉（はくび）プロジェクトに特任助教として採用され、京都大学大学院、昆虫生態学研究室の松浦健二教授の研究室で２年間お世話になった。

その後、現所属先の農林水産省所管「国立研究開発法人　国際農林水産業研究センター（通称、国際農研、またはJIRCAS：Japan International Research Center for Agricultural Sciences）」に任期付き研究員として異動することになった。

5年間の任期内に、担当したプロジェクト課題で数報の論文発表という成果をあげれば、晴れて「任期付き」がとれて、定年退職までイスに座り続けられるパーマネントの職を得られる。

幸いにも、越境性病害虫の管理がプロジェクトの大枠の内容だった。サバクトビバッタは見事なまでに越境性害虫であり、これまでの研究を生かすことができる。そこで、防除技術の開発に取り組むことになった。

「好きなバッタ研究を自由にできるなんていいわね」と言われることが多いが、誤解を解かねばなるまい。

大まかに言って、大学では自分で好きに研究テーマを選ぶことができるが、所属先の研究所は、海外の農林水産業問題の解決を使命としており、5年間のプロジェクトに沿って、毎年何をすべきかがほぼ決まっている。計画の時点で、ある程度、自分ができることを盛り込めるが、研究者の意向で研究テーマを決めるわけにはいかず、自由が利かない側面もある。今回はたまたまバッタの課題を担当できたが、この後はバッタではなくウンカなど他の害虫の研究をしなくてはならない可能性だってある。

研究テーマの自由度が高いなら、大学のほうでポストを得るべきではと思われるだろう。

だが、私は研究所でポストを得たいと願っていた。研究所では、研究予算の許す限り、自分の都合の良い期間、タイミングで外国に行って調査できる。だが大学だと、授業や会議、学生の指導、予算の関係で、数カ月のアフリカ出張は難しそうだ。抜群の機動力を発揮できるのは現職場である。

研究所に就職するなら、「任期付き研究員」ではなく、最初から「研究員」や「主任研究員」で採用してもらえばいいのにと思われるだろう。だが、研究所の研究職員は準公務員にあたり、一度採用したらクビにできない。論文も出さないポンコツ研究員や言うことを聞かず好き勝手やる研究員を採用しても雇い続けるしかなく、金とスペースの無駄遣いとなってしまう。任期付きは、研究員として問題がないかどうかを見極めるためのお試し期間なのだ。私は5年だったが、研究所によっては3年、あるいは実績が十分ならば、任期付きをすっ飛ばして雇われるケースもある。

研究所の任期付き研究員となったので、ポスドクのときのように朝から晩まで自分の好きな研究に自分の好きなだけ時間を使うことはできない。与えられた職務を全うしなければならないのだ。私の職務、それはアフリカにおけるサバクトビバッタの防除技術の開発であった。とくに、大発生に深く関わる相変異メカニズムの解明が求められていた。

職務

新しい職場では、プロジェクト遂行のために私が雇われたのであり、自分が好き勝手研究できるプロジェクトを立ち上げたわけではない。幸いにも、サバクトビバッタについて研究できるため、これまでの経験を活かすことができる。だから、自分のやりたいこと、やれることと、業務としてしなければならないことをなるべく近づけ、嫌々仕事をすることがないように心掛けた。

人は私をただのバッタ狂いだと思っているかもしれないが、意外に組織の方針には忠実であり、所属先のため、お上（農林水産省）のために尽くす使命感は抱いている。

それに、研究に集中できるように、事務の方々が私の出勤や給料、保険関係や業績を管理してくれるし、必要な文献や機材の購入、旅の手配もサポートしてもらえる。感謝しかなく、彼らの支援をムダにするわけにはいかない。

子供の頃からの昆虫学者になりたいという思いを大切にしつつ、大人の事情とも向き合い、研究を進めていく道があるだろうか？

職務を全うすべく、さっそく動き出すことにした。いずれ防除技術を開発できた暁(あかつき)には、色んな国で使っていただきたい。そのためには、国際的なネットワークが必要となる。フットワーク軽く、色んな場に顔を出すことにした。

まず、モーリタニア滞在中に、西アフリカ10カ国（アルジェリア、ブルキナファソ、マリ、モロッコ、リビア、モーリタニア、ナイジェリア、セネガル、チャド、チュニジア）が参加するサバクトビバッタ防除に関するワークショップが、バッタ防除センターの南部の支所で開催されるとの情報を聞きつけた。西アフリカのサバクトビバッタ被害国には、バッタ防除センター、または植物保護センターが配備されている。

バッタ防除に関するワークショップの模様はテレビ放送されるほど注目度が高い

みんなと仲良くなれば、きっといいことがあるはず。ということで参加し、現場における問題点や改善点に関する情報を収集、さらに国際農研の取り組みを紹介し、国際ネットワークの構築を模索した。

１９９１年にＦＡＯがバッタ防除マニュアルを発表したが、それが25年ぶりにリニューアルされた。当時未発表だった、その改訂版マニュアルを使って講義が行われた。ただ、バッタの生態に関する情報は、以前のものとほとんど変わりがない印象を受けた。私はアドバイザーとして参加し、サバクトビバッタの生態に関する補足的な情報を提供した。

「コータロー、サバクトビバッタの幼虫は何回脱皮するのか詳しく説明してくれ」

とババ所長からお声がかかる。

「群生相は5回脱皮して成虫になりますが、孤独相には5回脱皮するタイプと6回脱皮するタイプが混じっており、メスのほうが6回脱皮しやすくなります」

どうだ、うちの歩くバッタ辞典は！　バッタに関することならなんでも知っているんだぞ！　とババ所長は誇らしげな笑みを返してくれた。

現行プロジェクトで期待される成果は新規性が高く、次回のマニュアル作成時には国際農研が少なからず貢献できそうだと確信した。

また、ＦＡＯの対バッタチームのリーダーであるアニモナさんがモーリタニアの視察に訪れた際には、アテンド（いわゆる接待）を任された。

モーリタニアの人たちからすると、ヨーロッパの女性の趣味嗜好は難しいらしい（アニモナさんはフランス人）。コータローが小まめに接待してくれたおかげで、アニモナさんは上機嫌で視察をしてくれたと感謝された。

野外調査にはトイレ問題がつきものだ。男性だらけならそこらへんで済ませばいいが、女性が同行している時には配慮が必要である。例えば登山中、女性がトイレに行くとき「ちょっと、お花を摘みに」と、さりげなく言うそうだ。お花畑などない沙漠でフランス人

西アフリカ各国の若手にバッタについてレクチャーするババ所長

みんなのお昼ご飯はヤギの焼肉を素手で。こういうのでいいんだよね

女性がどうやってトイレに行くのかハラハラしてたら、「ちょっと、牛を見つけてくる」と言い残して、砂丘の向こうに消えて行った。

「集団別居仮説」再び

ここで研究の話に戻ろう。

「集団別居仮説」の検証を、私は新しい職場でも続けたかった。これまでは、純粋にオモロイからという理由で、バッタの繁殖行動の研究を行ってきたが、新しい職場では研究者個人の趣味で気まぐれに研究をするわけにはいかない。

その日、ふと気になったチョウやハチの不思議な行動を解き明かすべく、目の前の業務を無視して駆けだすことは、雇われ研究員としては大人の事情で難しいのだ。

しかしながら、折り合いをつけることができるのもまた大人である。自身の研究が「役に立つ」ことを、現行プロジェクトに関連付けてきちんと説明できれば、続けても問題なさそうだ。

何かの役に立てようとする研究は「応用研究」と呼ばれる。「役に立つ研究を目指すのではなく、自身のやりたい研究を役立てる」ようにもっていくことができたら——すなわち、集団別居仮説を検証し、得られた新発見がいかに防除技術の開発に役立つかをアピールできれば、新しい所属先で検証を続けてもよさそうである。

繁殖活動は個体数の増加につながり、大発生のメカニズムを理解する上でも重要な研究テーマであり、相変異も関係している。バッタをやっつける手がかりが十分に期待される。

無邪気にバッタを追いかけ回すだけではなく、社会的責任がのしかかってきた。だが、トラブル続きの人生を歩んだおかげで、すんなりいくと気味が悪く、こういった制約の中で頭をギュウギュウにひねって、解決策を見いだしていくことが病みつきかつ、望むところになっていた。

科学者としては不純かもしれないが、自分のやりたいことをするために、自分のやりたいことが、いかに社会の役に立つかをアピールできるように、応用面も考えて研究を進めていく必要があった。

先行研究――「Lek（レック）」について知る

さて、国際農研所属以前、京都大学時代の２年間もアフリカに通ったが、集団産卵の現場に遭遇することはできなかった（後述）。

しかしながら、研究室所蔵の興味深い1冊の本と巡り合えた。『Sexual Selection（性淘汰あるいは性選択）』（Andersson, 1994）である。被引用数は1万5000回を超え、性に関わる学術書がこぞって参考にしている、教科書中の教科書である。

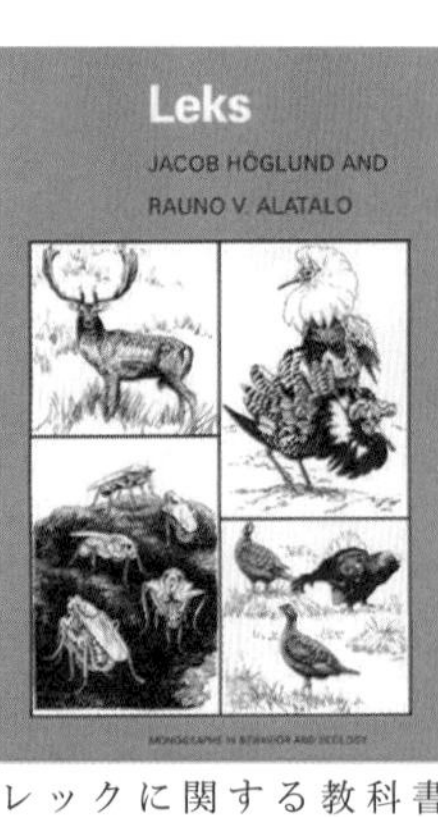

レックに関する教科書『Leks』

表紙につがいの動物のイラストが描かれていたので、動物の繁殖行動について何かわかるかしらと軽い気持ちで手に取ってみたら、繁殖システムに関わるあらゆる研究テーマが紹介され、気になる記述だらけだった。多くの研究者がこの本を宝の地図として愛用しているに違いない。

とくに気になったのは、Lek（レック）という見慣れない、聞き慣れない専門用語である。「レックと呼ばれるオスが集まった場所に、交尾をするためにメスが訪れる」的な説明があり、自分の研究にとってこれは重要な現象かもしれないと直感した。

レックについてより詳しい解説がないかしらと検索したら、そのまんま『Leks（レックス）』（Höglund & Alatalo, 1995）と題する本があった。すぐに取り寄せて読み始め、1ページ目から目を見張ることになる。

あるエリアにオスが集合し、交尾しにやってくるメスに選んでもらうため、オスが自身の魅力をアピールするなんらかのディスプレイをして競い合う現象——これがレックであり、最初に鳥類で見つかった。その後、ほ乳類や昆虫、魚類、爬虫類、両生類でも観られることがわかったという。

バッタ以外の動物のオスたちも、その気になっているメスをお招きして交尾するためにオス同士で集団を作っているとはなんたることか！　私が妄想しているサバクトビバッタの繁殖システムにそっくりではないか！

さらにサイエンス誌の書評には、

「レックは自然界の最大の驚異の一つである。鳥類、哺乳類、昆虫などのオスの集団であるレックは、メスがやってきて、１匹または複数の人気の高いオスと交尾し、子孫を残すための精子だけを得て、去っていく交尾の場としてのみ存在し、何世紀にもわたって自然学者を魅了してきた。鳥類の行動と性選択の専門家であるHöglundとAlataloは、これらの疑問に答え、レッキングシステムを性淘汰理論の広い文脈に位置づけることを試みている」

とある。

レックよ、お前はそんなにもすごいものだったのか。知らなくてすまない。

読み進めると、レックの実態が明らかにされていることを知る。レックはどのように進化してきたのか、言い換えれば、なぜその動物はレックを行うのか、その生態学的意義が深く追求されている。ただ、その説明のためのモデルがいくつか提唱されているが、それぞれの研究で食い違いがあり、論争が繰り広げられ、混とんとしているようだ。

例えば、オスが集団を形成する場所には重要な資源（エサ、巣を作るのに最適な場所）が含まれ、そこにいればメスに出会えるからオスが集まってくるという主張もあれば、資源に関係なくオスの集団は形成されるという主張もあり、対立していた。

研究者たちは、自分が研究している動物の結果をもって、レックという生物現象の普遍的な説明をしたがっているように思えた。

「高い機動力を持つ鳥類、魚類、そして昆虫でレックは加速する」

厳密にレックを定義づけることは難しいようだが、「メスが交尾するためだけに訪れるオスの集団」という点は共通する。サバクトビバッタのオスの集団もまさにレックに当てはまっている。無知ゆえに、研究テーマとしてすでに確立されていることに今世紀最大の衝撃を受けた。無知の良いところは、自分で大発見したかのように、愛着が湧き、新鮮な快感を味わえることだ（あとですでに明らかにされていることを知り、ガッカリすることになるが）。

バッタは他の動物の見よう見まねでレックを進化させたわけではなく、独自に進化させたはずだ。しかもサハラ沙漠で。重要な記述に赤い蛍光ペンでマーカーを引こうにも、全ての記述が面白過ぎて、もはや本を真っ赤に染め上げたほうが早そうである。

そして、またもや気になる記述が。

「高い機動力を持つ鳥類、魚類、そして昆虫でレックは加速する」

長距離移動昆虫であるサバクトビバッタがレックを使っていてもなんら違和感はない。レックが観察されている動物のリストが載っており、昆虫もリストアップされている。ハエ目、チョウ目、ハチ目だけで、バッタ目では報告例がない。

「これは……」

地球規模の大害虫として悪名高いサバクトビバッタが、２万種以上含まれるバッタ目を代表し、バッタ目でもレックを示すことを世界で初めて証明できたら、彼らのすごさを世に知らしめることができる。

これまでは「サバクトビバッタの繁殖システムの解明」という点にだけこだわってきたが、レックに着目することで、より多くの人たちに興味を持ってもらえて、より幅広い、より高次の、一皮むけた大きな研究テーマになりそうだ。すっかりレックの虜になってしまった。

２００６年に発表された、とあるサバクトビバッタの交尾行動に関する論文の中で、オスは集団内で産卵直前のメスを探すために、かなりの時間を費やすと予想しているが、この研究者はレックの存在を知らず、バッタの群れは雌雄から構成されていると仮定している。見たこともないはずなのに……。ラボだけで研究していたら安定して業績をあげることができるが、とんでもない誤解をしたまま自然を理解した気になってしまう。自然を理解しようとする本物の研究者になるには、このレックは避けては通れない課題に違いない。

実は日本語の教科書にも、レックは何回も登場している。なんだったら、自分が以前から持っている本にも書かれていた。だが、そんなマイナーな専門用語をいつまでも覚えている記憶力は持ち合わせていない。レックを「集団求婚場」や「集団求愛場」と和訳している人をネット上で見かけたが、ほとんどの研究者は、そのままレックという用語を使用しているようだ。私もレックを使っていくことにする。

ちなみに、レックの由来は「leka ＝走ったり、飛び跳ねたり」で、おそらくはオス同士が競争してメスと交尾する様を言い表しているのではないかと考えられている。

あらためて、本、とくに教科書がもつ情報はすさまじい知的威力があることを思い知らされ、遠慮なく肩の上に立たせてもらう。さらに言えば、最初に手に取った性に関する教科書で、レックとは別の重要な問題に気づくことができた。それは、「実効性比」と呼ばれていた。

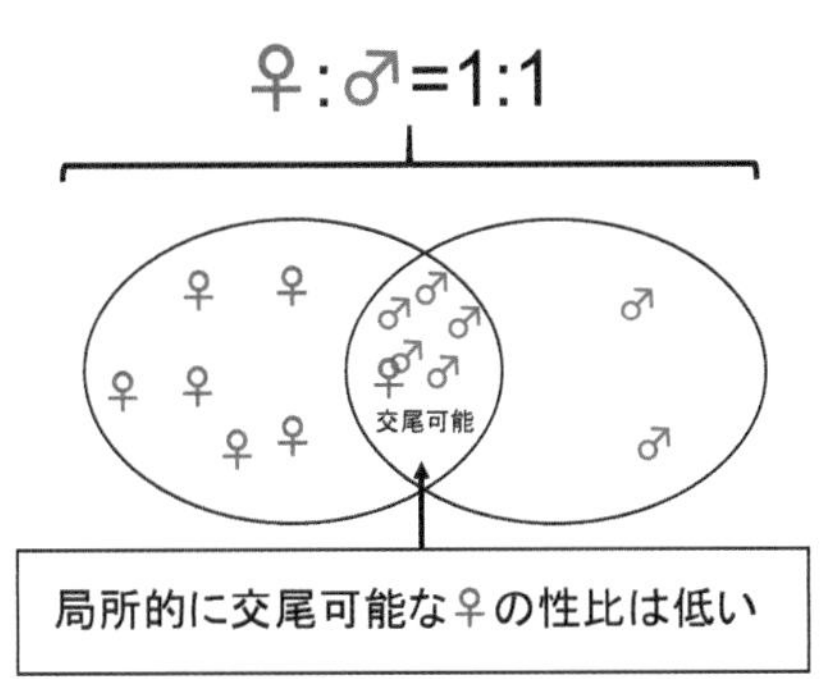

性成熟後、実際に交尾可能な雌雄の性比のことを実効性比と呼ぶ

実効性比はオスに偏る

「実効性比」とは何か？

例えば、雌雄それぞれ50匹ずつ、計１００匹の生物がとあるエリアにいるとする。繁殖期になったら、何カップル誕生するだろうか？　単純計算では50カップルになるが、実際にはそんなにカップルは誕生しない。その理由として、「実効性比（英：Operational sex ratio）」が知られている。

ある時点で、繁殖可能なメスのオスに対する割合は１対１ではない。すでに交尾して配偶子（卵や精子の

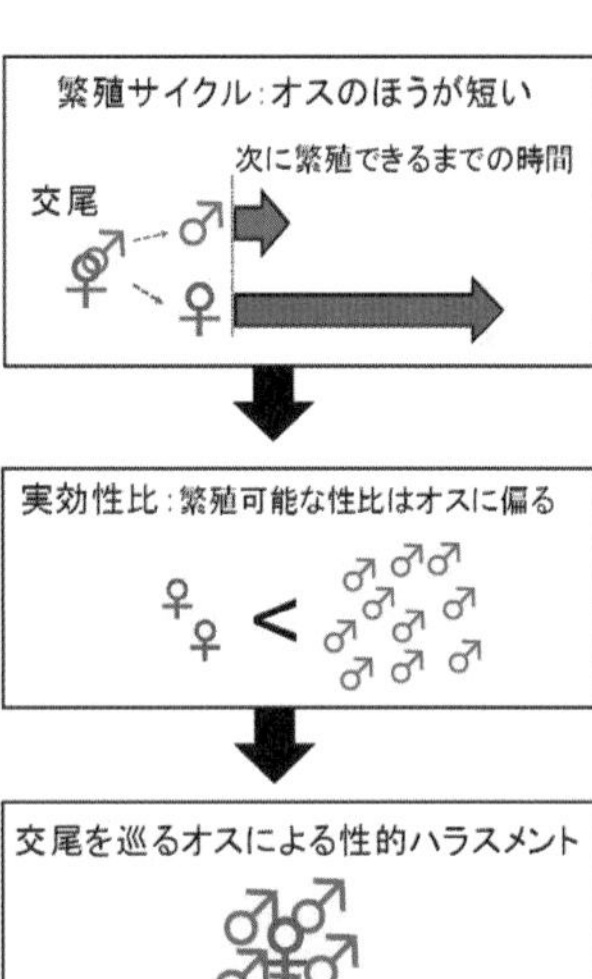

繁殖してからまた繁殖できるようになるまでの時間はオスのほうがメスよりも短く、実効性比はオスに偏るため、オスによるメスへの性的ハラスメントがエスカレートする

こと）を作りかけていたり、エネルギーを消耗して次回の繁殖に向けて回復中であったり、という理由で、交尾ができない個体も含まれているからだ。そのため繁殖に関わることができる雌雄の性比を実効性比と呼ぶ。

とくに、メスのほうがオスよりも配偶子をつくるのに時間がかかるため、繁殖に復帰するまで時間がかかる傾向にある。言い換えると、オスは一度交尾してから次に交尾できるまでの時間が短い。このような雌雄間の繁殖に関わる違いによって、実効性比はオスに偏る傾向にあり、メスの数が少なく、オスがあぶれている状態になりやすいというのだ。

交尾相手を巡るオス間の競争が激しくなると、メスに交尾を迫る際のハラスメントも激しさを増すという。

さらに、繁殖するためのカップルをつくる際、どちらの性が優先権を持って一方の性を選んでいるのかと言うと、数が少ないほうの性、すなわち、メスがオスを吟味して選んでいるそうな。交尾相手としてのオスの選び方には、種それぞれクセがあり、魅力的なオスの指標として、体の大きさ、歌声、翅の長さなど色々あるという。これは興味深い。

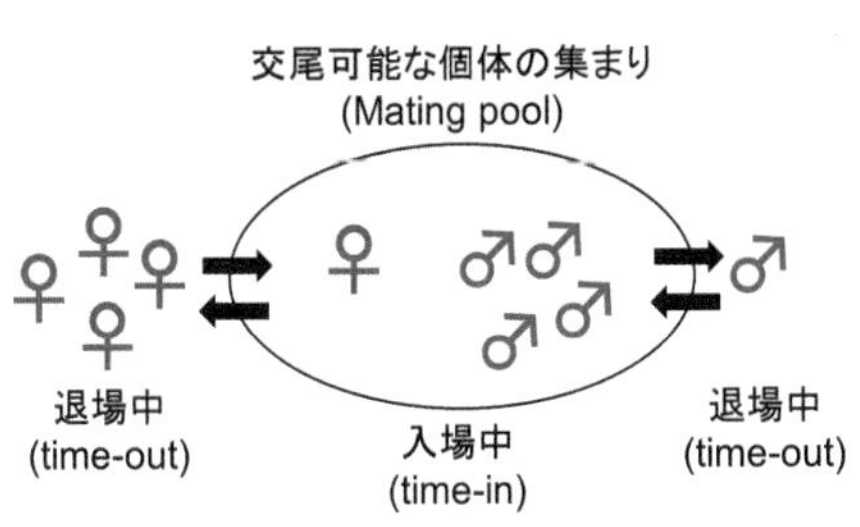

繁殖システムを説明するコンセプト（Kokko et al., 2014 を改編）

昆虫の繁殖システム

そういえば、他の昆虫の交尾システムについて、私はきちんと勉強したことがなかった。ならばということで、さっそく昆虫の交尾について解説されている１冊の本を手に取った（Kokko et al., 2014.）。

「こ、これは……」

そこには、繁殖行動の流れを説明するためのコンセプトを記した衝撃の図があった。

交尾できる状態を time-in（入場中）、できない状態を time-out（退場中）とする。交尾できる time-in の状態にある個体の全体の集団を交配プール（mating pool）と呼ぶ。先述した実効性比は、交配プールでのメスとオスの数の比、すなわちtime-inの状態にあるメスとオスの個体数の比のことになる。

交尾可能な生理状態（または齢）に達した個体は、まずtime-in状態になって交配プールに入場し、交尾するとtime-outになり退場する。交尾とそれに続く繁殖の過程（動物によっては子の世話などが含まれる）が終わると、time-in状態に戻って交配プールに再度入場することになる。したがって、実効性比は時と共に変化する。

交配プール内で雌雄の出会いが生まれるわけだが、交尾相手をお互いに探し出すのは時間もかかって大変だ。そこで、探したり探してくれたりする時間を短くするために、待ち合わせ場所としてヒルトッピングを使ったり（第3章で出てきたやつ）、フェロモンを使って一方の性を誘引したり、雌雄が運よく出会えたら選り好みせずに速攻でカップルになったり、圧倒的な魅力で異性を有無を言わさず惚れさせたりする技が知られていた。

こちらの教科書には詳しい説明はないが、バッタで観察できたレックらしきものはtime-in状態に当てはまるのではなかろうか。

ぐはー!!　なんつーこった……。一生懸命解き明かそうとしていたサバクトビバッタの繁殖行動と性比の問題は、このコンセプトを用いれば、ピシャリと説明できてしまうではないか！　私は、学問の偉大さに感動した。

サバクトビバッタのことを知るために、他の動物や昆虫の繁殖行動を知ることはとても大切であった。逆に言えば、他の研究者たちにも、私が取り組んでいる研究内容に興味を持ってもらえるはずだ。

サバクトビバッタが他の昆虫と違うのは、群生相化すると群れる習性があるため、集団で別居している可能性があるということだ。メスたちがあっちこっちに散らばって単独生活をしているのではなく、混み合う性質があるため、おそらくはメスだけで群れているはず。先人たちの報告のおかげで、雌雄の集団別居が現実味を帯びてきた。

就職先の国際農研では、手続きの都合で40日以上前に出張の計画書を提出し、所内で承認を受ける必要がある。バッタが発生しているかどうかわからないまま提出し、モーリタニアへ向かった。

信じる者には風が吹く

２０１６年、サバクトビバッタの成虫の大群がモーリタニア各地に突如出現したとの目撃情報が舞い込んできた。静寂(せいじゃく)を破ったバッタは、どうやら性成熟しているらしい。それまでの全国各地での調査では、ほとんどバッタは見つかっておらず、平穏な年を迎えることが予測されていた。30年にわたりモーリタニアでのバッタの発生状況を把握してきたババ所長でさえ、こんなことは初めての経験だと言う。

「先日、強い東風が吹いた。もしかしたら、その強風がバッタの群れをモーリタニアに運んできた可能性がある。とくにモーリタニアの右隣のマリでは治安が悪化しており、バッタの防除活動がまったくできなくなっている。マリで人知れず増えたバッタがモーリタニアに飛んできたと考えれば、つじつまが合う」

私はずっと風を待ち望んでいた。風は時に大雨をもたらす。大雨さえ降れば大量のバッタが発生し、一気に研究を進めることができる。耐え忍んでいれば必ず風が吹き、私を救ってくれると、無収入を覚悟し、風前のともしび状態だったときから信じていた。気まぐれなバッタにいつも泣かされてきたが、今回ばかりは祈りが通じ、風がバッタをもたらしてくれたのだ。

この年、風を浴びた私の情熱は燃え上がり、研究は一気に躍進することになる。

老婆の嘆き

北部のアドラール地方の近くにお住まいのデーツ（ナツメヤシ）農園を営む老婆から、バッタの被害に遭って困っているとの救いを求める電話が防除センターにかかってきた。このままでは、モーリタニア人の大好物のデーツが採れなくなってしまう（お好み焼きの美味さを跳ね上げるオタフクのお好みソースの原料に、デーツが使われている）。

アドラール地方には山岳地帯があり、谷間は水で潤っているため、ナツメヤシなどの樹木が豊富にあるとのこと。

悪路のため、車両での農薬散布は困難が予想されたが、防除センターは近場の支所から防除部隊を急行させ、闘いの火ぶたが切って落とされた。

私の研究チームは、すぐに態勢を整え、現場に急行した。

普段は平野や砂丘エリアが主戦場だが、今回は壮大な岩山を車で越えていく。日本の山のように頂上にいくほどとんがっている形ではなく、頂上がフラットになっている。見たことがない異様な景色は、世界の広さを実感させてくれる。

どこが山の頂上か悩んでしまうほどのフラットさ。標識の意味はみんなで考えよう

老婆の休日

薄暗くなってから老婆の家に到着するも……、バッタいないやん。デーツの葉っぱ、真緑で生い茂ってるやん。食い散らかされた跡を見ることができたら納得なのだが、もう暗くてよくわからない。

老婆の小屋の側で一夜を過ごすことになった。夜空を見上げながら、なぜ私はわざわざここまで来たのだろうか、星たちに問うてみる。老婆は話し相手がいなくて、寂しかったのかしら。明日、ティジャニとたっぷり会話してもらおう。

せっかく遠出したのだから、手ぶらで帰るわけにもいかず、翌朝、これまでバッタの被害に遭ったときの話を、ティジャニに通訳してもらいながら聞く。

老婆はサラサラした砂に横たわり、時折、小ヤギがメェメェと鳴きながら老婆に近寄ってきては、頭をなでてもらっている。話によると、本気でバッタの大群に襲われると、この辺りの葉っぱはほとんど食い尽くされ、デーツの実も被害に遭い、収穫量は激減するとのこと。ちなみに娘夫婦も近くに住んでおり、特段寂しいわけではないという、どうでもいい情報も入手できた。

ティジャニに無線で防除センターに状況を確認してもらうと、バッタの群れが見つかった最新のエリアを軽くオーバーランしていることが発覚。被害の跡も見てみたかったが、後ろ髪を引かれつつ慌てて現場に急行する。

辿り着いたときにはすでに日も暮れていたが、確かに集団産卵が起きそうな気配がする。明日、この辺りで別の集団を見つけ出し、データをとることにしよう。

翌朝、あたりを散策すると、なだらかで低い標高の砂丘エリアが続き、500メートルほど先には平地が広がっている。

平地エリアでは、植物から多数の黄色いオスたちが顔を覗かせており、レックが見られる可能性が高い。なだらかな砂丘エリアには大きな植物がポツポツ生えており、こちらにもバッタの姿が確認できる。同時に2カ所、異なる地形で調査したら、データを稼ぐことができる。

ただ、この砂丘エリアは砂浜レベルで砂に足がとられ、歩くだけで疲れてしまう。なるほど、アスリートが砂浜で走り込みをするわけだ。筋トレには絶好のロケーションだが、体力を温存しておきたい私としては、この地を選ぶのは悩むところだ。

後々、疲労困憊で調査を中断したら、データが中途半端で使い物にならず、骨折り損のくたびれ儲けになってしまう。極限にまで高められたバッタ欲を持ってさえすれば、今の私にはできるはず。自分の体力と気力を信じ、無茶を承知で一点でも観察地点を増やすことにする。

雌雄の数と交尾の状態に関するデータを前回と同じように収集することに。そして、アメリカ遠征で気づいたメスの卵巣の状態を調査するために、解剖作業に取り掛かることにした。

とはいえ、解剖は手間がかかる作業だ。

「よし、定期観察は私が引き受ける。お前は先に行って解剖に集中してくれ……って、オレが全部やるしかないやんかー！」

地平線の彼方まで、見渡す限り研究者は私一人だけだ。猫の手をお借りしても気持ちが癒されるのみ。あれもこれも一人でするには大変だが、自力でなんとかするしかない。

フフッ、こんなこともあろうかと、妙案を温めておいたのだ。今まで通りの１時間おきの観察では休息時間がほとんどなく、ブラック企業も真っ青になるほどの過酷な労働条件である。だから、体力を温存するためには、**観察しなければいい**のだ。

ぶっちゃけ、１時間おきじゃなくて２時間おきでも、知りたいことは大して変わらないことにうすうす気づいていた。各地点での作業内容は変えず、２時間おきの調査にしれっと変更して、温存した体力と時間を有効活用して解剖すればいいのだ。ただでさえ、２カ所同時調査に加え、解剖という作業があるため、体力を慎重に消耗させる必要がある。今元気だからといって調子をぶっこけば、後で地獄を見るのは目に見えている。

解剖用のメス（♀）の確保はどのみち夕方以降だ。日中は水の鎧を着こみ、ティジャニの

お茶を持ってきてくれるディダ

沙漠メシとディダの甘いお茶にエネルギーを充電してもらいながら着々と調査を進める。

平地エリアにはありがたいことにオスが集合しており、レックが観られた。一方の砂丘エリアは、バッタの密度が低く、レックも見られず、どうやらメスに性比が偏っている。この辺りのメスを全部捕まえても、以前見かけた大量のカップル集団の数には遠く及ばない。メスに性比が偏っている傾向は大変興味深く、2地点観察でデータ収集をして正解だった。

闇夜の訪問者

レックが観られたエリアでは、夕方になると続々とカップルが集結した。3年ぶりの懐かしい状況に加え、解剖という新たなる挑戦の舞台が着々と整っていった。

自分の予測通りにバッタが動くと、彼らのことをより理解できた気がして嬉しいし、予測が外れたとしても、自分の知らない彼らの新たな素顔を知れてこれまた嬉しい。どっちにしたってバッタといると嬉しいのだ。やはり、たくさんのバッタと一緒に過ごしているときが格別だなと、晩飯のスパゲティと一緒に幸せを噛みしめる。

性成熟したバッタのメス成虫の解剖は、この世で最も贅沢な事柄の一つである。

だって考えてみて！　普通だったら、実験室内でふ化幼虫を成虫に育て上げ、性成熟までさせて採卵するのは一苦労だ。毎日毎日エサを与え、約40日後にようやく性成熟したメス成虫を収穫できるのだ。１匹１匹に投じる労力が大きすぎて、解剖するのがもったいなかったが、目の前には捌（さば）きれないほど大量のメスのバッタがいる。これだけの数のバッタを育て上げるとは、なんと自然の懐（ふところ）は深く、飼育上手なのか。

私はだらしない笑顔を浮かべて狂喜乱舞しながら虫捕り網を振り降ろし、地表面にいるメスを楽々と収穫した。後脚で蹴られないように前胸背板を指で摘まんで捕獲個体を眺めると、あらヤダ！　腹部が豊満だわ。解剖のしがいがありまくる。

この数年間、寝っ転がっていたわけではない。来たるべき決戦の日に備えてきた。地べたにあぐらをかく姿勢で長時間解剖を続けると、腰が悲鳴をあげてしまう。だから、折り畳みのイスと足をはめ込むだけの簡易テーブルを持参し、普段と同じ姿勢で解剖を行えるようにティジャニが手配してくれた。

テーブルの上には解剖用のハサミ、ピンセット、解剖皿替わりのシャーレなどをズラリと並べ、闇夜に備えて据え置き式のライトをセットし、移動式のラボの出来上がりだ。さらに、フレキシブルに角度を変えられ、ピンポイントで手元を照らすことができる電池式の特注品のライト（しおかぜ技研）を日本から持参し、細かい作業も可能だ。

解剖は、涼しくなってからイスに座っての作業のため、チョロいとタカをくくっていたら、予想外の難問が襲ってきた。ライトの光を目がけて小虫が殺到しはじめたのだ。ハエやら甲虫やらハチやら飛び込んで来てうぜーのなんの!!!

カヤの中で作業しても小虫が乱入してきて迷惑

風が強くなると虫は吹っ飛ばされるようで、光にもほとんど集まって来ず、快適に作業を進めることができる。だが、風がないと小虫が自力飛翔で飛び込んでくる。伊達（だて）メガネをしていても、隙間から目に入り込んでくる奴がいる。手は、バッタ汁やら砂やらで汚れており、この手で目をこするとさらなる地獄が待っている。手洗いし、目薬を取り出し、小虫を洗い流す。目が充血してゴロゴロするが、作業を進めるしかない。私は虫好きだが、虫を目に入れて痛がるようでは、まだまだ修業が足りない。

虫は耳にも入ってこようとする。体内に侵入されるのは勘弁である。耳の中では小虫の羽ばたきも騒音となり、発狂しそうになる。

蚊取り線香や虫よけスプレーにご登場いただきたいところだが、あろうことか昆虫の観察中のため、使用はご遠慮しなければならない。ジッと耐え忍ぶしかない（メッシュをかぶる帽子も試してみたが、隙間からより小さい虫が入り込んできて、イマイチだった）。

たまらずにライトを消すと、真っ暗で何も見えず。「あぁ、そういえば私はバカだった」と己の浅はかさにうんざりする。いかんともしがたく、虫たちと小さな小競り合いを繰り広げながら解剖するパワープレイに挑むしかなくなった。

３年越しの念願

解剖する際には、作り置きした生理食塩水をシャーレに注いでおき、解剖したての卵巣を乾かないようにサッと投入する。真水に入れると、浸透圧の関係とかで器官の形が変わってしまう恐れがあるため、ベストはバッタの体液の中に入れるのがよい。だが、それを大量に入手するのは難しいため、体液に近いであろう0・9％の塩水に浸すのが生理学的手法ではお馴染みのお作法だ。

世の中、便利な錠剤が存在しており、塩の重さを量らずとも、1粒に対して100㏄の水を注げば、お手軽に生理食塩水を作れる。とっくりに入れた日本酒をおちょこに注ぐように、個体を変えるたびにチビチビと一杯、シャーレにほんのりしょっぱい水を注ぐ。

フロリダ訪問は2013年だから、3年越しの念願の解剖である。他の動物で観察されたセオリー通りならば、レックにやってくるメスは産卵直前の卵を保持しているはずである。記念すべき1匹目を解剖して卵巣を摘出すると、輪卵管に卵がぎっしり詰まっていた。予想を支持する結果で、幸先が良い。

フロリダでは、メスが卵を持っているかどうかだけを確認したが、ひと手間加えて、もし輪卵管の中に卵を持っていたらその卵の長さを測定し、さらに卵巣小管の根元の卵母細胞の長さを測定することにした。

実は、サバクトビバッタは混み合いに応じて卵サイズを変化させる能力をもっており、孤独相よりも群生相のほうが大きな卵を産む。

話がややこしいのだけど、孤独相では、卵（卵母細胞）の長さが６・５ミリで成熟したとみなせるが、卵長が７・５ミリに達する群生相ではまだ発達中であるため、サイズの観察も大切だ。

私はバッタの尊い命を奪っている。脚の長さを測定するだけとかでイチイチ命を奪うのはバッタに対して失礼である。魂を込め、極限まで彼らからデータを収集してこそ弔いとなる。野外における相変異が関係した卵サイズの変異と、卵巣発達に関するデータも同時に収集しようと欲張ることにした。

これらのデータは相変異のメカニズムの解明を目指す所属先のプロジェクトに欠かせないものである。自分の知りたいことのついでに、私は私の職務を全うする。

可能な限りデータを収集したバッタを地面にそっと置くと、どこからともなくゴミムシダマシというカブトムシのメスみたいな形態をした、虫の死体も茹でたスパゲティも食べる虫たちがやってきて、さっそくバッタにかぶりついている。安らかに大地へと還っていってほしい。

二刀流

卵母細胞の長さを測定する。と、いきなりこんなことを言われても読者には馴染みがないと思いますので、ただいまのプレーについて説明します。

卵母細胞の測定は、2～8ミリの範囲があり、解剖の難易度が高い。そこは、特注品のライトの明るさと、これまで鍛え上げてきた熟練の技でカバーすることにした。

先が鋭く尖(とが)ったピンセットを両手にそれぞれ持ち、二刀流で優しく卵巣小管を解きほぐし、卵巣小管の根元の卵母細胞の長さを測定しやすいように配置する。普段は顕微鏡の接眼レンズにスケールをつけており、覗けば対象物の長さを測定できるが、顕微鏡を持ってきていないので、デジタルノギスで強引に測定することにした。

この一連の作業中の心境を喩えるならば、針の穴に糸を通そうとしている隣で、誰かがフゥフゥ息を吐いて邪魔をしてきて、キィ～～ってなるくらいイライラする。

解剖は、ただでさえ肩が凝り、野外だと迷惑なお客様までお相手しなければならず、作業の難易度があがることを思い知る。

トレッキングシューズをずっと履いていると足がムレるため、作業中はサンダルに履き替えるものの、地面に素足を置くことはできない。だって、サソリさんたちが歩いてくるんですもの。さらに、どちらさまが犯人かを特定できないが、長袖長ズボンにもかかわらず、あちこち虫刺されが増えていく。昼の暑さに耐え、待ちに待った夜だったのに、夜は夜でウザい事情をあれこれ抱えていることを知る。

よほどのバッタ好きでなければ、とてもじゃないけどやってられない作業だろうが、あいにく私はその、よほど野郎だ。バッタたちにとっても、まさかここまでして自分たちの秘密に迫ってきやがる物好き人類が誕生していたとは夢にも思うまい。人間のゆがんだ愛情の威力を見せつけようぞ！　勢いよく数匹解剖して、波に乗った私はとある結論に達した。

「いや、色々と準備したり、気持ちを盛り上げてきたけど、野外で解剖すんのキツいっス。せめてラボで快適に解剖したいっス……」

面倒な作業を過酷な環境で行うと、大変さが２倍以上に増える。それでもやるしかない。着々とデータを収集し、夜が更けていく。結局、あまりの苦行に廃人になりかけたため、音を上げることにした。

時を止める秘術

メスが卵を持っていることだけなら、解剖すればすぐにわかる。しかし、他のデータも同時にとりたいというワガママが災いし、心身ともに支障をきたしそうになった。1匹分のデータをとるのに15分かかる。各調査地で20〜30匹分のデータは欲しい。一日中、動き回って、頭も体もくたびれているのに、あんまりだ。しかしながら、せっかくバッタの命を奪ってまで解剖するのだ。妥協は許さない、許されない。

そばも食べたいし、かつ丼も食べたいときはセットメニューがあるが、研究でも欲しいデータを同時に取れちゃう一手はないものか。うーん、難しい問題、すなわち難題だ。

もう一人、自分がいたら手分けができるのに。もし、時を止めることができたら、時間にゆとりをもって解剖できるのに。ありえない夢を思い描き、凍らせておいた水のペットボトルをクーラーボックスから取り出し、キンキンに冷えた溶けかけの水を喉に流し込んで頭を冷やす。ふぃー、美味いわ。火照(ほて)った体に氷水が染みわたり、目が覚める。

ちょっと！　いやいやいや、私は今、何をした！　あるではないか！　バッタの時を止める秘術が！

以前から、バッタを解剖するときは、事前に氷の中に入れて、バッタを冷凍麻酔で眠らせていた。一日以上経っても、バッタはものの5分で動き出すタフさを持つ。氷の中に入っているときは、呼吸もほとんど止まり、生命活動は一時的に停止しているようだ。だから、野外で採集したメスを氷の中に入れてしまえば、今すぐに解剖せずとも後回しにできるはず!!

幸い、凍らせたペットボトルをクーラーボックスに満載してきており、バッタをビニール袋に入れてヒエヒエのクーラーボックスの中に突っ込めば、冷凍麻酔でき、防除センターにお持ち帰りできる。いわば、「二人時間差測定」とでもいうべき手法だ。

これならば、煩わしい細かい作業を室内で行うことができ、欲張ってあれもこれもデータをとることができる。

翌朝、必要な観察を無事に終え、バッタ入りのクーラーボックスをお土産に防除センターに戻ると、すかさず新品の氷に移し替え、低温を維持する。ひと寝入りしてから自宅兼研究室で解剖しまくる。

あぁ、小虫の邪魔も入らず、エアコンまで効いた部屋はなんと快適なことか。リラックスした状態で研究の鬼と化し、着実にデータを取得していく。お持ち帰り作戦のおかげで、納得のいくデータをとることができた。

いつもだったら解剖は気が重い重労働だったが、野外でより過酷な状況を味わったおかげで、楽勝に感じるようになった。気の変化は思わぬ副産物になった。

苦労の末に大きな結果を得た。レックに飛来したメスを採集し、解剖したところ、ほとんどのメスは産卵直前の大きな卵を持っていた。ごくわずかだが、卵を持っておらず、卵母細胞長が短い個体もいた。こやつらは、産卵直後の個体だと解釈すれば、つじつまが合う。

今回、レックが観られなかった砂丘エリアでも調査したところ、密度は低いものの、全体の約9割がメスだった。本当であれば解剖用に捕まえたいところであったが、砂場でのバッタとの鬼ごっこは勝ち目がなく、体力温存のため捕獲は断念していた。

ただ、レックには大量のメスが来たので、明らかにここから来たのではない。教科書の記述から予想するに、どこか別のところにメスの大集団がいてもおかしくないのだが……。

ようやく納得のいくデータをとれるようになった。まだまだサンプル数が足りないが、後は作業を繰り返すだけだ。とはいえ、バッタの集団に出会えるかどうかは運次第。あと何年かけたら、十分な数の調査ができるのか途方に暮れようとしたが、この年は例年とは違っていた。

ちょうど作業が終わったとき、ティジャニが耳寄りな情報を持ってきた。

バッタ、襲来

「バッタが首都の近くまで来ているぞ！」

首都ヌアクショットの側では、普段、サバクトビバッタはなかなか見つからない。だから、致し方なく調査のために遠征をしなければならず、３００キロはバッタを求めて車を走らせねばならなかった。それが首都の近くで調査できたら時間の節約にもなるし、ありがたい限りだ。大風が吹き、首都の側まで一気にバッタを運んで来てくれたと考えられた。

防除センターは、バッタの大群を何が何でも首都に近づけたくなかった。首都には大統領官邸があり、やたらと緑が生い茂っている。それをバッタに食べられようものなら、防除センターはその存在意義を疑われる。存亡の危機にまで発展しかねない失態となる。

バッタが急にモーリタニアの首都近辺に出現したことを、バッタ防除を統括しているＦＡＯの担当者は疑ってかかった。例年にないパターンのため、どうせまた現地スタッフの勘違いだろうと信じてもらえなかったのだ。

ババ所長から、
「コータロー、お前の目でしかと見てきてくれ。お前の写真や動画という決定的証拠なら信じるはずだ」
と、特命を受けた。いつもは落ち着いているババ所長に焦りの色が見えた。

道路を南下して70キロ付近で、警備中のセンターのスタッフと合流する。あちこちに集団が飛来しているという。その中の一つに連れて行ってもらうと、確かに黄色のオスの集団がいて絶好の調査対象だ。

いつもだったらヤギを1匹あげて、彼らを買収すれば、心ゆくまで調査ができるのだが、今回ばかりは首都に迫っているため猶予がなく、明朝には農薬を散布して退治するとのこと。伝家の宝刀のワイロが効かないとは、よほど切羽詰まっているのだろう。

せっかくのバッタなのに退治するとはもったいない。とはいえ特例で、防除活動を遅らせてくれるのだ。約束の時刻まで、ありがたくみっちりと調査をさせてもらうことにする。

さっそくいつもの定期観察をしながら様子を窺う。これまで観てきた集団の中でもとくに大きそうだ。必殺のお持ち帰りもできるし、早めに辿り着けたこともあり、気持ちに余裕がある。ついでに何か新しいことも調査できそうだ。

奇跡

まずは勝負写真を撮影することにした。論文に使用する写真がボケていてはカッコ悪いからだ。いつもは調査にかかりっきりになるため、気合を入れてバッタを撮影することができなかった。

バズーカのようなレンズがビローンと伸びるカメラを沙漠で使用すると、砂ボコリが侵入して壊れそうなため、私は防水防塵のコンパクトデジタルカメラ（RICOH WG シリーズ）を愛用していた。ポケットに入るコンパクトサイズな上、とんでもないタフさで、調査中、頼もしい相棒となっていた。

ただ一長一短があり、離れた位置から虫のような小さい対象物をズーム撮影するのに弱く、近づかないと上手にバッタを撮影できない。カップルが続々と集結して来ている写真を撮影するために近づくと、案の定、逆サイドに歩いて逃げてしまう。もぅ、照れ屋さんなんだから。

カメラをその場に置き、インターバルタイマーで撮影するという大技もあるが、アングルが固定され、少しでも外すと台無しになるため、自力で撮影したい。

バッタが集まり始めた場所は開けた砂地で、産卵するには好立地だ。また戻ってきてくれという願いを込めて、その場に寝そべり待ち伏せ作戦を決行する。バッタは人が近づくと、大慌てで逃げ出すものの数十秒で横着し始め、1分後には何事もなかったかのように平穏な暮らしに戻る。10メートル先に逃げて行った大群があちらにたむろしており、彼らが私に気づかずにこっちに戻ってくれたら最高なのだけど……。

このままずっとバッタを眺めていても幸せだが、次の定期観測の時刻も迫っている。いつまでもこの場に寝そべっているわけにはいかない。己の欲求を満たすか、現実的にデータをとるべきか、やきもきしていると、奇跡が起きた。放牧されている牛さんたちがどこからともなくやってきて、ちょうど逃げて行ったバッタの近くを横切り始めたのだ。巨大生物の到来に恐れをなしたカップルたちは、私に向かって逃げ戻ってきた。わーおかえりなさい。

ちょうど私の目の前でたむろし、自然体でリラックスし始めた。牛さんの粋な計らいで、私とバッタは急接近。ここぞとばかりに近距離撮影を行う。殺意を殺し、我、自然の一部なりと同化し、カメラを向ける。憧れを間近で見られる、人生のボーナスタイムである。

牛さんのおかげで見事な写真を撮影できた。かくして、論文の見栄えを良くしてくれる強力な武器を手に入れることができた（運任せの撮影は不効率なため、後日、バズーカカメラを買った。ものすごく丁寧に扱わなければならないが、めちゃ便利だった）。

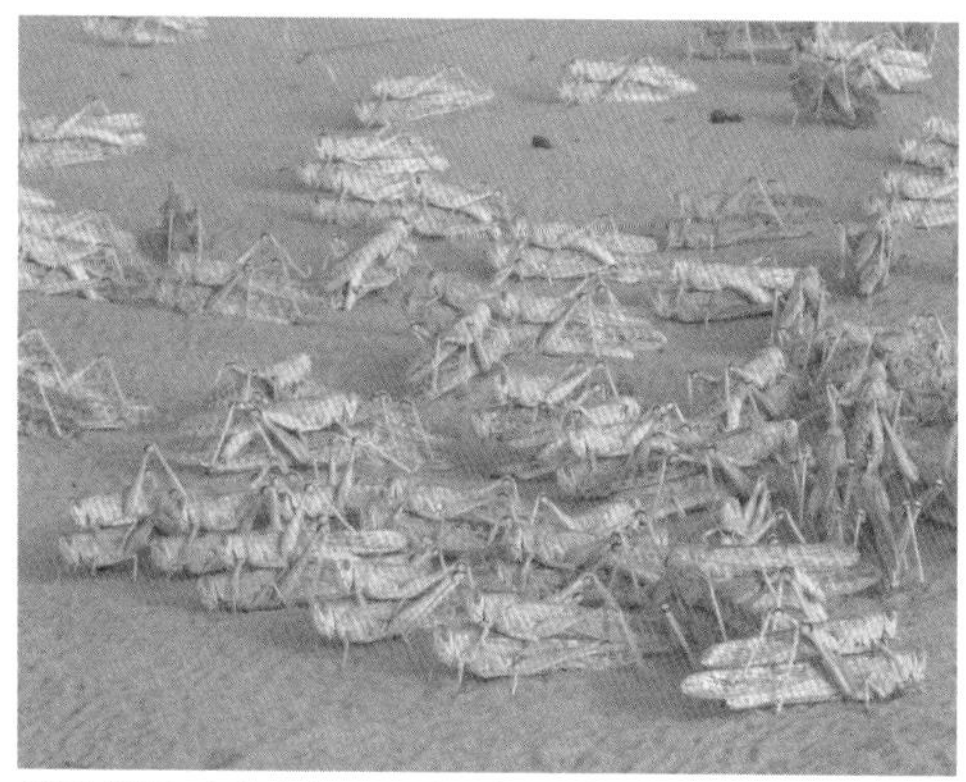

集団産卵しようとしているバカップルが目の前に集まってきたのは牛さんのおかげ

せっかく三脚の前にバッタが集まってきたというのに台無しにする牛。そこだけは通らないでー！

「我に宿りし力はこんなものではない」

まだまだ余力はある。他に何ができるかしら。

前々から気になっていたのだが、メスは1匹でも産卵できるのに、どうしてほとんどの産卵中のメスの背中に、オスが乗っているのだろうか。

前回の調査で、集団産卵の現場では翌朝になると、腹部がちぎれて死んでいるメスを数匹見かけた。中には、腹部が地中に差し込まれたまま引っ掛かって脱出できなくなっている個体もいた。

メスにとって産卵は非常にデリケートな行為のはずだ。腹部の節間膜をビローンと伸ばし、腹部の全長が通常の2〜3倍くらいの長さに伸びるおかげで、地中深くに産卵できる。腹部の節間膜は中が透き通るほど薄い。そのため、産卵中になんらかの衝撃を受けると腹部が容易にちぎれて致命傷を負うリスクがある。

最も脅威となるのは、血気盛んなオスである。産卵中に、交尾を企む複数のオスの闘争に巻き込まれようものなら、傷つく確率は上がるのではなかろうか。

そんな事態に陥らないように、産卵中のメスはオスをボディーガードとして背中に乗せているように思えた。産卵中のメスの背中に乗っているオスは、翅から他のオスを寄せ付けなくするフェロモンを出しているという先行研究（Seidelmann & Ferenz, 2002.）があったため、あぶれたオスたちは産卵中のメスにはちょっかいを出さないはずだ。「カップルで産卵中のメスは、他のオスから交尾をせがまれない」ことを確認しておく必要がある。ならば、調査しようではないか。

分身の術

産卵は数時間かかるため、これをその場でじっと観察し続けると他の作業ができなくなるため、目を増やす「分身の術」を使うことにした。デジタルビデオカメラさんのご登場だ。

夕方、ビデオカメラをカップルが集まってきそうな場所にセットし、自分は定期観察を行う。ビデオカメラの難点はバッテリーが3時間しかもたないことだ。切れる直前に換える必要がある。バッタに気づかれないように忍び足でゆっくりとカメラに近づかなくてはならない。これでも昔と比べたら大いに便利になったのだ。

それに研究費のおかげでビデオカメラを複数台購入できたし、バッテリーもたっぷり準備してきた。ローテクで研究するつもりだったが、便利なものはどんどん取り入れていく。

後日、じっくりとビデオ観察したところ、やはり地面を徘徊しているオスはカップルを積極的に襲っていない。たまに急接近したとしても、産卵するメスを守るオスは、近づくオスを後ろ脚で蹴って追い払い、交尾相手をライバルから守ることに成功していた（100%、n=100）。産卵中、カップルは他のオスに襲われないことを確認できた。

他の場所でもガード率を調べたところ、95%以上の高い確率であった（2012年：100%、n=74／2013年：98・9%、n=437／2016年a：100%、n=24／2016年b：96・9%、n=1056）。

シングルで産卵中のメスがオスに襲われるのかどうかは観察できなかったが、いつか実験的に確認する必要がある。

新しい調査地に出向くと、定期観察に解剖と大忙しで、骨がくだけそうな労働が続くが、地道にデータが積み上がっていくのが心身ともに支えとなった。

ババ所長に会心の写真や動画を見せ、バッタ襲来は本当だったことを伝えると、ほら見ろと嬉しそうな顔を一瞬したが、今年は防除で大忙しになりそうだと、一気に闘志を燃やす決意を込めた男の顔色が浮かび上がった。

グララの衝撃

「コータロー、グララでバッタが目撃されているぞ！」

いいか、ティジャニよ。人は、知らない単語を使われて説明されると、その情報が有益なのかどうか判断がつかないものなのだよ。何グララって？

グララとは、水を地下に溜め込み、緑の植物が長持ちするエリアのことだそうだ。ＧＰＳで地図を見ると、沙漠の真ん中に湖があるように、水分の存在を示している。グララはサッファ（塩湖）と違って塩分濃度が低いため、バッタのエサとなる植物がよく生え、繁殖地としてよく使われるそうな。

グララいいやん、最高やん！　グララに行こう！　行ってみよう！

今度は北上する。車で突っ走っていると、途中、バッタがちらほらいるエリアに差しかかった。今まではオスの集団を狙って調査してきたが、前々回、２地点同時観察をした時のように、それ以外の集団の性比がどうなっているかを知ることが、メスの挙動を解く手掛かりになるはず。本日は、このエリアで性比がどうなっているかデータをとり、明日、グララに向かう作戦に切り替えた。

このエリアは、密度は低いもののメスに性比が偏っている。大集団からはぐれたのか、それともこれから合流しようとしているのかはわからないが、交尾中のカップルは見当たらなかった。地味なデータながらも興味深い。

翌日の早朝、センターのスタッフと合流し、グララには集団が点在していると教えてもらう。すでに数カ所で防除活動を行ったとのことで、一部のエリアではバッタの死骸が地面に横たわっていた。

さすがはグララなだけあって、他のエリアに比べてフレッシュな緑色をした草が芝生のように生え、たくさんのバッタたちが草を食べている。うむうむたくさんお食べ。

非常に映える光景のため、いつもの調査を行う前に、まずは「バッタたくさんいるよー」をアピールする動画を準備することにした。私がビデオを三脚にセットして待機し、向こう側からティジャニにゆっくりと車を走らせてもらう。バッタの群れの中を車が走り、バッタ

車に驚いて飛び交うバッタ

が優雅に逃げ惑う素晴らしい動画を撮影することができた。

ふと、イタズラ心が湧いてきた。車に乗って速いスピードで走行中に窓から虫アミを外に出したら、めちゃラクしてバッタを大量捕獲できるのではないか？　トークイベントなんかで披露するネタにも使えそうだ。

ものは試しで、アシスタントに助手席に座ってもらい虫アミをセットし、私は後部座席からその模様をビデオ撮影した。面白いようにバッタを捕獲でき、アミがバッタの重さでしなるほどだ。

そのアミを受け取り、中のバッタを覗いた瞬間、思わず悲鳴をあげた。

「ギャーっ！　メスだらけやんか！」

車のスピードに任せて、明らかに無作為に捕獲したというのに、メスだらけということは……。地面にいるバッタを1匹ずつ、あらためて観察してみると、辺り一面にいる大量のバッタは、やはりメスだらけではないか！

久しぶりに電子レンジを使おうとして扉を開けたら、数週間前にレンチンしようとした冷凍食品がそのまま発掘されたときよりも驚いてしまった。

初見でメスの集団だと気づけないとは、何年バッタ研究者をやっているのだろう。恥である。気を取り直して、いつもの性比のデータをとる。ほんのわずかオスもいるものの、10割に迫る勢いでメスだ。なんということだ。半信半疑だったが、メスだらけの集団が本当に実在した。

「すごいぞ！　メスだらけの集団は本当にあったんだ！」

ジブリ映画『天空の城ラピュタ』で、空に浮かぶ幻のラピュタを見つけた時のパズーの心境ぐらいの衝撃だ……。

これまでメスに性比が偏った小規模の集団は確認できていたが、今回のは壮大なスケールでメスだらけだ。数万匹はいるだろう。しかも、レックで見つかったメスのほとんどはオス

メスだらけの集団

にマウントされていたが、こちらのエリアではカップルは見当たらず、全てシングルだ。
レックに飛来したメスは、ほぼ全ての個体が産卵直前の大きな卵を持っていた。目の前にいるバッタたちの卵巣は、セオリーに従うと発達中で、卵はまだ持っていないことになる。
いつもならお持ち帰りするところだが、今すぐに卵巣の状態が知りた過ぎる。ハードなのは知っているけど、その場で解剖することにした。仮説を検証するための最後の知のピースづくりが始まった。

ラストピース

プレゼントのリボンをほどくときのドキド

キに似た心境で、メスのお腹を開きまくり、卵巣を取り出して精査してみると、卵母細胞の長さが3ミリの個体もいれば、5ミリの個体もいる。卵は7～8ミリ前後のため、明らかに発達中だ。このメスだらけの集団には、色んな発育段階の卵母細胞を持ったメスが混じっている。

何度も解剖をこなしていると、どんどんと手際がよくなっていき、初めの頃に味わった煩わしさは薄まり、野外でもサクサクッとデータをとれるようになる。

得られたデータをノートに書き込み、頭の中で数値をプロットし、脳内作図を進める。調査している課題の傾向をいち早くつかむことができるのと同時に、記入ミス

採れたてのバッタをその場で解剖

を防ぎ、いつもとは何か違うことにすぐに気づくことができる。

この感動を忘れてなるものか。これは記念写真を撮らねばなるまい。「ティジャニよ、我が雄姿を写真にしておくれ」と感動の1枚を収めてもらった。

以前、ポポフは、群生相の集団の性比がオスに偏っているのは、メスが早死にするためだ

と結論していたが、そうではなく、メスが別居してメスだらけで集団を形成していたのだ。レジェンドの勘違いをこのデータは強く指摘するものとなる。

「集団別居仮説」を支持する決定的証拠、ラストピースにとうとう巡り合えたのだ。マジか～っと感動がとめどなく湧き起こった。

サバクトビバッタは５～６日おきに産卵するが、卵巣発達中、エサをモリモリ食べる。グララは卵巣を発達させるメスにとって絶好の餌場で、各地から集結したのだろうか。

ずっと追い求めていた知のピースは「集団別居」という、前代未聞のサバクトビバッタの繁殖システムを裏付ける強力な武器となるはず。教科書に載っていたセオリーにドンピシャ当てはまり、なんだったらそのモデルはサバクトビバッタのためにつくられたのではないかと疑ってしまうレベルだ。

２０１６年はその後、３カ所で性比に関するデータを取得することができ、大当たり年となった。干ばつでバッタがまったくいない年もあれば、この年のように風がバッタを運んで来てくれることもあり、サハラ沙漠は本当に気まぐれだ。

メスの集団内の個体は色んな大きさの卵母細胞を持っている。明らかに卵を作っている途中だが、群生相化したサバクトビバッタのメスがどうやって卵を体内で作っているのか、その生理的な卵巣発達プロセスを誰も精査していなかった。

この点を明らかにすれば、科学的にメスの集団は卵を作っている最中であることを示すことができる。このデータを取得するには、かなり精密な飼育実験が求められるため、どこかで飼育室をお借りして調査するしかない。あいにく、モーリタニアにはないため、よそに出稼ぎに行く必要がある。

どこで何が役立つのかわからないのが人生の面白いところだ。意図せず、すでに出稼ぎ先を準備していた。

※次章、常軌を逸した長い前フリ後、出稼ぎ先の正体が明らかとなる。出稼ぎ先が一体どこになるのか、気に留めた上で読書を続けられたし。以上、業務連絡でした。

第5章　モロッコ編——ラボを立ち上げ実験を

ラボを探して三千里

あの機材が、あの特別な飼育室があれば、あんなこんな実験ができるのに。実験設備は高額だったり、場所をとったりするため、全てを自前で揃えることはなかなか難しい。よそ様の大型ラボが輝いて見えることは往々にしてあるが、自分にないものは仕方ない。己の不遇を呪い続けるよりも、どこかのラボにお邪魔させてもらうに限る。

こんなとき最も重要なのは、人と人とのつながりだ。知り合いならば受け入れてもらいやすくなるし、無理を承知でお願いしやすい。見知らぬヤツを引き受けてみたら、実はどこかのライバル研究室の手先で、破壊工作をかまされてラボを粉砕される可能性だってあるのだ。研究者にとって学会の懇親会や飲み会などは貴重な出会いの場である。

前章から少しさかのぼる２０１４年、私はとある実験をして学会発表するため、どこかで実験をさせてもらえないかラボを探していた。

サバクトビバッタは気軽に飼育できない昆虫だ。ほとんどのラボではバッタを飼育するために、飼育室を30～32℃の室温にして、なるべく低湿度をキープし、コムギの芽出しを餌として与える。かなりのスペースや飼育ケージの数、それにマンパワーが必要となる。

その上、「越境性害虫」のため、生息していない国では植物防疫上、正式な手続きを踏み、絶対に脱走されないような条件をクリアした飼育室でしか維持できない。密輸しようものなら新聞沙汰の不祥事として、各方面からこっぴどく怒られてしまう。

とはいえ、世界を見渡すと、サバクトビバッタを対象に研究しているラボは複数あるため、なんとかなるとタカをくくっていた。

私はこれまで、共同研究者のフランス人のシリルが所属する研究所CIRADで飼育実験を行ったことがあった。だが、頼みの綱の彼はモロッコのサバクトビバッタ防除センターに長期赴任中で、彼が不在のフランスで飼育実験はしづらい。

シリルによると、モロッコでは温度管理システムがまだ準備できていないとのこと。どうせなら別のラボで実験できたら学ぶことも多いだろう。そこで、最初に目をつけたのが某国にある研究所だった。かつてサバクトビバッタの研究を精力的に行ったこともあり、コンタクトをとって下見に訪れることになった。

飼育室に案内してもらうと、今はサバクトビバッタを専門に研究する者がいないそうで、系統維持用の飼育ケージが一つあるだけだった。

同じラボで似たような実験をする者が複数いると、協力もできるが、資材やスペースの奪い合いが生じることがあり、新参者はとくに遠慮しなければならない。ライバルがいないのなら、独占して飼育実験ができ好都合である。

研究所には、段ボールを開封すらしていない高額な解析装置が所狭しと置いてある部屋があった。案内してくれた方が自慢げに「総額3億円はくだるまい」と言う。ヨーロッパ諸国から寄贈されたが、使いこなせる者がおらず、そのままになっているとのこと。宝の持ち腐れ感たるやハンパない。

研究所が位置するエリアは大変治安が悪いらしく、夜道の一人歩きはもってのほか。外出は控える必要があるが、1泊70ドルというホテル並みの宿泊費を払えば、研究所敷地内のゲストルームに滞在可能とのこと。観光に来るわけではないので問題はない。

なんとかここで実験させてもらいたいと思い、自身が手掛ける研究の重要性を訴えるプレゼンを行う。予定していた所長は外国出張で不在とのことで、身分の高そうな方に、思いの丈をぶつけた。

飼育実験に必要な研究費は全て私が支払い、是非とも飼育室を借りて実験したい旨を先方に伝え、好感触を得て受け入れ許可を待った。だが、1カ月経っても、2カ月経っても、受け入れ準備が整っていないとの理由でなかなか許可が下りない。これまでも決して多くはないが、日本人研究者がこの研究所で実験していた実績があったにもかかわらず、何をてこずっているのだ？　すぐさま実験したいのに。焦燥感に駆られる。

ダメならダメとはっきり断ってほしいのだが、ズルズルと先延ばしするのはなぜなのか？

「所長が代替わりしたから、所内のルールを確認中だ」とのことだが、なんの焦らしプレイだよ。予算は全てこちらで負担し、共同研究として論文発表したら先方にも旨味があるはずなのに……。

数年後、とある情報筋より、当時の私の考えは極めて浅はかで、現地の研究者事情をまったく考慮していないものであることを知った。

日本では、所属機関が研究者に給料を支払い、外部から獲得した研究費は、その一部が所属機関の間接経費となり、残りを研究費として使用する。だから、外部から高額の研究費を獲得できたとしても、研究者の給料が格段にアップするようなことはないのが一般的だ。

ところが、某国現地研究者は、外部研究費から自分自身の給料をもらうらしい。そのため、自身の生活の糧（かて）を得るため外部研究費獲得に躍起になっている。だから、外国から研究者が手弁当でやってきても彼らには金の足しにならないのだ。むしろ事務手続きが増え、面倒なことこの上ない。たとえ予算規模が、1万円であろうが10億円であろうが、事務員や研究者が手掛ける事務手続きの作業の量はほぼ一緒だからだ。

私が業績をあげた後、

「お前がうちの研究所の施設を使って研究するアイデアを出し、プロポーサルを書いてどこかから研究費を獲得してもってきてくれ。ただし、1000万円以上のプロジェクトでなければ、うちでは行えない。だから、お前はそれ以上の額のプロジェクトを持ってきてくれ」

との現金なメールが、その研究所の職員から届いた。

話を戻すと、3カ月経ったところで、こりゃあダメだと見切りをつけた。シリルとスカイプでミーティングをし、現状を相談したところ、ちょうどバッタの飼育がうまくできるようになったので、モロッコに来て実験してみないかと誘ってくれた。ありがたし！　今度は下見をすることなく、ぶっつけ本番、現地で実験をすることにした。

地元の秋田からモロッコまでの距離、実に2906里（1里は4キロメートル）。

※「母をたずねて三千里」の、1里は4キロメートル、三千里は1万2000キロで、主人公はイタリ

アからアルゼンチンまで移動し、その距離が三千里とのこと。地元の秋田からモロッコの滞在先まで1万1626キロだから、厳密には少し足りないけど、距離感的にはちょうどだ。

日の沈む国・モロッコ王国

モロッコ国立サバクトビバッタ防除センターは、モロッコの西部海岸に面する都市アガディールにある。夏になるとヨーロッパから多数の観光客が押し寄せ、ビーチでのんびりできるリゾート地で、高級コスメティックとして名高いアルガンオイルの産地で有名だ。

ただ、センターはビーチからは離れた内陸の田舎町にあり、しかも私が訪れたのは冬で、遠くにそびえるアトラス山脈の頭は雪化粧され、東京の冬並みに寒い。バカンス気分は冷気によってすぐさま引き締められた。

モロッコはモーリタニアの北側に位置し、環境はがらりと変わって緑が生い茂る農業エリアが多数ある。冬のため

モロッコ国立サバクトビバッタ防除センター

左がフランス人研究者のシリル、右がマリ人の博士号取得直前のソリ

植物は枯れ気味であったが、それでも街路樹にはミカンが生い茂り、日差しも穏やか、潤んだ気候で健康に良さそうである。

センターは庭木がこぎれいに整備され、オリーブが茂り、ニャアニャアと甘えてくるノラ猫さんが多数住み着いており、人々の優しさが滲んでいる。3階建てコンクリート造りの建物に入ると、バッタがモロッコを襲った時のパネルや、モロッコの王様がセンターを訪問したときの記念写真が飾られていた。

シリルのオフィスには、マリ人のソリがいた。彼とはモーリタニアで一緒だったこともあり旧知の仲だ。シリルがソリを指導し、群生相の幼虫の行動に関するデータを野外で取得したのだが、博士課程3年の間にドンピシャで群生相に遭遇できた、とんでもない強運の持ち主でもある（投稿論文が受理されないため、学位がとれずにやきもきしていた）。再会を分かち合う。モロッコ人女性で、シリルの指導を受けている博士課程のジャミラも同席していた。

まずは上層部の方々に挨拶周り。所長のサイドゥ・ラァウドは海外出張中とのことだが、モーリタニアでもお会いしたことがあり、うちにも研究しに来てくれと前々からお誘いをいただいていた。

そして、待望の飼育室と実験室を見学させてもらう。センターのメインの任務はバッタ退治であり、研究活動は盛んでなかった。2カ月前からようやく温度管理ができるようになったそうだ。

部屋に入った瞬間、むわっとした熱気と、バッタの香ばしい匂いと草とフンが乾燥して混じり合ったナッツのような独特の匂いに包まれる。

サバクトビバッタはその名の通り砂漠で生息しているので暑さに強く、高温ほど早く発育する。ほかの昆虫ならダウンしてしまう50℃に置かれても平気なのだが、そんな高温で飼育すると、作業する人間が壊れるため30～32℃で飼育するのが世界共通の作法だ。この飼育温度だって大概ではあるが、妥協点となっている。

こちらでは、動物園の昆虫展示に使われているような、大の大人がかがめばすっぽり入るほどの大きい飼育ケージでバッタが集団飼育されている。

エサにあげている草がなんの植物なのかシリルに聞いたが、わからないとのこと。バッタの飼育を担当しているファリッドに聞くと、研究所の庭で採った「ココク」だと言う。心当たりがない。ジャミラも現地での呼び名しかわからず、英語でなんというか知らないとのこと。得体のしれないエサを与えており、安定供給できるのかさっそく不安になる。

後日、ウバロフの教科書を読んでいたら、バッタに与えると発育不順を引き起こす草が紹介されており、こちらで使用している草にそっくりだった。

そもそも研究所に自然に生えている草だと、ちょっと多めにバッタを飼育したらあっというまに枯渇(こかつ)してしまう。世界的にはコムギの芽だしを与えているので、適切な餌を安定供給するための流通システムをセットアップする必要がありそうだ。

お次は実験室。飼育室のお隣で、乾燥機、冷蔵庫、顕微鏡、電子天秤、流し台に大きなテーブルがある。広さは20畳はあり、使い勝手がよさそうだ。棚には過去に採集された歴代のバッタの標本が飾られており、威厳が漂っている。地下だけど、窓が地上すれすれに位置しており、日が優しく差し込んでいる。

人様のラボに入れてもらえたからといって、勝手に引き出しや冷蔵庫を開けるのはマナー違反だ。許可を取ってから、棚のトビラを開けて、飼育容器のストックを調べる。ふむふむ、実験するには全然足りないし、そもそも採卵用には使えない。

バッタ研究は飼育容器の数がものを言う。短期決戦の実験では、時間が最も貴重なので、圧倒的物量で一気に飼育して実験を進めたほうがよい。

採卵できるケージが20個しかなかったが、１００個は欲しい。金属のフレームで作られており、無駄に縦に細長いためデッドスペースが満載だ。実験に使用する飼育容器の大きさや形状には、当然ながら気を遣う必要がある。

一人暮らしのアパートにいきなり10人くらいが押しかけてきたら、色んな大きさのコップを出してもいいけど、飼育条件を揃えなければならない実験では、飼育容器の大きさと形状を揃える必要がある。金属製の飼育容器は頑丈で見た目も立派だが、限られた職人しか作れず、時間もかかるし高額になりがちだ。

今回の滞在予定は3カ月。その仕事っぷりを知らない

モロッコを襲ったサバクトビバッタの標本

グータラ職人にオーダーメードしたら間に合いそうもない。そこらへんで気軽に大量に入手できる物を活用し、箱のフタに網を張るなど工作したほうがまだよさそうだ。

飼育を担当しているのはなんでも屋のファリッド。渋い声が特徴で、お祈りの時間をみんなにうながすアナウンスを担当している。落ち着いて、淡々と作業をするも、ときおり見せるニヒルな笑顔がステキだ。少数の飼育であれば彼一人で十分にまかなえるが、私が実験を始めると、爆量の作業が必要となる。飼育ケージや実験機材を洗ったり、エサを替えたり、採卵用の川砂を確保し高温滅菌したり、掃除したり……。

私自身がやらなければならない作業として、卵のサイズを顕微鏡で測定したり、ふ化幼虫の体重を量ったり、解剖をしたりなど。時間がかかるため、私はつきっきりになってしまう。私でなくても大丈夫な作業は、誰かに手伝ってもらう必要がある。ジャミラもこれから群生相の幼虫を使って行動実験をする予定のため、飼育が大切になる。彼女の学位は、私が準備するバッタにかかっている。私が全力を出すのは大前提だが、事を進めるには、助っ人が必要になるはずだ。

現状を整理する。３カ月と限られた滞在時間の中で、①エサの確保、②飼育容器の開発、③アシスタントの問題をクリアすること――これらが、実験を円滑に行うためのカギとなる。早く準備できればその分、実験を何度も繰り返すことができる。

そもそも、実験の前に、新天地での私自身の生活基盤を整える必要がある。モロッコにはドライバー兼通訳のティジャニがいないため、なんとか一人でやっていかなくてはならない。細かいことをみんなに通訳してくれるシリルは、１週間後にクリスマス休暇でフランスに戻るため、出だしの１週間が勝負だ。

京都大学時代、同じ研究室に所属していた矢代敏久博士（現・農研機構）に、難問に直面してとんでもなく困っているときに、

「前野さん、何か問題に直面したらその問題を紙に書き出してみたらいいですよ。頭の中で整理できて、次に何をしたら解決できるのか、思いつきやすくなりますよ」

と、アドバイスをいただいた。

問題にぶちあたるとこの世の終わりくらい悩むことが多かったが、この助言のおかげで冷静沈着かつ果敢に問題と向き合えるようになった。まずは異国での生活基盤を整えよう。

モロッコでの暮らし

何をするにも、まずは人が人として尊厳を保ち、健康的に生活できる環境を整える必要がある。センターの中にも宿泊施設はあるが、あろうことか農薬保管庫の隣に位置し、ただならぬ空気を吸い込みながら毎日寝泊まりするのは不健康であり、3カ月も住むのは管理人から推奨されなかった。

ラッキーなことに、車で20分ほど離れたところに安ホテルがあり、職員のラグナウィの友人が経営しているとのことで、長期滞在特別価格で宿泊できることになった（1泊1500円ほど）。

ホテルのトイレとシャワーの距離がやたら近い気が……

こぢんまりとしたコンクリート造りの部屋には、ベッド、テーブル、トイレとシャワーがあり、電気も使える。キッチンがないため自炊ができないが、併設しているレストランで食事はとれる。暖房機材がないのが玉に瑕（きず）だけど、電気ヒーターを持ち込むことで暖はとれる。

モーリタニアは交通ルールが崩壊寸前で、私の貧弱なドライビングテクニックでは事故る自信しかなかった。そのため、どこに行くにもティジャニに運転をお任せしていた。ただ、センター内のゲストハウスに住んでいて毎日の通勤がないから、そんなに頻繁に運転をお願いするわけではなかった。

今回は毎日、車で通勤する必要があり、かつ何時に実験が終わるかわからないから、自分でレンタカーを運転することにした。あらかじめ日本で国際免許証をゲットしていた。日本の各都道府県にある運転免許センターに、免許証とパスポート、証明写真と手数料を持っていき、必要書類に記入して手続きをしたら即日にすんなりもらえる代物だ。

日本での愛車は右ハンドルのオートマだが、アガディールの街のレンタカー屋さんを数軒回っても、どういうわけかオートマを貸し出しておらず、マニュアルしかないとのこと。運転免許を取った時以来14年ぶりのマニュアル運転に加え、左ハンドル、右側通行である。当然のことながら、シフトレバーは右手側にあるが、クラッチの絶妙な踏み込み加減をすっかり忘れており、なおさら頭がこんがらがる。

ウインカーを出そうと、いつものようにハンドルの右側のレバーを操作したらウォッシャー液が噴出し、フロントガラスが不必要に綺麗な状態を保ち続けるというお決まりを何度もかましてしまう。いとも簡単に運転していたティジャニのありがたみを思い知る。

とりあえず1週間は、センターのドライバーをしているシャディッドに送迎してもらい、その間、センター内の道路で練習を積んでから一人デビューすることにした。交通マナーの良いアガティールならなんとかなるだろう。

左がなんでも屋のファリッド、右がドライバーのシャディッド

彼はホテルの側(そば)に一軒家を構え、フランス語をちゃんとしゃべれない私に独り言のように話しかけてくれる気さくな性格。ティジャニとはぶっ壊れたフランス語で流暢(りゅうちょう)に会話できていたが、フランス語をしっかり勉強してこなかったことを後悔する。

とはいえ、まったく会話ができないわけではなく、ところどころ意味はわかるし、こちらの言いたいことも無理やりながらいびつに伝わる。2人のお子さんがいて、おそらくは言葉を覚えたての幼児に触れ合った経験があるから、私のひどいフランス語でも意味を汲み取ってくれるのだろう。またもや相手に助けられた。

私は露出狂ではないが、ズボンのチャックを閉め忘れるクセがある。シャディッドはそれを見つけると、その度に、

「アララー、コータロー、閉め忘れているぞ！　車の運転と一緒で注意が必要だ！」

と嬉しそうに注意してくれて、一緒に笑い合った。「社会の窓」は万国共通のありがたい下ネタで、国境を越えて仲良くなるのに一役買ってくれた。

エサの確保

前述のように、小型の部屋かグリーンハウスを準備してコムギの芽だしを栽培し、バッタに与える方法が世界的に採用されている。だが、ここでその設備まで準備するのは無理である。

バッタは色んな種類の植物を食べるが、センターの近くは本来の生息地ではなく、大量発生したときに群れで飛んでくるくらいだ。野生の良さげな植物は繁茂していないし、季節は冬だ。おまけに、近くに手ごろな畑は見当たらない。草問題をどうしようか。早急に解決しなければならない。

シリルの車で昼飯に出かけたときに、野菜の卸業者らしき建物の前を通った。積み上げら

れたカゴから野菜が溢れている。もしかしたら、バッタのエサになりそうな、安定供給可能な葉物野菜があるかもと期待して、手が空いた夕方に訪ねると、すでに出荷済みでカゴだけが残されていた。

なけなしのフランス語で、どこで野菜が買えるかおじさんに聞いてみると、マルシェ（市場）に行ったらいいとのこと。センターに戻り、聞き込みをすると、シャディッドが市場の場所を知っているとのことで、翌日、連れて行ってもらうことになった。

明朝、ホテルに隣接したレストランでカフェオレとクロワッサン（約130円）をいただく。オープンカフェだが、ストーブは焚かれておらず、めちゃ寒い。カフェオレからは湯気が元気よく立ち上り、角砂糖を入れるとあっという間に溶けていく。一口大に引きちぎったクロワッサンをカフェオレに浸すと、サクッと感とジュワッと感を一度に味わえておいしくて美味い。甘さと温かさが腹に染みわたり、指先に温まった血液が流れ込んでくるのがわかる。

シャディッドに迎えに来てもらい、センターに行く途中にあるマルシェに寄って、野菜販売の市場調査を行う。ものの5分で辿り着くと、道路脇にたくさんの屋台がお祭りの出店のように並び、カラフルな野菜で彩られ、威勢の良い声が飛び交っている。

どれどれと眺めてみると、あらー！　レタスにキャベツもあるじゃない！　しかもたっぷりと。モーリタニアでバッタ飼育実験をするときはレタスを利用しており、バッタの威勢の良い食べっぷりを確認済みだ。

朝飯。モロッコのパンは丸くて身がぎっしり

マルシェの風景

さぁ　気になるお値段はいくらかしら。昔ながらの天びんに重りを載せての量り売りだ。モロッコの通貨の単位はディルハムで、ＤＨと略される。当時のレートは1ディルハム＝13円。レタスは3束5ＤＨ（65円）、キャベツは2玉（2・5キロ）で9ＤＨ（117円）。さすが地元で生産しているだけあり、お値打ち価格で家計も大助かりだ。屋台ではモリモリの量が売り出されているため、買い占めてモロッコのご家庭からひんしゅくを買うことなく、十分な量を確保できそうだ。

ただ、心配なのはその質である。シリルによると、モロッコの野菜は多くがヨーロッパに輸出されるため、ほとんどの野菜に農薬が使われており、農薬を使わない有機農法は5％以下だという。バッタは農薬に弱く、農薬が使われた草を食べると食中毒を起こして死んでしまう。見た目では農薬が使われているかどうかはわからないし、販売している人に聞いてもわからぬとのこと。まぁ、物は試しに買ってみよう、やってみよう。

毒見バッタ

購入した野菜をセンターに持ち帰り、さしあたり水道水で丹念に洗う。少しでもヨゴレを洗い落としたい。昔、居酒屋でバイトしていたときに大量のレタスを洗う経験がここで生きた。砂とかゴミなら水洗いで落ちるけど、農薬を落とすことができるかどうか不安である。

そこで、「毒見バッタ」にご登場いただき、様子を窺うことに。あらかじめエサ抜きにして腹を空かせていたバッタたちは、さっそくレタスとキャベツにかぶりつく。生贄（いけにえ）にしてしまい、すまぬ。その後2時間経過しても元気そうだ。ちゃんとあげた草を消化し、フンもしているので、本日お買い上げの野菜は大丈夫だろう。

しかしながら、毎日、毒見で確認してから餌をあげるのでは時間がかかって効率が悪い。そこで、今日の野菜は明日のために使う作戦に出た。安全性が確認された野菜を冷蔵庫にキープして翌日使い、時間を節約する。

新鮮なほうが美味そうな気もするが、サバクトビバッタは、同じ種類の草でもフレッシュなうちは食わないが、しなびてから食べることも報告されている。これでひとまずエサの確保は大丈夫そうだ。

毎朝、センターへの通勤途中にマルシェに寄ってレタスを買っていくのが日課となった。同じ店で何度もお買い物をして顔を覚えてもらうと、大盛りにしてくれたり、キュウリを1本くれたりとサービスが増えるありがたいシステムだった。私にとって、虫がついている野菜は最高の安全保障だ。

行きつけになったハッサンの八百屋

芯をとり、水を張ったタライにレタスの葉を1枚ずつほぐして入れて、ジャブジャブと砂や汚れを洗い流す。これを2回繰り返したら、葉の表面を念入りに1枚ずつ水洗いし、砂粒一つ残らないレベルで徹底的に綺麗にし、その後水気を切る。複数のレタスから小さくちぎった葉をバッタに与えて毒見させる。ありがたいことに、滞在中、毒見バッタが死をもってエサの不具合を訴えてくることはなかった。

徐々にレタスの量が増えてくると、冷蔵庫の中に元々入っていた何やらよくわからない物品が邪魔になってきた。ファリッドに持ち主を聞き出し、別の冷蔵庫があるならばそちらに移動してもらえないか確認したらＯＫとのこと。

ちなみに中身は、バッタを専門に殺すカビ剤だそうで、それを聞いて意識が遠のく。いくら密閉しているからと言って、バッタを殺す薬剤と同じ冷蔵庫の中に、レタスを入れていたことに恐怖を覚えた。ラボの冷蔵庫には忘れ去られた遺物があり、怪しげな色をしていることが多々あるが、今回の保管品は考えうる中でエサとご一緒させたくない特級呪物であった。

コムギ栽培システム

とりあえずレタスとキャベツの確保はできそうだけど、前述のように、ほとんどのラボでは、コムギの芽だしをエサとして利用している。ラボ間の結果を比較する際には、みんなと同じエサを使うほうが好ましい。しかしながら、センターではまだコムギの芽出しを栽培するシステムはまったく構築されていない。

このままレタスを使用できそうだけど、モロッコで農民一揆（いっき）が起こってマルシェが封鎖されたり、何かトラブルが起きたりしたらたまったもんじゃない。ということで、念のため、コムギ栽培システムも準備することにし、自分たちで作ってしまうことに。

4段のメタルラックの各棚の底に、植物の成長を促す蛍光灯を取り付け、一段ずつに細長いトレーを置き、そこでコムギの芽出しを作る。種を撒くタイミングをズラせば、毎日のようにベストの大きさに成長したコムギを収穫できる。

業者に来てもらい、シリルに詳細を説明してもらう。4段の棚に穴をあけて電灯をくりつけるだけなのに、やけに議論している。どうやら色々とカスタムして無駄な機能を付けようとしているようだ。棚を引き出せるようにとか、スイッチ一つで全ての電灯を付けられるようにとか、ずいぶん多機能な棚を考案してくる。

センターの研究施設の発展に貢献するのはやぶさかではないが、持ち帰れないものに多額の資金は投入したくない。長期で見ればコムギの芽だしが一番良いが、短期滞在の場合、あまり金をかけずに済ませたい。モロッコの職人の腕を拝みたいところではあったが、余計な機能は省き、シンプルなものを作り上げてくれるようにお願いした。

コムギの種と園芸用の土を用意すれば、とりあえずは育てることができるが、十分な餌を確保するためには、かなりの量を育てなければならない。コムギの種にも色んな種類があり、中には種に農薬がかかっているケースもあるそうな。それらを一つずつ試していく時間はなさそうである。

悩んだ末、やはりレタスをメインで使うことにした。プランAがポシャったとき、すかさずプランBを実行して損害を最小限に抑える工夫は、おそらくどの業界にも通じるだろう。コムギ栽培システムは、この後、ジャミラの実験で使用することになり、無駄にはならなかった。

種屋さんでフスマも購入した。フスマとは、コムギを製粉するときに除かれる主に外皮で、乾燥したフレーク状になっており、バッタが好んで食べるサプリメントとして使われている。

また、バッタは地中に産卵するが、室内実験する場合には採卵用の砂が大量に必要になる。ファリッドにお願いし、人力で持ち上がるギリギリの重さの川砂が詰まった袋を5つ準備してもらった。水洗いして余計なゴミを洗い流し、60℃のオーブンに2日間入れてしっかりと水分を飛ばし、滅菌もしておく。これにより、保温中の卵にカビが生えづらくなる。

飼育容器の開発

バッタ研究では、大きなケージで大量のバッタを集団飼育するのが定番だが、今回の私の実験はメス成虫を単独飼育し、かつ卵を個別に採集しなければならず、もっとも手間暇がかかるやっかいなものだ。

飼育ケージの中に、湿らせた砂を5～10センチの深さにした容器を置いておくと、バッタがそこに来て産卵してくれる。それをほじくり返して採卵する。

単独飼育のために大きな飼育容器を使うと、飼育室内がすぐに満杯になってしまうため、なるべく小さい容器にする必要がある。お手頃価格で、大量購入可能で、洗って再利用可能で使い勝手の良い単独飼育システムを構築する必要があった。

他のラボでは、特注のメタルケージやプラスチック容器、木製容器を使用している。業者にお願いしていては、時間がかかりすぎるし、おまけに高い。市場に出回っている材料に手を加えて、手作り容器を大量生産することが現実的であった。

サバクトビバッタは湿度が低い砂漠に住んでいるだけあって、乾燥にはめっぽう強いが、高湿度になると不審死することが多い。密閉した飼育容器に草と一緒に入れておくと湿度が高まり、明らかに不快そうだ。なのでケージの側面はメッシュにして通気性を良くしておく必要がある。

バッタは何かにぶら下がったり、しがみついたりした状態で脱皮するため、メッシュは脱皮する足場としても活躍してくれる。今回は成虫のため脱皮の心配はないけど、通気性の確保は必須である。

ということで材料探しの旅に出かける。

知らない街、とくにアフリカではどんな材料があるかわからず、お買い物は宝探しのような楽しみがある。

まずは、外国人向けの高級ホームセンターにシリルが連れて行ってくれた。日本と遜色ない品ぞろえだ。値段はちと高いくらいだが、悪くない。これだけの物資があったらいくらでも工作できそうだが、民衆向けの市場のほうが格段に安いそうだ。全部回ってから決めても遅くはない。

庶民派のファリッドに、これくらい大きい容器を見つけてきてくれとお願いすると、1個5DHの容器を見つけてきてくれた。こいつを改造して単独飼育用の容器にするのも悪くはない。

プラスチックの側面をカッターで切り抜き、メタルメッシュを張り付けて通気性を確保した容器をデザインした。これをファリッドに作ってもらったが、1日に2～3個しか作成できない。時間の制約があるため、生産の遅れは重大な問題だ。何か良い材料がないか、さらなる市場調査が必要である。

苦労と経験とザルは重ねるに限る

あくる日、本日の任務を終了し、ドライバーのシャディッドにお願いして、足りない研究

プラスチック用品をやたら売る店

資材を買い足しに市場に連れて行ってもらう。

今回は庶民が利用する市場がお目当てだ。市民市場のほうが物価は安く、なによりモロッコの普段使いの市場がどんなものか楽しみだ。

大きな通りの両サイドにはコンクリート造りの店が連なり、人でごったがえしている。屋台や路肩に敷いた絨毯(じゅうたん)の上に商品を陳列し、活気が溢れている。

服、靴、メガネ、時計をはじめ、テレビのリモコンだけを売っているストイックな露店から紐の専門店まで多種多様。その中の一軒がプラスチック用品専門店だった。

色んな大きさのタッパーやらバケツやらが所狭しと並ぶ。実験に使えそうな手ごろなものを低価格で見つけ、大量購入しようとするも、そんなに在庫はないから来週来いと言われる。今日は購入しなくても、いずれ実験に必要になったときのために店内の写真を撮らせてもらう。

実験をしていると、ちょっとしたものが咄嗟(とっさ)に必要になることがある。いちいち買いに行くのは時間のロスなので、少しでも使う可能性があるものや使い回しできそうなものを買っておく。二人して両手いっぱいにプラスチック用品を抱えて車に乗り込む。

実験に使う道具を工夫して手作りするのは大変だが、完全に図画工作の延長でお楽しみ時間でもある。

翌日、通気性が良くて、採卵も可能な容器の考案に取りかかる。手持ちのタッパーやコップを組み合わせ、イメージを膨らませる。机の上であれこれ考えるより、実物を組み合わせてみたほうが思わぬ気づきが生まれやすい。

タッパーの上にザルを載せてフタにしたらちょうどいいのではないかと思い、試してみるもいまいちだ。ところが、ザルを元の場所に戻そうとしたとき、閃（ひらめ）きが走った。ザルを向かい合わせにドッキングさせると、ちょうどよい大きさのケージになるではないか！　しかもこのザルは長方形なので、並べやすく扱いやすい。両端を紐でくくれば、あらヤダ、あっというまに単独飼育用の容器に早変わりだ。

しかもプラスチック製品だから、切るなどの加工がしやすい。ザルは一つ2DH（26円）、採卵床をセットする用の容器は一つ2・8DH（36・4円）、すなわち、ワンセット100円

ザルを組み合わせた採卵用ケージ。通気性抜群だし、個別に採卵できる

横から見る

で準備できる破格の安さだ。

このザルを重ねるアイデアは、モーリタニアでゴミダマを実験に使う際に編み出したものだ（『バッタを倒しにアフリカへ』参照）。日頃は眠っている経験がちょっとしたきっかけで目を覚まし、助けてくれる。苦労と経験とザルは重ねてみるもんだ。

会心のアイデアに思わずウットリする。持ち運びも楽で、洗えて再利用可能だし、使わない時は楽に重ねることができて収納もばっちり。これはいい、これはいいぞ。大きさも手ごろだし、なんてったって通気性抜群。ただのザルにこんなにも感動したのは人類史上初ではなかろうか。一気に目の前が広がった。

工作職人のファリッドに、ザルの片方の底の中央部を四角く切り落とし、湿らせた砂を詰めた容器の上に置いたら採卵できるはずだとデザインを渡したところ、「ほほう、面白いこと考えるじゃないか！」という眼差しをいただき、さっそく試作品を作ってくれた。

ナイフを火で炙れば、プラスチックを簡単に焼き切る炎の剣と化す。体に悪そうな香りが漂ってくるものの、手慣れた様子でスパスパと余計な箇所を切り落としていく。理想以上に素晴らしいケージになった。

さっそく産卵しそうなメス成虫を入れて採卵できるか試したところ、すぐさま産卵してくれた。我々は歓声を上げ、互いの雄姿を称え合う。確かな手ごたえをつかむことができた。さっそくお店に大量注文し、入荷する度に受け取りに通うことになった。

産卵中のバッタ。撮影のためにザルは外した

お手製のケージを大量に作るファリッド

ムッシュ・プラスチック

注文したプラスチック用品を受け取りに行くときにも、実験につかえそうな商品がないか目を光らせ、厳選なる物色の末に大人買いする。ドッキング用のザルは200個購入し、さらに予備用に追加で100個注文。これで少なくとも150匹単独飼育できる。

連日にわたってプラスチック用品を買い漁るもんだから、シャディッドが、

「ムッシュ、プラスチック・コータロー」

と、私にあだ名をつけてゲラゲラ笑っている。

なんでも店主が、なぜあのアジア人はこの店に入り浸り、商品を大量に注文したり購入したりするのか不審に思い、何の目的で購入しているのか聞いてきたそうだ。その回答が、「バッタ飼育」だったため、余計に混乱しているとのことで、ご機嫌になっていた。

実験を始める前に、必要な数だけを買うのが経済的だが、洗ったり、別の用途に使いたくなったりした時のことを考え、少し余計に買うのがよい。しかも、アフリカでは「欲しいものは即買いせよ」が鉄則だ。同じ商品に出合えない可能性があるため、一気にまとめて買う必要がある。

1週間でエサと飼育容器の問題をうまく解決できた。驚異的な快進撃だった。まだ課題はあるけれど、働きづめはよくない。元気をチャージする必要がある。

モロッコを味わう

初めての休日出勤。シリルはクリスマス休暇のため、フランスに帰省した。モロッコに来

て1週間で身の回りのことを整え、今日から本格始動だ。

モーリタニアでは男女が人前で触れ合うことはないが、モロッコでは人目をはばからずにカップルが歩いている。中には手をつないでいるカップルもおり、窓ガラスに映った自分たちを嬉しそうに眺めている。

日本では、クリボッチ（クリスマスに恋人がおらず、孤独に独りぼっちで過ごすことの俗称）だと惨めな気持ちになる空気に毒されていたが、異国ではそんな思いをすることはない。ありがたく、研究に専念させてもらう。

サイドゥ所長（中央）と記念撮影

センターは、休みということもあり門が閉まっている。クラクションを鳴らし、守衛に開けてもらう。見かけたことがないお姉さん3名が、ほっかむりをしてほうきやらバケツやらを持っている。どうやら、毎週土曜日にセンター内を大掃除してくれているようだ。爽やかに挨拶すると、休日に働く仲間意識が芽生える。

ありがたいことに実験室も掃除しに来てくれた。これまでも人知れず掃除してくれていたのか。陰の功労者たちを労うために、ジュースとお菓子を差し入れしたらすごく喜んでくれた。それからというもの、毎週、守衛とも一緒に一服するのが定番となった。

実験室と飼育室を行ったり来たりしながら一人作業をしていると、サイドゥ所長がわざわざ訪問してくれた。ずっと出張だったが、これから2週間、家族でバカンスに行くとのこと。受け入れてくれたことを感謝し、これからよろしくお願いします、と挨拶をした。

モロッコ風サラダ。紫色の物体はビーツ。冷めた白米をサラダとして食べるのもよい

「ウィ～、ムッシュ　コータロー　ボンジュール」

厚着のシャディッドが現れた。ご自宅にお昼ご飯に招いてくれる約束をしていたのだ。

立派な一軒家には奥さま、小学校低学年くらいの男の子と幼稚園くらいの女の子。リビングのテレビは、衛星放送で８００チャンネル見られるとのこと。気を使って英語の番組を流してくれていた。

奥さまは料理上手だそうで期待が高まる。

前菜はサラダ・モロッカン。ゆでた人参、インゲン、じゃがいもをマヨネーズで和えたものに、トマト、レタ

シャディッドの家のタジン鍋

ス、キュウリ、オリーブ、ゆで卵を彩りよく盛り付けたもの。茹でたライスと紫色のビーツが添えられているのが特徴的だ（みじん切りにしたキュウリとトマトをオリーブオイル、香草、クミンと混ぜたものをサラダ・モロッカンと呼ぶことが多いようだ）。

色んな食感と素朴な味付けが混然一体となり、一口いただくたびに健康になる予感がする。

メインディッシュはチキンのタジン鍋。

タジン鍋は、日本で言うところの土鍋にあたり、大阪人がタコ焼き器を一家に1台は保持するように、モロッコでは一家に一つはタジン鍋があるという。フタがとんがっているのが特徴的だ。オリーブオイルをたっぷりとかけた鶏肉に、オリーブの身、ニンジン、香草、レーズン、タマネギ、レモンを丸ごと入れ、塩とクミンで味を調える。

どれどれとナイフを入れると、ホロホロと肉が骨からほどけた。そんなバカな。一体、鶏肉の身に何が起きたというのだ。口に入れると噛まずとも、唇で甘噛みしただけでその身が細分化していくほどの柔らかさだ。きめ細かな肉片から染み出るうまさが舌の細胞の隅々にまで広がり、染みわたってくる。タジン鍋のあちこちをスプーンですくって口に運ぶたびに、オリーブの渋み、レーズンの甘味、レモンの酸味の割合が変化するため、口の中で味変が起こるのがなんとも楽しい。ぬぅ、間違いなく、おいしくて美味い。

まてまて、モロッコの鶏肉が異常なまでに美味いのか、はたまた、調理方法に秘訣があるのか。あまりの美味さに、この美味さの根源はどこにあるのか、探ろうと気難しい顔をして考え込む私に気づいたシャディッドが、

「この料理は水を使わずに、材料だけで煮込んだのだ」

と、その秘訣を明かしてくれた。

水を使わずに料理することは「無水料理」と呼ばれ、極意を習得した限られた料理人のみに許された料理方法だと思っていたが、まさかモロッコであの伝説の調理方法を拝めるとは。タジンの力に恐れおののく。

街にはタジン鍋専門のレストランもあり、チキン、牛肉、

タジンの力で普通の鶏肉が異常な美味さに

魚、野菜のどれかをメインに選び、注文する。鍋の大きさにも色々あり、一人用のものから、5人くらいでシェアできる大鍋もあった。

タジン鍋の底にたまった旨味溢れるスープは、奥さま手焼きのパンを浸して食す。平べったいパンは身がぎっしりしており、スープを浸すと口の中でホロホロとほどけていく食感が病みつきになる（※桑原太矩著『空挺ドラゴンズ　10巻』講談社「焦燥と龍肉のカレータジン」にて、タジン鍋の魅力が紹介されている）。

日本では、煮物の汁などをすするのは、はしたなく見られるが、本当はみんな、飯にぶっかけて食べたいんでしょ？　料理人だって、火加減に注意しながら出汁(だし)を取り、手間暇かけて調理した旨味たっぷりの自慢の汁を残されるのを見たら、全力ですすれよ！　と思うだろうし、洗い物係にとっても、料理人の鋭い視線を浴びながら捨てるのは忍びなく、誰も幸せではない。

ところが、パンがあると、汁を吸わせることができるし、お皿に残ったソースもきれいにふき取って食べることができる。その上、お皿がキレイになるため、洗い物が楽になる。汁系の料理には必ずパンを添えるようにしたいと思うほどの見習いたい習慣だ。

モロッコの家庭料理を存分に堪能させてもらった。おいしい料理でお腹いっぱいになれることは史上最強レベルで幸せなことである。大いなる元気の源を授かった。

私があまりに喜び、感心しながらモリモリ食べるため、奥さまも喜んでくださった。子供たちも私の食いっぷりを見て、喜んでいる。日本では自宅に招かれる機会はすごく少ないが、外国だとすぐに呼んでくれて、もてなしてくれる。こういう文化が好きである。真心が伝わってくる。

せっかくの手料理の中に苦手な食材があって一口も食べられなかったら申し訳なく思うし、相手もガッカリするだろう。好き嫌いせずに食べなさいというしつけは定番だと思うが、その真の意味はこういうところにあるのではなかろうか。食いしん坊は平和をもたらす。

私は好き嫌いがなく、なんでもおいしくいただける舌を持っている。これは食事を通じてみんなと仲良くなるのに大変役立った。出身の秋田県は塩っ辛い味付けで有名だ。おかげで、少しくらいしょっぱくても大概の料理をおいしくいただけ、出張先での初顔合わせの異国料理でも口に合うのはありがたかった。

お昼休みはウキウキ、ウィッチ

朝から晩まで働くため、昼飯を食わねばならない。センターでは一度自宅に戻って食べる人が大半とのこと。私の場合、ホテルは自炊不可なので、センターから徒歩5分ほどの小さい駄菓子屋さん的なファストフード店に行ってみることにした。

メニューが見当たらず、お互いにどうやって会話をしたらよいか店主と無言で見つめ合っていると、「ヘイ、どうした?」と英語で話しかけてくれたナイスガイが現れ、運よくサンドウィッチを注文できることを知る。

サンドウィッチを購入するにあたり、客には三つの選択肢が与えられる。

まずはパンのサイズ。平べったい、中身が入っていないアンパンよりも大きいサイズのパンを丸ごとか半分かを選べる。次は具材。色んな種類の魚の缶詰からチョイスできる。最後は、ゆで卵を入れるか入れないかを選べる。

私は、半分のサイズのパンで、トマトツナ缶、ゆで卵入りを選択。店主は半分に切ったパンの断面中央部に切り込みを入れ、そこに缶詰を汁ごと投入。さらにゆで卵をナイフでスライスし、少しずつずらしてインしてくれる。仕上げにクミンをパラパラとふりかけてできあがり。以上、10DH（130円）で、注文してから3分以内に仕上げてくれる。

日本だと、三角形や長方形の食パンに具材をはさんだものがサンドウィッチという認識だが、こちらでは、食パンに限らず、切り込みを入れたパンに具材を詰め込んだものをサンドウィッチと呼ぶ。

店主は、さらに何かを聞いてきた。なんのこっちゃと首を傾（かし）げたら、舌を出して手であおいでいる。あー！　辛いことだ！　辛い物好きなため、シルブプレとお願いしたら、「ハリッサ」と呼ばれる豆板醤（トウバンジャン）のような見た目の辛いペーストを入れてくれた。トウガラシ由来の辛味だけではなく、塩味が強く、ニンニクや香辛料が練り込まれ、旨味が深い調味料だ。その美味さに惚れ、大のお気に入りになった。お外のベンチでのんびりいただく（ハリッサは日本でも静かに流行り始めている）。

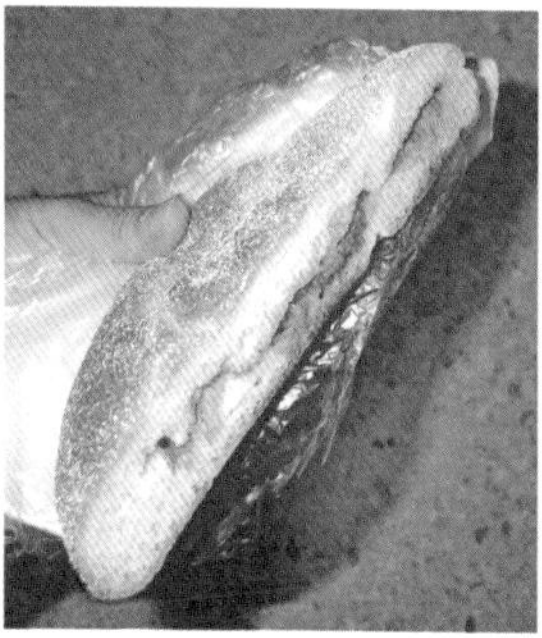

おいしく完食し、センターに戻ろうとすると、「ムッシュー!!」と店主に呼び止められた。戻ると「この50ディルハムはお前のものか?」と聞いてくる。ポケットに入れておいたお札がないので、さっき小銭を取り出すときに落としたようだ。丁重にお札をする。

落としたお金をネコババせずにわざわざ声をかけてくれるなんて、なんと民度の高いことか！　店主の気立ての良さも加わり、このお店のサンドウィッチは大好物と

ピリ辛のハリッサを入れたサンドウィッチ

なった。私の中で一番の素朴なモロッコ名物だ。

ただ、野菜要素が不足しているため、普段は実験室に持ち帰り、バッタのエサに使用しないレタスの芯をはさみ、むしゃむしゃと食べる。毒見を兼ねて(サンドウィッチマン伊達さんが前作のオビに推薦文をくださった恩義もあり、私は「サンドイッチ」ではなく「サンドウィッチ」という表現を使用し、サンドウィッチ伯爵に敬意を表す)。

金曜日のクスクス

金曜日のお昼ご飯に、モロッコの全国民が口にするというクスクスをファリッドが持ってきてくれた。ファリッドの奥さまが作ってくれたものだ。

クスクスを一言で説明すると、粒状のスパゲティだ。スパゲティと同様に乾燥した状態で売られている。食べるときには、大きめのボールに2ミリほどの乾燥クスクスの粒々をザザッと入れ、オリーブオイルを垂らしてかき混ぜ、水を加えて全体に馴染ませ、せいろで蒸す。ホロホロとほどける口当たりが特徴的で、なんだったら噛まずにそのまま飲み込めるほどの小ささだ。アクセントのレーズンも良い良い。

お皿にこんもりと盛り付けたら、そこに肉とニンジン、キャベツ、カボチャ、ナス、ひよこ豆等の野菜と一緒に煮込んだほんのりスパイスが香るスープを、汁ダクにならないようにぶっかけていただく。あっさりとした味付けながらも野菜の旨味が凝縮したスープを吸い込んだクスクスの美味さは、焼肉のたれが染み込んだ白米に匹敵する。

小皿に取り分けて洗い物を増やすような野暮なことはせずに、みんなで一枚の大皿を囲んでいただく。素手でもいいが、スプーンを使う。自分の前のエリアだけしか食べてはいけな

ファリッドの奥さまのお手製クスクス

定番となった金曜日のクスクス

いようだ。

鍋奉行ならぬ、クスクス奉行のようなリーダーがおり、野菜を切り分けて、各人に配布してくれる。少しずつクスクスの山を切り崩していった先の中央にはメインの具材、ヤギの角煮が鎮座している。いち早く肉に辿り着いた者は独り占めすることなく、肉塊をほぐし、その小片をポンッとそれぞれのゾーンに投入してくれる。

お店で食べるクスクスは、肉があちこちに転がっている場合もあり、盛り付け方には色々な流派があるようだ。肉か魚が入っていないと貧乏だと思われるから、なるべくどちらかを入れるとのこと。栄養バランスがとれている上、飽きがこない味付けで、モリモリといただける。

大変おいしかったと、奥さまにお礼を伝えてくれとお願いしたところ、気を良くしてくださったようで、金曜日のクスクスは定番となる。1週間の労をヤギかチキンのクスクスで労ってもらえるようになった。毎日のサンドウィッチもおいしいけれど、クスクスは新たなお楽しみの一つになった。しかも、クスクスは万能で、蒸したクスクスに砂糖をまぶし押し固めたものを油で揚げたら、クリスピーなお菓子にもなる。

金曜日に餌替えを手伝ってくれたソリもこの歓待ぶりに驚き、「お前のラボはファンタスティックだな」と大喜びでクスクスを堪能(たんのう)していた。

チームメイト募集

作業は順調に進んでいたが、大量の作業をこなさなければならず、連日の夜中1時帰りで、ベッドよりも体がきしんできた。平日の夜ご飯は、牛丼を大量に作り置きして1食分ごとに小分けして冷凍し、それを砂を乾燥させるための乾燥機に入れて解凍して食べていた。ぶつ切りにした牛の塊肉とタマネギの甘味が活力になってくれた。

かなり時間を節約して作業しているのに、毎日午前様では疲労が溜まっていく。これから測定作業が増えていくので、誰かに手伝ってもらわなければデータをとる前にこちらが壊れてしまう。「オレのどこにこんな力が眠っていたのか……」的な突然の覚醒は望めない。

室内でのバッタの飼育実験は安定してデータがとれるが、実験者が健康であることが前提条件だ。たった一日でも餌替えを怠ると、その影響が発育や繁殖に出る恐れがある。いつも同じように長期間飼育するのは地味に大変だ。

疲労が色濃く顔に滲み出てきており、シャディッドに心配される。帰り時刻を聞かれ、夜中の1時過ぎである旨を伝えると、

「セ　トロウ」
と言われた。フランス語でも「徒労（ムダな骨折りの意）」と言うのかしらと思っていたら、「やりすぎ」という意味で使ったようだ。徒労に終わらないように気をつけなければならない。

一人でできることには限界があり、誰かにお願いして手伝ってもらわないと身が持たない。奥義「え〜、業務連絡、業務連絡、レジ応援おねがいします」を繰り出すときがやってきた。はてさて、どうやって求人しようかしら。業務内容が虫の飼育でも、応募はあるかしら。自分じゃなきゃできないこととして、エサの購入、採卵、測定、行動観察がある。誰かにお願いできる作業として、エサの仕込み、エサ替え、実験器具の洗浄、砂の準備があるが、どれもこれも常人にとっては心震える楽しい作業ではなく、まさに労働である。

人の善意につけ込み、タダ働きさせることは恥であり罪である。その労働に投じた時間と労力に見合った報酬を準備することは、仕事をする上で最も重要なことの一つである。

なんでも屋のファアリッドに、アシスタントが必要である旨を相談したところ、ファリッドの雇用は、２カ月雇われたら2カ月お休みになる契約だという。ちょうど来月から休みになり給料がもらえなくなるとのこと。それならば、同額支払うからバッタ飼育を手伝ってもらえないか聞いたところ、是非と握手をして快諾してくれた。

さっそく、サイドゥ所長に事情を話し、ＯＫをいただく。大切なことを上司に相談するのは欠かせない。ファリッドが働き者であることはすでに知っており、これで一安心である。なにかと私のことを気にかけてくれるドライバーのシャディッドが、奥さまが焼いたクッキーをお土産に、お茶を飲みに実験室に遊びに来てくれた。

これからファリッドがバッタ飼育を本格的に手伝ってくれることを話したところ、シャディッドもファリッドと同じタイミングでお休みになるとのこと。さっそく我がバッタ研究チームの一員にならないかとスカウトしたところ、大喜びだ。子供の教育にもお金がかかり、2カ月の給料なしは生活に響くため、心底ありがたいとのこと。心強い仲間が加わった。

雇い主の務め

次の日から2人の研修を開始した。やはり日頃の振る舞い通りに丁寧に作業してくれて大助かりだ。物覚えも良く、私が説明し忘れたところや、不明な点があると必ず聞いてくれる。適当にやられると困るため、彼らが持ち合わせている責任感に感謝した。

誰か一人にだけ目いっぱいの作業を依頼すると、その人が病気やケガ、家族の問題等で働けなくなった時に、一気にピンチに陥ってしまう。その点、2人ならば労働も軽くなるし、どちらかが休んでもカバーし合える。

毎日少しずつ新しい作業を依頼し、確実に習得してくれるおかげで、私自身が集中して作業できる時間がグングン増えていった。ここに研究態勢が極まった。が、さらなる結束が必要だ。

モーリタニアでお世話になっているババ所長は、会議などで色んな機関のトップに会う度に、

「あなたはどうやって職員のヤル気を上げ、一丸となって目標に立ち向かえるようにしていますか?」

という、リーダーとしてどのように振る舞えばよいか質問していた。よりよい組織を目指してのことだ。組織の長たる者「リーダー:引っ張っていく者」のごとく、メンバーを率いていかなければならないわけだが、ババ所長の傍らで話を聞いていると、リーダーが一番がんばらないことには、誰もついてこないとのこと。

口でただ指示を出すリーダーには誰もついてこず、メンバーを鼓舞する上でもリーダーは

がんばりまくらなければならないようだ。また、仕事以外にも気遣いすることも重要とのこと。声をかけるだけでもいいいし、形はどうあれ、気遣いしてもらえると人は信頼関係がグッと強まり、チームとしてまとまりやすいようだ。

私は、すでに目一杯働きまくっているため、ここは気遣いを形で示したい。ということで、従業員が快適に仕事をできるように福利厚生を充実させ、チームの結束を強めることにした。

ファリッドはお茶を淹れる名人で、出だしからもてなしてくれた。モロッコの方々が頻繁にお茶を飲むところに目をつけ、まずはお茶飲み場の充実を図る。

実験室の傍らにお茶道具を整え、チョコレートやクッキーなどの茶菓子も買っておき、誰でも自由に飲み食いできるようにした。10時と15時のおやつ時には、ファリッドに気合を入れてお茶を淹れてくれるように依頼し、それ目当てで他のスタッフも遊びに来てくれるようになり、知り合いが増えていった。

会話のほとんどは理解できないものの、従業員が和気藹々と一服するのを眺めていると、チームとしてうまくまとまってきたことを実感できた。短期間で仲良し研究チームが躍動していることにソリも驚き、

「お前はティジャニに続いて良いドライバーとアシスタントに巡り合えてラッキーだな」

と言ってくれた。人に恵まれ、ありがたい限りだ。

土日も餌替えを行う必要があるが、彼らは休日出勤して手伝うよと気を遣ってくれる。ありがたく甘えさせてもらうが、お返しするのがジェントルマンである。生々しいが、ポケットマネーさんに登場していただく。土日は家庭の一家団欒(だんらん)の時間を奪うため、平日と同額にするのは私のプライドが許さず、色をつける。

しばらく後、シャディッドの家族と一緒にデパートに行き、土日にお父さんを借り出して家族の時間を奪ってしまった上、おいしいご飯を作ってくれたせめてものお礼に、各々好きな物を一つずつプレゼントするよと伝えた。

日本人なら、いやいやと遠慮しがちだが、シャディッド一家は私の気遣いを大いに喜んでくれた。とはいえ、彼らが選んだのは、巨大なテレビなどではなくおもちゃとセーターであった。過剰な気遣いは重荷になるが、適度な気遣いは良好な人間関係の潤滑油となる。

出稼ぎの宿命

出稼ぎ研究の場合、往々にしてあることだが、せっかく調子が出てきたときに帰らなければならない。ツライところである。今回の出張でも、研究が軌道に乗ってきたところで帰国日が目前に迫ってきた。ただ、必要最低限のデータはなんとか取得でき、次回やってきたときはすぐに飼育実験ができるように態勢を整えることもできた。

サイドゥ所長は実験中、何度も足を運んでくれ、バッタ論議に興じてくれた。とくに私がふ化後間もない幼虫の雌雄を判別できることに驚き、コツを教えて差し上げたところ、そんなことができるのかと一目置いてくださった。

「長年にわたって有効活用されていなかったセンターの飼育室がコータローとシリルが来てくれてからどんどんと様変わりし、短期間のうちにたくさんのバッタが飼育されるまでになった。２人の高いモチベーションに大いに刺激を受けた。なぜモーリタニアのセンターがコータローと一緒に研究したがっているのかよくわかった。受け入れることができ、大変光栄だ。あなたたちの努力に感謝したい。うちの研究者たちが使いこなせるかはわからないが、飼育システムが廃れないようにする。いつでも歓迎するからまた来てくれ！」

と熱く労ってくださった。

出稼ぎ研究者として、初めての地でも新たなる仲間と共にいくつもの問題を解決して成果をあげることができたのは、大変な自信になった。

バッタがいなけりゃモロッコへ——本筋に合流

２０１７年、モーリタニアではサバクトビバッタは発生しなかった。例年であれば北上してくるはずなのだが、いくら待っても現れない。待ちきれず、南下して迎えに行っても全然見当たらず、思い切って国境を越え、セネガルまで行ってみた。

セネガルもイスラム圏ではあるもののお酒飲み放題で、それはそれで充実した遠征ではあったが、バッタは1匹もいなかった。

セネガルのチキンヤッサ。マリネしたチキンとタマネギがおいしくて美味い

どうしてもバッタに会いたい。日本では飼育しておらず、1年間もバッタに会えないとか、バッタ中毒者には最もツライ状況である。ならば、あそこに行けば必ず会えるやんということで、再びモロッコに行くことにした。

ちょうど２０１６年に、野外で採集したメスを解剖しまくり、卵巣発達のプロセスに関する室内実験のデータが必要となっていた（※ここまでの超絶長い前フリ、すまぬ。ようやく本筋に合流しました）。

メスは複数回産卵するが、一度産卵してから次に産卵するまで、30℃下で約６日かかる。卵巣内でどのように卵母細胞が発達し、卵がつくりあげられるのか、そのプロセスを明らかにしたかった。

勘違いしないでほしいのだが、羽化してから初産までの卵巣発達ではなく、一度産卵してから次に産卵するまでのサイクル中の卵巣発達について知りたいのだ。理論上、１匹のメスの卵巣を毎日測定するのが最も正確なデータになるが、解剖する必要があるため、それは叶わない。

そこで、たくさんメスを準備して、産卵直後を０日とし、０〜５日のいずれかの日にメスを解剖して、卵巣の発達ぶりを調査することにした。

単純そうな実験ではあるが、あなたならどんな方法でこの実験を行うか、ちょっと考えてみてほしい。やっかいな問題に直面することになる。

１匹のメスを複数のオスと一緒に一つの飼育ケージに入れ、産卵床も四六時中入れておき産卵させると、確実に産卵した日にちはわかる。しかし、問題があるのだ。

ややこしいが、例えば、毎朝９時にだけしか産卵チェックを行わないと、11時に産み終わったものと翌日８時ちょうどに産み終わったものをひとまとめにすることになる。

生理的な形質は、ただでさえ個体ごとのバラつきがあるので、徹底的に揃えるところは揃えないと、データがブレてしまう。つきっきりで産卵をチェックすれば正確性は増すけれど、2週間近くバッタの飼育室に住み込みで生活するのは厳しい。大量のバッタの産卵履歴を追うにはどうしたらよいか。

真骨頂

私が考えついた方法はこうだ。

集団飼育した幼虫が羽化したらすかさず背中に修正液で背番号をつけて、集団飼育下でも個体識別できるようにし、産卵履歴を追うのだ。

雌雄合わせて40匹ほどを一つの飼育ケージに入れて集団飼育すると、約2週間で性成熟し始める。産卵用の砂床を飼育ケージにセットし採卵する。産んだ直後を0日とし、産卵0〜6日でメス成虫を解剖するのだが、きっかり24時間後、ジャスト1日単位の卵巣発達に関するデータをとるようにするには、各個体が何日の何時に産んだかを記録する必要がある。

そこで、朝9時から夜の20時まで産卵床を与え、それ以外の夜間は与えないようにした。なかには産卵床がない夜間にケージの床に産卵してしまう個体もいる。そのような個体を排除するために、全てのメス成虫を毎朝体重測定し、産卵に伴って体重が激減した個体を把

背番号を背負ったバッタたち

握するようにした。

そして、飼育室に住み込む代わりに、産卵の確認を30分ごとに行う。産卵は2時間近く続くため、30分以内に産卵を終了する個体はまずいない。「安くて、早くて、美味い弁当を開発せよ」という無茶な注文に答えなければならない状況があるように、あちこちの要望にこたえられるように実験を計画するのも研究の醍醐(だいご)味(み)である。

この実験条件をふ〜んと読み流した方に告ぐ。この実験を実際にやってみてほしい。エサを市場で購入してから朝の9時までに飼育室に辿り着き、そこから30分おきに10時間連続で観察するのを最低でも2週間続けるのだ。飲み会のお誘いが多い日本ではとてもじゃないけどできない実験スケジュールだ。誘惑の少ないモロッコだからできる芸当である。

個体管理も大切だ。例えば、個体番号42番のメスが10日の10時に産卵し、2日後に卵巣発達を調べるとしたら12日の10時。3日後だったら13日の10時となる。飼育室内では、産卵は四六時中起きてタイミングはバラつくため、1匹ずつ管理するのは大変手間がかかる。

オペ予定の時刻になったら、メスを冷凍麻酔して動かなくしてから卵巣を摘出し、生理食塩水の中で卵巣小管を1本ずつほぐし、ランダムに抽出した20本の卵母細胞の長さを顕微鏡下で測定する。頭がこんがらがりそうになるが、朝飯のときに、本日のオペのスケジュールを確認し、イメトレを行う。

この実験は、私の真骨頂であった。地味ながらも精密で単調な実験を繰り返し行う必要があり、これまでの集大成とでも言うべき実験スケジュールだった。

たった一行のために

「ムッシュ　コータロー　ボンソワー」

晩飯時になると、シャディッドが奥様の手料理をしばしば持ってきてくれた。腹ペコの胃袋が大喜びする。中でも、腹が減ったときにいつでも食べてくれと、手渡された透明のプラスチックボトルには、砕いたアーモンドとオイルのような茶色のドロドロの液体が入っている。

シ「これはアムローだ。アガディールだけで食べられているスペシャルな食べ物だ」

なっ、アムロ……だと？　ガンダムRX78-2のパイロットの名前じゃないか！

注意して聞くと、発音は「アムルゥ」に近いが、もはやアムロにしか聞こえなくなっている。アーモンドをローストし、細かく砕いて、ハチミツを入れアルガンオイルを投入し、よく混ぜ合わせたものだ。ピーナッツバターの親戚のような味わいだ。

シャディッドの差し入れを門番と一緒にお外で堪能する

アムロをパンに塗るとおいしくて美味い

こいつをパンにたっぷり塗って食べると、香ばしい独特の香りが鼻から抜けていく特製のパンのお供だ。腹持ちが良いし、甘味が疲れを癒してくれる。小腹が空いたらアムロが出撃して空腹を黙らせてくれるようになった。

食事を恵んでもらいサポートしてもらっても、あまりにも手が回らず、しまいには洗濯までお願いする始末。私はバッタの世話をし、シャディッドとファリッドが私の世話をしてくれるという構図ができあがっていた。途中で倒れたら、せっかくの苦労が台無しになってしまう。気を張り、粛々(しゅくしゅく)と手を動かし続けた。雇用主が従業員に気遣いされるというふがいない状況になっていた。

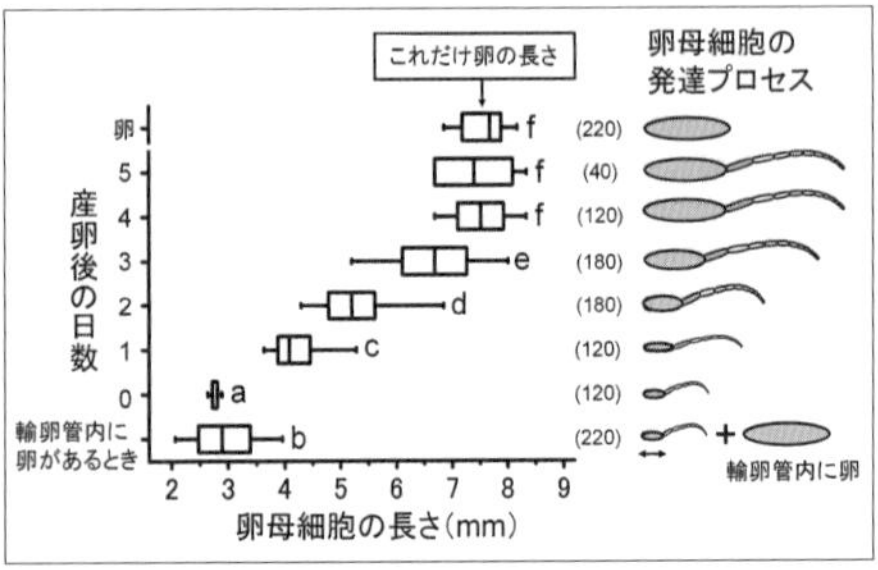

集団飼育下における毎日の卵母細胞の発達を示したグラフ。異なるアルファベットは処理間で有意な差があることをしめす（Tukey-Kramer HSD test）。図中のカッコ内の数字はサンプル数（Maeno et al., 2021 を改編）

これまで長々とあれこれ紹介してきたが、得られた結果は、無情にもたった一行で説明できる。

「卵母細胞は毎日、徐々に大きくなる」

大変な労力と時間、そして己の心血を注ぎ、手にしたデータは、極めて地味な、当たり前すぎで驚く要素がまったくないものだった。

できることならば驚きの結果をお伝えしたいところではあるが、こういう地味な結果を述べることも研究者として大切な勤めである。

とりあえず、メスに性比が偏った集団にいたメスは、明らかに卵巣発達中であることを裏付けるデータを得ることができた。

「日本に帰ってもクスクスやモロッコ料理を食べてくれ」と、ファリッドとシャディッドのコンビからタジン鍋をプレゼントしてもらった。モロッコでの思い出を胸に、念願の卵巣発達のデータと一緒に日の沈む国から、日の昇る国へと帰国の途に着いた。

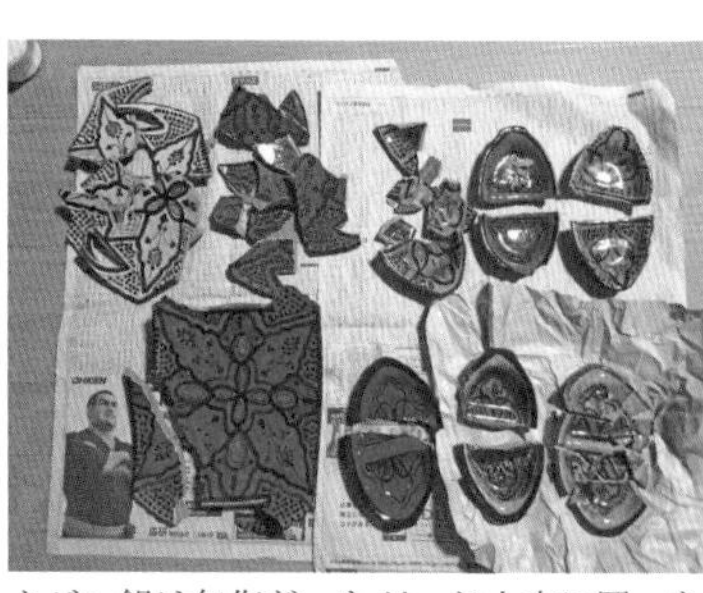

タジン鍋は無傷だったが、お土産に買ったモロッコのお皿は道中、全て割れた

第6章　フランス編――男女間のいざこざ

雌雄の対立と調和

誰かのせいで話があちこちに飛んでいるため、大切なポイントをおさらいしておこう。

動物には雌雄が存在し、植物には雌花と雄花が存在する。世の中の動物は「メス」か「オス」の二極に分かれている（話がややこしくなるので、ミミズやカタツムリのように同じ個体が卵巣と精巣を同時にもつ雌雄同体の存在は、今はそっとしておこう。もっと話がややこしくなるから、メスだけで増えていく単為生殖の存在も今だけ忘れておいてほしい）。

世の中には色んな生物がおり、それぞれ色んな事情を抱えて生活しているため、繁殖の仕方は多種多様だ。雌雄が存在する意義の生物学的な一つの説明としては、互いの配偶子（卵子と精子）を結び付けて繁殖することにある。

動物が繁殖する際、雌雄は巡り合い、お互いの配偶子を体内受精か体外受精させてドッキングし、子孫を残すことになる。さぞかし雌雄が平和的に協力しあって、繁殖しているようなイメージを抱くかもしれないが、とんでもない。繁殖をする際には、雌雄間で壮絶なバトルが繰り広げられることになる。

雌雄が繁殖する際の振る舞いについて考える上で欠かせないのが、「性的対立（英：Sexual

conflict)」という学術用語である。

対立とは、二つの反対の立場のものが、お互いの利害関係が一致せず、張り合うことを意味する。すなわち性的対立とは、繁殖を巡って雌雄間で対立することを意味する。テレビ等で動物のつがいが仲睦まじく寄り添っているシーンを観たことがある方は多いだろうが、その裏では、雌雄間で繁殖を巡って熾烈な争いが繰り広げられている。

雌雄が力を合わせ協力して繁殖しているように見える、その前段階での雌雄間の対立を引き起こしている一つの原因は、繁殖サイクルだ。

一生で何度も交尾する動物を例にとって説明すると、一般的に、繁殖サイクル、すなわち一度子孫を残す活動をしてから再び配偶子を準備して、繁殖活動に参加できるようになるまでの準備期間は、オスのほうがメスよりも短い。言い換えると、オスはメスよりも早く繁殖活動に復帰する。ということは、オスのほうがメスよりも多くの子の親になれる可能性があるのだ。

手っ取り早い例として、人間の場合、ロシアの農民の女性が27回の出産で69人を出産したのに対し（内訳：双子×16回＝32人、三つ子×7回＝21人、四つ子×4回＝16人。ギネスブックを参照）、諸説あるが、とある男性の皇帝は１０００人以上の子の親になったという。

ある地域に棲む同種の個体の集まりを個体群と呼ぶが、とある個体群の中の雌雄の性比が1対1だとしても、繁殖活動に参加できる真の性比はオスに偏る傾向が強い。

こうなると希少なメスを巡るオス間の競争は激しさを増す。交尾欲求が高まったオスは執拗にメスに交尾しようとする。過度な求愛は、メスにとって迷惑になり、俗にいう「ハラスメント=嫌がらせ」となる。エスカレートした場合、メスはオスに傷つけられたり、オスを追い払うために余計なエネルギーを消耗したりする。また、やいのやいのやっていると目立ってしまい、危険を察するのが遅れて天敵に襲われやすくなるだろう。

ただ、メスだって黙っているわけではない。

人間界では闘いが起こると、各国家は自国の軍備（軍隊）を拡張し、他国よりも軍事面で優位に立とうとする。すると、他国がさらにマウントをとって優位に立とうとするこの争いは「軍拡競争（英：Arms race）」と呼ばれる。どちらかが止めどなく一歩リードし続ける状況だ。

雌雄間でも「軍拡競争」が知られている。

例えば、アメンボやゲンゴロウの仲間では、雌雄間で対抗するかのような関係――〈オス：メスの背中に乗ってしがみつき、交尾しやすい形態〉vs.〈メス：オスが背中に乗りづらく、交尾しづらい形態〉――が報告されている。まるで軍拡競争のように、雌雄の繁殖に関わる形態が進化していくことがある。

雌雄間での争いがエスカレートすると、エネルギーのロスや交尾機会の損失など実質的な不利益が生じてしまう。雌雄は無益に争い続けなければならない定めなのか？

いいえ、マダム。雌雄間で争わずに平和に解決できる方法があるのです。それが別居である。

遥か彼方の章で一度だけ説明したが、Kokko博士ら（2014）は、動物の繁殖システムのコンセプトを模式的に説明している。卵を発達させている、あるいは妊娠中のメスは、オスがいないエリアにいて（退場中：time-out）、繁殖の準備が整ったメスだけがオスに性比が偏ったエリア（Mating pool：交尾可能な個体の集まり）にやってきて交尾する（time-in：入場中）というもの

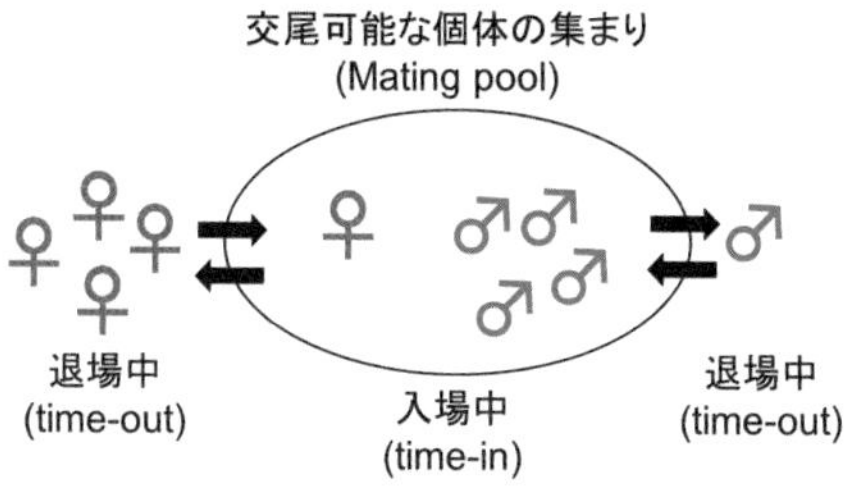

交尾可能な個体の集まり
(Mating pool)
退場中
(time-out)
入場中
(time-in)
退場中
(time-out)

大切なことなので繰り返しますが、繁殖のコンセプト

だ。

繁殖期に別居する動物では、繁殖活動に参加する数が多いほうの性が互いに競争して自分の魅力をアピールし、少ないほうの性が優先的に交尾相手を選ぶ傾向があるようだ（この後、説明する）。大概、数が圧倒的に多いオスの集団では、メスにパートナーとして選んでもらうために、オス間で何らかの競争が行われている。

別居することで、メスはオスからの不要な嫌がらせを受けることなく、必要な時だけオスと交尾し繁殖できる上、たくさんいるオスの中から好みのオスを選ぶことができる。オスとしても繁殖の準備が整ったメスに巡り合うことができる。

すなわち、別居とは、雌雄が物理的に距離を取ることで、平和的に性的対立を解決し、ベストカップルを誕生しやすくした自然の営みなのである。

性的対立の説明をする際に、「セクハラ（セクシャル　ハラスメント）」という単語を使うには注意が必要になってきた。

この単語は、元々は生態学で使われていた学術用語だが、人間社会でとくに「女性が男性から受ける性的な嫌がらせ」という意味合いで頻繁に使われるようになり、負のイメージを持つ単語として捉えられるようになってしまった。

その結果、学術の分野で「セクハラ」を誤解を招きかねない文脈で使おうものなら、社会的に問題視されることがある。そこで、「male-mating harassment（オスによる交尾ハラスメント）」と言い換えるのが近頃の流れらしい。同様にオス同士の性的な行動は「ホモセクシャル」と呼ばれていたが、こちらも「male-male sexual behavior（オス同士の性的行動）」と表現されるようである。

本書では昆虫の繁殖行動を説明するために性にまつわる話をしているが、読者の皆様にイヤな思いをさせる意図は微塵もない。性にまつわる表現は誰かを傷つけたり、社会的な大問題を巻き起こしたりしかねないため、慎重に用語や表現を選んだつもりだが、それでも違和感を覚える方がいると思う。

もし、別の適切な表現があれば、ぜひともご助言いただきたい。増刷時により適した表現に変えていきたいと思う。本がまったく売れなかった場合は、修正できないため、ごめんしてほしい。

そして、生物には例外がたくさんいることを忘れないでほしい。「一般的には」とか

「普通は」という表現を使ってそれらしく説明していくが、必ずと言っていいほど例外や、色んなパターンがあることに留意していただきたい。

全部の事例を取り上げたらキリがなく、すでに刊行されている専門書をあたられたし。

粕谷英一・工藤慎一共編『交尾行動の新しい理解—理論と実証』海游舎
宮竹貴久『恋するオスが進化する』メディアファクトリー新書
宮竹貴久『したがるオスと嫌がるメスの生物学』集英社新書
マーリーン・ズック、リー・W・シモンズ、沼田英治訳、遠藤淳訳『なぜオスとメスは違うのか』大修館書店

選ばれし者たち、は選ぶ者たちがいるおかげであることを忘れてはいけない

相思相愛とは、男女ともにお互いを思い好きあっているという意味だが、そんな奇跡が起こるとか信じられない。単なる妥協で演技しているだけなのではと、独身の私は疑っている。

だが、言葉がある以上、実際に多数起きてきたことなのだろう。

今ここで、私が問題にしたいのは、相思相愛の男女関係を築く過程において、どちらがどちらを選んだかということである。

個人的な恋愛弱者の恨み節はさておき、動物界において実効性比（２０１ページ参照）がオスに偏っている場合、往々にしてメスがオスを選ぶ傾向にある。希少な性がもう一方の性を選ぶのだ。

オスはメスに選ばれるために競争するのか、競争するとメスに選んでもらえるのか、その解釈は定かではない。いずれ、オス同士が直接闘争して勝者が選ばれるというのは直感的に理解しやすい。しかし、実際にいちいち闘争するのはリスクが伴うため、闘って傷つけあうことなく、体の大きさなどの外見だけで競い合うほうが平和的だ。実際に、メスは、物理的な戦闘能力だけでオスの質を見定めているわけではない例が知られている。

人間の場合、気遣い上手、お話上手、お料理上手に、お金持ち、財閥の跡取り息子や、走るのが速いなど様々な価値観や尺度が存在するように、動物でも、巣を作る種ではその出来栄えを競い合ったり、何らかの資源がある場所になわばりをゲットできたり、なわばりの大きさだったり、歌声だったり、力の強さ以外の要素が、メスの評価基準になっていることがある。この「交尾相手の選択（英：Mate choice）」も、動物の繁殖行動を理解する上で重要な研究テーマである。

これまた面白いのが、レックを示す動物では、どれだけ長くレックの場所にいることができるか、ガマンを競い合うものがいる。長居できるほど、飢餓耐性が強く健康とみなされるのだ。

ここまではまだ理解できるが、メスがオスの質をはかる上で、翅の長さや目の大きさなど、オイオイどうした、それのどこが魅力的なんだい？　と心配になる特徴を競い合う動物たちがいる。

厳しい自然で生き抜くのには直接関係しそうもない、足を引っ張っていそうな不都合な特徴が、メスに選んでもらうためだけに進化していく現象は「性淘汰（英：Sexual selection）」と呼ばれている。

こちらをガッツリと説明すると、それだけで本1冊書けてしまうほど中身が濃いため、本書では深く取り上げず、うっすい説明しかしないけど、めちゃめちゃオモロイ話がわんさかある。

思うに、交尾相手の選択に共通していそうなのは、選ばれる側は何らかの競争をしないと選ばれないということだ。

このような一般的な話を知ると、当然のごとく、自分の研究対象のバッタではどうなっているのだろうと考えたくなる。知識を得ると違った角度から自身の研究対象を眺めることができるようになる。

過剰な護衛はご迷惑？

第４章で紹介したように、モーリタニアでの２０１６年のフィールドワーク中、群生相化したサバクトビバッタの雌雄が集団別居していることを支持する結果が続々と得られてきた。足場が固まってくると、思考は次の疑問へと移行する。大量のバッタを眺めながら、やはりここで気になるのは、なぜ雌雄は別居しているのか、その生態学的な理由である。

一生一緒にいてくれたらいいやん。仲睦まじく、微笑(ほほえ)み合っていたらいいやん。なのになぜ雌雄で距離を……。他の生物ですでに報告されているように、やはりサバクトビバッタの雌雄間にも対立があり、メスが別居するのはお盛んなオスを避けるためなのだろうか。

バッタの交尾は以下の流れで行われる。

オスがメスの背中に飛び乗りマウンティングし、腹部先端の交尾器を、ノールックで手探りならぬ「尻探り」をして、メスの腹部先端の交尾器に結合する。

32℃の条件下では、平均5時間、長いものだと9時間は交尾している。交尾中、オスは精包という精子が詰まったひも状のカプセルをメスの体内に挿入していく。交尾時間が長ければ長いほど本数は増えるようだ。

交尾が終わると、交尾器同士の結合は解かれるものの、オスはメスの背中にしがみついたまま、他のオスに交尾済みのメスをとられないようにガードし続ける。オスがメスにオンブしてもらう形になる（ちなみに、オンブバッタのことを、お母さんが子供を背負っていると勘違いしている方がおられるが、あれはメスとオスとが事に励んでいる姿である）。

交尾中のカップルを盛大に邪魔した

オスのほうがメスより軽いからと言っても、メスはもう1匹分の体重を背負うことになるため機動力は低下する。そもそもオスにしがみつかれていると、メスは翅を開いて羽ばたくことができない。こんなときに天敵に襲われでもしたら致命的である。

「メスがオスから被る不利益」の一つとして、「オスにマウンティングされたメスは、逃避能力が低下する」ということを数値化できたら、メスがオスから距離をとって別居している一つの生態学的な説明になるかもしれない。

はてさて、どうやって数値化しようかしら。研究者としての腕の見せどころである。砂漠のど真ん中で、幸いにも目の前にバッタはたくさんいる。この機会を逃したら、いつまた集団産卵の現場に遭遇できるかわからない。即興でなんとかするしかない。

バッタを追いかけ回す

考えついた方法はいたってシンプル。地面にいるバッタに、観察者である私が歩いてアプローチし、私に気づいてから飛んで逃げていくまでの時間を計るのだ。

本当は鳥など実際の天敵を使って実験できたらいいけれど、都合よく天敵がバッタを捕食するシーンに出くわすのはレアである。私が仮想天敵となり、ビデオカメラ片手にターゲットとなる地上のバッタに向かってゆっくりと歩いていき、飛び去るまで撮影を行えば、後で正確に時間を計測できる。

メスが飛んで逃げるのに手こずっているならば、それは「オスにマウンティングされると、メスの逃避能力は低下する」とみなすことができるはず。これまでの調査で、夕方になると地表はカップルで溢れかえることがわかっており、少しでも効率良くデータをとれるよう、夕方に野外実験を決行する。

バッタを追いかけ回すことに関しては、私は絶対的な自信があり、世界トップレベルのはず。なぜなら、これまでにこの方法で論文を3報発表した実績があるからだ。

とびきりの笑顔で迫りくる私に気づくと、バッタたちはただならぬ危機感を覚えるのであろう。すさまじい勢いで逃げ出すことはすでに実証済みである。逃げ惑う彼らを微笑ましく眺めるのは、私にとって至福の時である。過酷なフィールドワークが続いているから、息抜きも大切だ。

追いかけ回す方法も後々論文に記さねばならない。「バッタ好きな著者が自由気ままにスキップを交えながら小走りで追いかけ回した」などと記すことは科学的ではないため、「観察者は、逃げるバッタを背後から追いかけ、逃げる行動を促し、飛び去るまで撮影した」とした。

バッタに接近する前に、交尾の状態を、①シングル（メスまたはオスがボッチで地上にいた）、②交尾中（メスがオスと交尾中、両者の交尾器が結合し、メスはオスの前脚と中脚でしがみつかれてマウンティングされている状態）、③交尾後（メスはオスにマウンティングされているが、交尾器が結合していない状態）の3つに分けた。

最初の反応で観察者にすぐ気づいて飛び去ったら、逃避に要した時間は0とする。全てビデオ撮影しておいて、後でそれを見ながら飛んで逃げるまでの時間を計測すればよい。

この実験のミソは、群れの特徴を考慮した点だ。群れで生活する動物は、誰かが天敵の接近を察知したら、すぐさま仲間に知らせ、1匹でいる時よりも早く危険に気づくことができる。このような集団効果を排除するため、本研究では、ターゲットと観察者との間には別のバッタがいないようにして、ターゲットに直接接近した。

バッタの逃避飛翔は温度に左右され、21℃以下ではまともに飛翔できないことを実験で確認し、後に論文発表している（Maeno et al., 2019）。観察した時間帯の気温は、十分に高い40・7℃（38・1〜42・8℃）であることを確認しておいた。色んな経験を総動員して、知りたい現象をクリアにつかめるように観察の条件を整えておく。

結果を記す。

バッタは迫りくる観察者に対して、歩く、跳ぶ、飛ぶという反応を示した。ほとんどの①

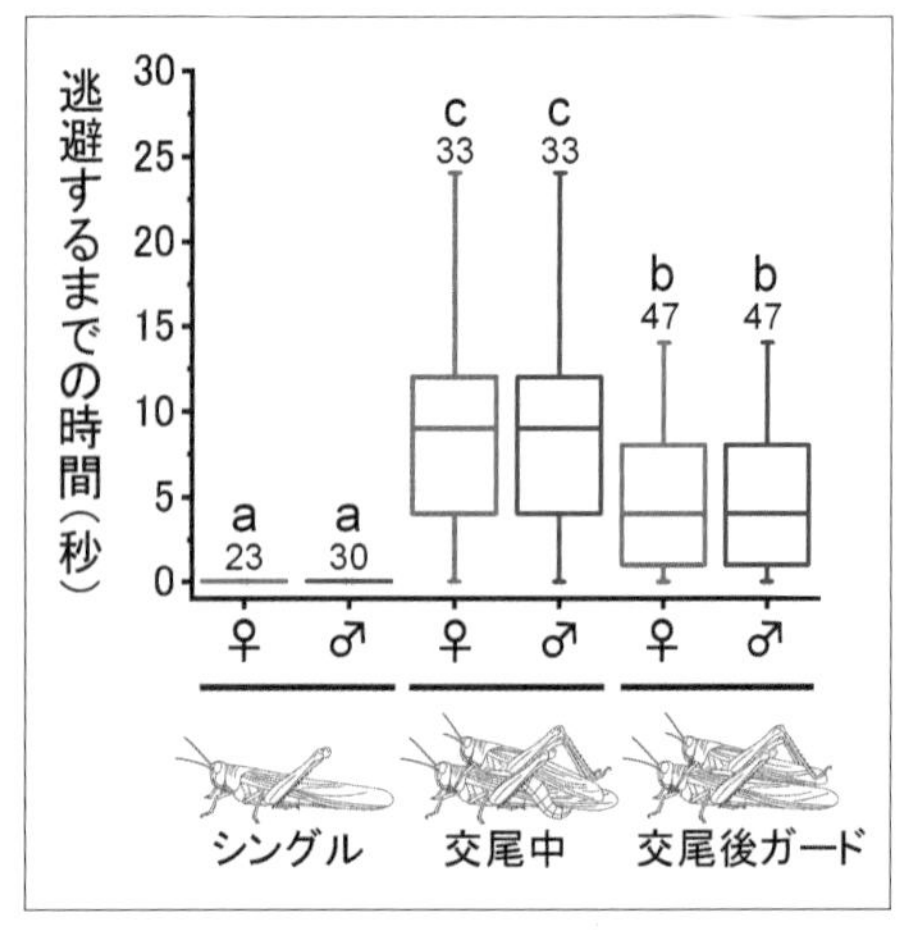

オスに背中に乗られているとメスの逃避パフォーマンスが著しく下がることを示したグラフ。異なるアルファベットは処理間で有意な差があることを示す（Tukey-Kramer HSD test）。図中のカッコ内の数字はサンプル数（Maeno et al., 2021 を改編）

シングルのメスとオスは、捕食刺激である迫りくる観察者（私）に反応して、即座に飛翔して逃避した。

一方、②交尾中のオスは交尾相手の上に留まり、なかなか逃避行動を示さないものがいた。おかげで、②交尾中のメスはガードしているオスに物理的に拘束されており、オスが飛び去り次第、メスもすぐに飛び去った。その結果、交尾中のカップルは、シングルよりも最初の反応後の脱出時間が有意に遅かった。

同様の傾向が③交尾後ガード中のカップルでも見られた。しかし、逃避時間は②交尾中のカップルよりも有意に速かった。②は交尾器の結合を外すのに手こずるのやも。

これらの結果は、メスはオスにマウンティングされていると、速やかに逃避できなくなる不利益を被っていることを意味している。

一行の研究結果のため

バッタを追いかけ回すという自分の得意技でそれらしいデータがとれたのは良かったが、メスがオスと別居する理由について、もっと他にも良い証明の仕方があるのではないかと、追撃の機会を窺っていた。

夜間の調査中、産卵後と思われるメスがマウンティング中のオスを後脚で蹴っとばそうとするものの、手こずっているシーンを目撃した瞬間、ハッと閃いた。もし、メスがマウンティングを試みるオスを自力でお手軽に蹴っ飛ばすことができたら、同居していてもよさそうに思える。メスは、交尾を迫るオスに対して、自力で跳ね返すのに一苦労するから、別居しているのでは……。

この疑問を探るためには、飼育室で腰を据えて実験したい。ちょうどシリルが所属しているフランスの研究所に出張する計画を立てており、そこで実験をさせてもらうことにした。

正直に申し上げて、研究結果だけを紹介したら「メスは自力でオスを蹴っ飛ばすのに苦労する」という一行にも満たない説明で済んでしまう。ただ、それでは味気ないため、豪快に本題から逸脱して現地での裏話に触れてから、話を進めることにする。
さぁ、バッタ研究、フランス編の開演である。

おフランスへ

南仏の街モンペリエは学園都市と知られ、中世ヨーロッパの佇まいが今も残る。早春、日差しは強いが、爽やかな風が駆け抜けていく。夜になると石畳をオレンジ色の街灯が優しく照らし、なんだか懐かしく心が安らぐ。屋外で一杯やっている人々は楽しそうだ。

サッカーのワールドカップでフランスが優勝した際に大はしゃぎする市民

モンペリエ郊外のブドウ畑や草原に囲まれた小高い丘の上に、研究所CIRADはある。街の中心部からアクセスするには、トラムと呼ばれる路面電車と本数が少ないバスを乗り継ぎ、1時間半はかかる。通勤に時間をとられたくないので、研究所近くの森の中にひっそりと佇む、学生や若い研究者が住み込む寮に宿をとることにした。

実際に作業する建物（CBGP）まで自転車で25分ほどだが、丘を二つ越えねばならない。おかげで研究所に着くころには汗だくで、足がガクガクになる。近くにレストランやバーなどはなく、研究に専念するのにもってこいだ。1週間に1回、遠出してスーパーで食料を買い込む。

研究所にはバッタ専門の研究チームがあり、研究者3名、テクニシャン3名、文献管理係1名、事務手続き係1名、研究所内の手続き係1名からなる。作業を分担することで、チーム一丸となって高いパフォーマンスで研究活動を行っている。サバクトビバッタをはじめ、世界各地に出向いて現地のトビバッタ類を長年にわたって調査し続けてきたエキスパート集団である。

シリル（奥）と一緒に川下り。中央はシリルの娘さん

研究者のシリルとは、彼が着任したての2011年に、モーリタニアの防除センターを訪問した際に会って以来の付き合いである。

大干ばつのため、モーリタニアでバッタが発生しなかったときに、彼のラボに来て実験しないかと招待してくれた、いわば命の恩人である。元々はサーモンの個体群動態やマングローブの林に生息するカニの分布に関する研究などを手掛け、統計やシミュレーションに長けている。バッタについては素人だったのに、今やこの分野を牽引する第一人者に成長している。

世界で最も好きな場所の一つ

研究所の憩いの広場

私はCIRADには何度もお邪魔しており、他の研究室のみんなとも面識がある。気心知れた良い人たちだ。研究所は、大学の校舎に比べたらこぢんまりとしているが、それでも100名近いスタッフが動き回っている。やるときはガッツリやり、休むときはとことん休む、メリハリが効いた空気が流れている。

バッタのエサのコムギの芽出しの準備やエサ替え、洗い物はニコラやクリストフが手伝ってくれる。アクリルでこしらえた立派な飼育ケージもたんまりあるし、単独飼育用のケージもわんさかあるし、飼育し放題。すなわち、私は雑用に時間を取られず、実験に全力を注ぐことができ、データを稼ぎ放題なのだ。

アホみたいなアクシデントはほとんど起こらず、毎日フィーバーしながらガツガツデータをとれる、世界で最も好きな場所の一つである。

おまけに、文献パラダイス。2万報に迫る文献が管理されており、今では入手が難しい大昔の文献もキープされている。全ての作業をルンルン気分で進めることができる。

昼飯も最高である。カフェテリアがあり、レストラン並みのお食事をいただける。本来なら8ユーロほどの昼飯が、研究所の補助が出るため3ユーロで食べられる。

メニューは、前菜の小鉢（チーズ盛り合わせ、サラダ、生ハム、パイ、パテドカンパーニュ、ガスパッチョなど）、メイン（肉、魚、ベジタリアン用）、さらにはデザート（プリンの超絶うまいヤツ、フルーツ小盛り合わせ、フルーツポンチ、ラクレア、シュークリーム、ババロア、チョコレートケーキなど）をそれぞれ選べる。

会計を済ませた先には、取り放題（パン、ライス、スパゲティ、マカロニ、フライドポテト、インゲンの炒め物、ブロッコリーを茹でたやつ等）が待っている。お弁当の準備は不要で、研究に専念できる。食いきれなかったデザートやフルーツはお持ち帰りできる。

夜になってもそんなに腹が空かないため、ラディッシュとチーズを齧り、生ハムメロンの組み合わせに感動しながら、ワインをチビチビといただく。

生ハムメロンの考察

メロンの上に1枚の生ハムが載っている料理が生ハムメロンである。「えー、別々に食べたほうがいいのに」と言うなかれ。不味かったら、私をビンタしていいほど、自信をもって美味いと主張したい。

とはいえ、見知らぬ方々から往復ビンタをくらいたくないから事前に忠告しておくが、1枚の生ハムをメロンの上にペロンと載せたからといって、お手軽に生ハムメロンができあがるわけではない。スケスケレベルに薄く切られた淡く切ない舌解けをかもし出す、熟成された生ハムさんを、十分に完熟して「えっ？　大丈夫？　腐ってない？」と心配になってしまうレベルでグズグズ、汁ダクの状態のメロンさんと組み合わせたとき、初めて感動的な美味さを誇る生ハムメロンがこの世に誕生する。一人暮らしにとって、この奇跡的な共演は実に難しい。

生ハムは豚肉から作られており、切り出す箇所によっては脂身が多い。健康のことを考えたら取り除いたほうがいいのだろうけど、脂身とメロンが組み合わさった美味さが格別であることを知ってからは、罪悪感と一緒に必ず脂身さんもいただくことにしている。人は脂身の前に無力だ。

どうやら同じ肉屋でも、生ハムを薄くスライスするのは相当な熟練が求められるようで、職人が違うと生ハムの薄さは激変する。分厚い生ハムほど、不運を嘆くものはないだろう。ただし、薄くスライスしてもらうとすぐに乾いてしまうので、ご注意あれ。

日本人は、スイカを買うとき太鼓のようにポンポンと叩いて、「うむ、このスイカの中身はきっとスカスカではないはずだ」というおまじない的な感覚を頼りに選ぼうとする。私は未だにその感覚をつかむことができていない。

フランス人がメロンを買うときは、ヘタの対極にあるメロンのお尻とでも言うべきちょっとした出っ張りをクンクンと嗅いで、自分好みのものを探りあてている。

物は試しに、私もメロンのお尻を嗅いでみるのだが、「ちっともわからないのに、なぜ私は自信満々にコイツがベストだ！　的な顔を演出しなければならないのだ。もうノールックで、最初に手に取ったメロンでいいや」という、複雑な心の内とご対面することになる。購入時、完熟してなくても、時間が経てばじわじわと完熟してくる。

朝飯は、通勤途中のブランジェリー（フランスのパン屋さんのこと）でバゲットやパン・オ・ショコラ、それにパイ生地をねじって焼き上げ、表面にアーモンドと粉砂糖を振りかけたサクリスタンなどを買い、職場でコーヒーと共にほおばる。ネットで日本のニュースをチェックしながら。

正直に言うけど、バッタの研究者で酒好きで、異国暮らしが苦じゃなければ最高の環境だ。順調過ぎて申し訳ないくらい研究は進んだ。海外での出稼ぎ研究とかチョロいぜと、余裕をぶちかまそうとしたところ、謎の病魔に襲われた。

不眠症

フランスに来てからというもの、ここぞとばかりに実験を詰め込み、データを稼ぎまくっていた。体はクタクタなはずなのに、なぜか夜になってても目がランランでまったく眠れない。浅い眠りのまま夜が明け、致し方なく出勤していた。時差ボケもとうに治ってよい頃なのに、私の体は一体どうしてしまったのだろうか。

とうとう、チャリで丘を一気に登れず、降りて押すしかなくなった。具合が悪くなり、病院に連れて行ってもらった。病気ではなさそうだが、睡眠導入剤をもらい、無理やり寝るようになった。だが、体調はイマイチのままで困っていた。せっかく最高の研究環境が整っているというのに、自分の具合が悪いとは、ふがいない。

顔色悪く出勤した私を見つけた元看護師のアンが、問診してくれることになった。彼女はフライデーナイト（後述）仲間でもある。今までの病気遍歴や、日常生活の過ごし方など、質問を受ける。

ア「ところであなた、コーヒーやお茶は一日にどれだけ飲んでるの？」

日本にいるときは、同じ研究室の小西亜紀さんが淹れてくれる日本茶を数杯とコーヒー１杯だったが、フランスには日本茶を持ってきておらず、口寂しく５杯はコーヒーを飲んでいた。

ア「日本にいるときよりも明らかにコーヒーを飲み過ぎだと思うから、ちょっと控えてみたら？」

とアドバイスをもらい、その日はコーヒーを飲まなかったところ、爆睡できた。疲れが一気にとれ、睡眠のありがたさを思い知る。

翌日、中庭でコーヒーを飲んでいるアンたちを見つけ、すかさず結果報告に。

「アン、寝れたー!!　完全にコーヒーだった！」

二人して大笑い。深刻な病気かと思ったら、単なるコーヒーの飲み過ぎだった。

周りの人たちに事情を説明し、

前「あなたたちの研究所には、優秀な医療の先生がいて安心して研究できていいね」

ア「私は貴方の命を救ったわ」

と、得意げなアン。

海外では、いつもと違うリズムや風習で生活をすることになり、ほんの些細なことで全てが崩壊してしまう恐れがある。油断大敵。コーヒーを一日1杯に減らし、快眠を取り戻し、研究は順調に進んでいった。

研究がうまく進んだのは、とくにニコラのサポートのおかげだった。

フライデーナイト

実験補助からビールの管理、研究機材のメンテナンスと、なんでも屋のニコラはジブリが大好きなお兄さん。日本のアニメが大好きで、どこで買ってきているのかトトロやネコバスのTシャツを着ていることが多い。アメリカ留学の経験もあり、流暢な英語を話す。

シリルは自室で学生たちにシミュレーションのやり方やモデルのつくり方を教えている時

間が長く、必然的に私は、実験室と飼育室でニコラと過ごすことが多くなった。

金曜日の17時30分を過ぎると、ニコラが口笛と鼻歌交じりに研究所の各部屋のドアをノックし、「ハリボー」なるカラフルなグミを配り、フライデーナイトの時間になったことを告げる。すると、続々と仲間たちが中庭に集まってくる。

共有の冷蔵庫の中は小ぶりな瓶ビール（２５０ミリリットル）でギッシリ。１本１ユーロで売り出される。皆、ライターで栓を開けるなど、大変器用だ。フランスでも飲酒運転は取り締まりの対象だが、ビール２本までは大丈夫とのことで、大勢がワイワイと週末に向けて気合を入れ始める。研究や文化についての話が弾み、あそこのレストランはいいぞなど、色んな情報が飛び交う。この日ばかりはバスのお世話になる。

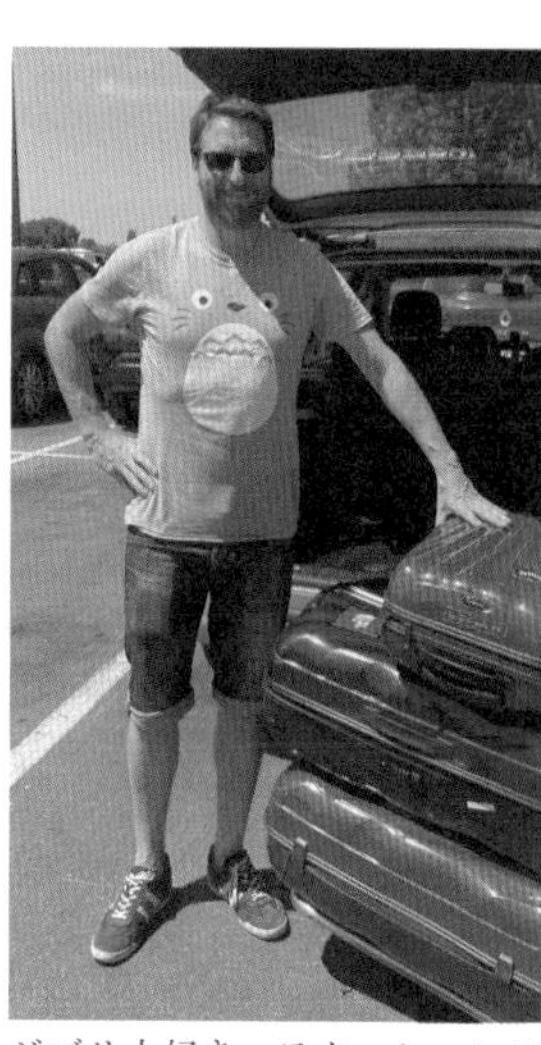
ジブリ大好き、テクニシャンのニコラ

何より知り合いになると気持ちが安らぐ。知らない人だらけのアウェイ感たっぷりの研究所に毎日通勤するのはなんだか気まずいけど、みんなと知り合いになってしまえば安心できる。実験資材が足りなくなったり、特別な機材が必要になったりしたときは、誰かに借りることになるが、仲良くなっていれば相手も「コータローにだったら貸してもいいぞ」と親切にしてくれる。それにケーキを焼いて持ってきてくれた時など、私も頭数に入れてもらえておいしい思いができる。

全員の名前はまだちゃんと憶えられてないけど、廊下ですれ違う時には笑顔で挨拶する。とくに飲み会の場は親しくなれるチャンスだ。日本での大人数の飲み会は、お店を予約して、決まった時間に集合し、帰宅時刻も一律で、けっこうな出費になることもあり、なかなか重たいイベントだ。

一方、自分のタイミングで参加、帰宅でき、ビール1本ごとに支払うだけでよいフレンチスタイルは気楽で素晴らしいシステムだ（日本ではキャッシュオンと呼ばれる）。気の利く人が、スナック（ポテトチップスなどいわゆる袋お菓子）やピザを差し入れる。周りは大げさにその雄姿を褒め称え、即席のヒーローになれる。皆さま、英語も堪能なため、私には英語を使ってくれる。おかげで私も会話を楽しめた。

私は日本の文化を紹介しようと、日本の酒の肴を準備していた。ツマミがまったくないときなんかは、フィーチャーされる絶好の機会だ。亀田の柿の種、歌舞伎揚げ、おかき、せんべいなど、クリスピーな食感のスナック的なものが喜ばれるようだ。

英語でこれらの説明をしなければならないため、得体のしれないものを提供するわけにはいかない。小袋にナッツと小魚が入っている「小魚アーモンド」を提供したときのこと、皆が一様に興味を示し、珍しそうにじろじろと眺め、

「ワ〜！　ペティポワソン（小さい魚）！」

と記念撮影し始めた。フランス人、魚食べてるのに、小魚に喜ぶの巻である。

日本の空港で買った「白い恋人」を出したときのこと。

「なんでコータローはフランスのお菓子を日本から持ってきたんだ？」

と聞かれた。

何を言っているのだ。「白い恋人」はれっきとした日本を代表するお菓子中のお菓子じゃないか。ところが、まじまじとパッケージを見てみると、ところどころにフランス語が書かれているではないか。そもそも「白い恋人」は「ラング・ド・シャ（猫の舌という意味）」という、正真正銘のフランス菓子であった。知らんかった。

「シュークリーム」の「シュー」はキャベツのことで、形が似ているからという話は知って

いたが、北海道名物がフランス菓子であることに私は混乱した。それこそ、日本が誇る逸品の美味さに恐れおののけとばかりに、ドヤ顔でみんなに手渡しており、とても恥ずかしかった（フランス人が、日本のラング・ド・シャおいしいって言ってくれたよ）。

お土産、どれにしようかな

海外出張中、どこで誰に親切にしてもらえるかわからない。いきなりパーティーに呼ばれるかもしれないから、手ぶらじゃ困る。そんなときのちょっとした御礼として、キットカットの抹茶味は、どこでも大喜びしてもらえる大変便利なアイテムだ。

フランスでもキットカットは定番中の定番のチョコレート菓子で、それが妖艶な緑色をしているのだ。抹茶の知名度も高まっており、はじけそうな好奇心を目に浮かべ、口に運んでくれる。味や形は未知だけど身近なものはすんなりと食べてもらえるようだ。

梅酒も「プラム ワイン」として大喜びしていただける。かさばるため、特別にお世話になった方用のお土産として数本準備する。日本のウィスキーも注目を浴び、仲間のマエヴァのお父上にプレゼントしたらお礼にワインをくれた。

何度もフランスに通っていると、その度ごとのお土産選びに困ることになる。手ぬぐいやら扇子といった、日本らしいお土産のバリエーションとして、日本刀代わりの包丁をあげることにした。

私が京都に住んでいるころ、アメリカ人のダグ（第3章参照）が奥様を連れて3カ月間、バカンスにやって来た。自宅の手巻き寿司パーティーに彼らを招待したのだが、備え付けの包丁があまりにもナマクラで（当時、家具・家電付きマンションに住んでいた）、ダグたちは、なぜこんなにも切れないのかと驚愕していた。かわいそうに思ったのか、錦市場にお店を構える有次さんの包丁に「前野」と名入れしたものをプレゼントしてくれた。

私はそのすさまじき切れ味と美しさにすっかり惚れ込み、築地にお店を構える東京の有次さんでペティナイフを大量購入し、フランスでお世話になる方々に日本土産としてお渡ししていた。

その翌日、シリルがお礼にこれをと、古びたコインを手渡してきた。よほどプレミアでもついたコインなのかしらと思っていたら、

「フランスでは刃物を友人からプレゼントしてもらったときは、その友情の縁が切れないようにコインを渡すのが風習なんだ。私はコータローとの縁を切りたくないからこのコインを受け取ってくれ」

とのこと。

ナイフでコインをぶった切ることは難しい。縁を守るための盾としてコインをお礼に渡してくれたのだ。シリル以外にも、続々とコインをお礼にと持ってきてくれた。色んな大きさのコインがある。コインの額面や価値は重要ではなく、コインそのものに意味があるようだ。

日本で結婚のお祝いに刃物を贈ることは、無礼と見なされることがある。せっかく結ばれた新郎新婦の縁を切ってしまう恐れがあると考えられているからだ。その反面、「魔を断ち切る」縁起物としても扱われている。ならば、フランス流を見習い、5円玉を添えたらいいのではなかろうか。

フランスでは、コインをお返しすることで、縁起の良いイベントでも刃物のやりとりができるというわけだ。気の利いたオシャレな振る舞いに、さすがフランスと唸ってしまった。こういった素晴らしき風習を知ることができるのも旅の醍醐味の一つである。

通勤路にある八百屋さんには色んな種類のチーズが並んでいる。店主は英語を全くしゃべれないため、フランス語で会話しないといけない。お互いに100%理解していないが、な

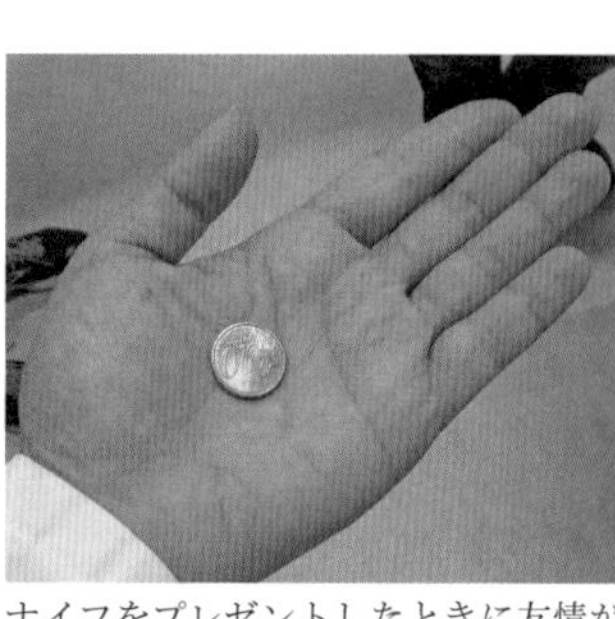
ナイフをプレゼントしたときに友情が切れるのを防ぐために、コインをお返しするのが習わし

んとなくこんなことを言っているんだろうなと推測しながらやりとりするのもなかなか楽しい。

「私はこれから3カ月間滞在する予定で、色んなチーズを食べてみたい。毎週通うからチーズをお勧めしてくれ」とお願いすると、店主が1個ずつのチーズについてめちゃ気合入れて説明してくれた。でも、何を言っているのか理解できない。彼の時間をムダにして大変申し訳なかったけど、次回の買い物では、前回のチーズを指さし、セボン（これ、良かったよ！）とお礼を伝え、新作を勧めていただくのが毎週の楽しみになった。

フランスでは、チーズは食べ放題でワインは飲み放題である

帰国直前には、お土産の在庫管理も大切だ。多めに買ってきたもんだからキットカットが余っている。帰国前日、八百屋さんの店主にも、チーズをお勧めしてくれたお礼にとお渡しした。めちゃ喜んでくれて、これを持っていけとパイナップルを渡される。

すでに退寮し、出国前日はホテルに泊まる予定で、帰国直前のパイナップル丸ごとは手に余る。人の親切をムダにしてはいけないと、とびきりの笑顔でお礼を伝え、パイナップルはホテルのフロントの係にあげた。宿泊客からいきなりパイナップルを渡されて、困っただろうに、フロントのお姉さんはめちゃ喜んでくれた。

彼女も誰かにパスしたのか気になるところだが、お土産を渡すとき「そんなそんな」と遠慮されるよりも、「わー！　ありがとう！」と喜んで受け取ってもらえるほうが、私は好きである。

人の目を見る大切さ

フランスで学んだ大切なことの一つに、乾杯のお作法がある。日本だったら宴会が始まる前、声高らかに乾杯をご唱和し、お酒を入れたグラスをぶつけ合ってから飲み始める。なんだったら、いち早く乾杯するために1杯目はビールで統一するなど、とにかく早く乾杯の準備を整えることに重きが置かれがちである。

一方のフランスでは、「サンテー」と乾杯を意味するフランス語を発し、日本と同様にグラス同士をぶつけるが、相手の目を数秒見てからグラスをチンするのが礼儀である。なんだったら、目を見開き、数秒見つめ合うのだ。女性とも見つめ合うため、少々照れる。

日本では、人の目を見て話しなさいとは教わったが、人の目を見て乾杯しなさいと言われたことは一度もない。目の奥を覗いた瞬間、すぅーっと相手に吸い寄せられ、お互いにつながった感覚に陥る。人の目を見ることは、人と人とがコミュニケーションする上で、国境や言語を越えて、本能的に仲間意識を持つためにとても大切なことのように思われる。

乾杯は、宴会が始まる前のささいな出来事だが、フランス人は丁寧に時間をかけ、全ての参加者同士、一人残らず乾杯をしてから一口目を味わう。

私はこの丁寧なお作法を大変気に入ってしまった。「君の瞳に乾杯」という口説き文句を

「貴女の青い瞳がとても美しいので是非とも写真を撮らせて日本のみんなに紹介させてください」というお願いをしたときの私の心境やいかに

君の瞳に乾杯

使用する際には、相手の目の奥を覗き、ドキッとさせるというエレガントな技を手に入れてしまった。これで婚活がうまくいくはず。

勤務姿勢

研究所の外では、見知らぬフランス人たちとやりとりすることになる。別に私に親切にする必要などないから、ぞんざいに扱われることもあるが、基本的に親切でフレンドリーだと思う。

日本との違いを一番感じるのは、皆がリラックスして仕事をしている点だ。

バスの運転手は、耳にイヤホンをはめて携帯電話で友達と会話したり、好きな曲を爆音でかけたり、非常にリラックスしながら仕事をしている。スーパーのレジ打ちは、私服にお店のユニフォームであろうベストを羽織り、イスに座って片ひじをつきながら、商品のバーコードをチェックして人様のお買い上げ商品をポイポイとベルトコンベアーに放り投げていく。客が自ら袋に詰める。

日本だったら制服に着替え、レジ打ち中は立ったまま姿勢を正して、商品をテトリスのごとくかごの中に綺麗に並べ、無駄口をほとんどきかず、マシーンのような対応を余儀なくされるだろう。

せっかくお買い上げ商品を綺麗に整頓してかごに詰めていただいても、マイかごでないかぎり、その芸術作品はすぐさま崩され、乱雑に袋や段ボールに詰めなおされる。

「ちょっと、あなたが刺身の盛り合わせを斜めにしちゃったから、刺身が片方に寄っちゃったじゃないの！」

なんだったら、文句を言われることだってある。なんだこの骨折り損の作業は。

フランスでは、お客もレジ打ち係も挨拶し、気さくに会話しているし、バスから降りるとき、みんなが運転手に「ありがとう」や「また明日ね」と大きな声でお礼を言う。日本人は世界で最も礼儀正しいと信じていたけど、もっと友達感覚というか自然体でお仕事をしてもいいのではなかろうか。丁寧過ぎたり、かしこまり過ぎたりすると、生きづらさにつながる。

「お客様は神様」過ぎなのかもしれない。

一方、日本で何か問題が生じたら懇切丁寧に対応してくれるが、フランスでは信じられないほど適当に対応されることがある。「正確さ」と「適当さ」のどちらを追い求めるかで、社会のあり方が変わるような気がする。

日本はもう少し、気楽に仕事できるように、無駄なしきたりや作業を減らすことができればいいのになぁと思う。もっと楽していこうよ。

休日になると、一部の研究者がお子さんを連れて研究所にやってくる。動物を研究する関係で、休日でも世話をしたり、データをとったりしなければならないからだ。

バッタの飼育室は人気スポットで、

「コータロー、ちょっと見学させてくれないか」

とたまに訪ねてくれる。

もちろん、私の所有物ではないし、バッタに興味を持ってもらえるのは嬉しいから、お安い御用だ。両親の職場が素晴らしい場所であることを認識してもらうべく、ささやかなサポートとして、お菓子を準備している。

ちなみに日本の多摩動物公園では、スタッフたちの尽力のおかげで、トノサマバッタの様々な発育ステージがご覧いただけるし、全国各地には昆虫館が配備されている（全国昆虫施設連絡協議会『昆虫館はスゴイ!』repicbook）。

命を賭けた牡蠣と餅

年末年始をフランスで過ごしたときのこと。フランスではクリスマスに生牡蠣を食べる習慣があることを知って驚いた。どこのスーパーに行っても剥き牡蠣は見当たらず、殻付きしか売られていない。1ダース（12個入り）単位で販売されている大量の殻付きの牡蠣を買って帰り、家で剥くのが定番だ。一般家庭にはこぞって、牡蠣の殻開けに特化したナイフが備えられているそうな。

牡蠣は二枚貝で、岩などに着床し、硬い殻にその身が守られている。「海のミルク」という別名があるほど栄養たっぷり、クリーミィさが病みつきになる人気の海産物である。殻の形がどいつもこいつも違って個性豊かで、殻だけ大きくて身が小さい肩すかし個体もおり、いけずなヤツらである。

一度、殻付きの牡蠣をモーリタニアで購入し、小型ナイフでこじ開けようとして、手が滑り、指を切って流血騒ぎを起こして以来、特別なトレーニングを受けた選ばれし職人なくして食べられない食材だと思っていた。だがフランスでは、人生を歩む上で牡蠣の殻開けは必修技術とのこと。

ニコラのお宅で開催されたクリスマス牡蠣パーティーに招待され、右利きの場合の開け方

牡蠣を開けるナイフ

を伝授してもらった。素手で牡蠣を開けることは常人にはまずできないほど、上下の殻がミラクルフィットし、ビクともしない。犯人は貝柱だ。剥き身にご対面するためには、二枚貝の開閉を司る貝柱を断ち切る必要がある。そこで特製の小型ナイフでこじ開けるのだが、コツがある。

万が一のアクシデントに備え極厚の軍手を左手にはめてから牡蠣を持ち、膨らみのある殻を下にすることで左手にフィットさせる。右手に持ったナイフで殻の横から、上下の殻が重なっている隙間をグリグリホジホジしていく。

うまいことナイフの先端を滑り込ませたら、ググッと押し込み、中心部に位置する貝柱を目には見えてないけど巧みに断ち切り、手首を反転させてナイフを90度回転させると、ようやく殻がスムーズに開く。後は手で上の殻を力任せに取り除けば、下の殻に鎮座した牡蠣本体さんのお目見えだ。

下殻のへこみに溜まったスープも美味いとのことだが、ホジホジするのが下手くそだと小さな殻の破片が身にまとわりつき、スープごと捨てる羽目になる。

破片は水洗いしたらどうにでもなるが、今世紀史上最大レベルで注意しなければならないのは、ナイフを使っているという点である。

開け慣れているフランス人でも、誤って手首や腕にナイフを突き刺す事故が多発するようで、年末になると、テレビでも牡蠣の殻開けにくれぐれも注意するようにとアナウンスされるとのこと。日本では年末年始に餅を喉に詰まらせる事故が多発する。日本もフランスも、年の変わり目に危険な物を食べたくなるのは一緒なんだなと、妙な共通点を見いだした。

採れたての牡蠣を食べに海に連れて来てくれたニコラとギオン。白ワインと合わせて

南仏では、海沿いに牡蠣小屋のような専門店があり、自ら危険を冒さずとも剥かれた牡蠣を堪能できる。レモン汁やみじん切りのエシャロットにビネガーを混ぜたものをかけていただく。日本の牡蠣に比べてややしょっぱい。白ワインさんとマリアージュすると格別

である〈2種類以上の食材を口の中に入れ、そのハーモニーを楽しむことをマリアージュ〈結婚の意〉と呼ぶ。カレーのルーとライスを同時に口の中で咀嚼するのもマリアージュの一種である〉。

日本での私の生活環境では、牡蠣はその高級さゆえに一人当たりの数が限られるため、ツルリと口に入れ、じっくりと噛みしめて幸せの余韻に浸る。ところがフランスでは価格も安く、ひょいパクで次から次へと味わっていく。殻ごと焼いた牡蠣のグラタン、カリッと揚げたカキフライの美味さたるや罰当たりである。思わず、タッパーに詰めて持ち帰りたくなる。

その昔、フランスの牡蠣に病気が流行し、全滅してしまったそうな。そこで、日本から稚貝を輸入し、各地で増やしていったため、フランスで味わう牡蠣のほとんどは日本由来とのこと。日本のオイスターバーで全国各地の牡蠣を食べ比べてみるとわかるように、フランスでも育てる場所で随分と味が変わるようだ。

ワインで有名なボルドーの側にシリルの実家があり、クリスマスシーズンに遊びに行ったときのこと。近くで牡蠣を養殖しており、見学させてもらう。

海沿いの川から水をひいた池に牡蠣を沈めているそうで、海で育てた牡蠣を淡水で半年以上飼育すると身が大きくなり、よりクリーミィになるらしい。直売所では色んな種類の牡蠣を味見することができ、より長い期間淡水で育てた牡蠣のほうが確かにクリーミイで美味さに深みがあった。

このときも、クリスマスを祝うために殻付き牡蠣が大量購入されており、男共が殻開けに勤しむ。シリル家では、左手の牡蠣の持ち方は一緒だが、殻が連結している下側の蝶番の部位からホジホジしていく。

南仏エリアのニコラの家では右サイドからホジホジしたが、ホジるポジションが違うではないか！　ホジポジちゃうやん！

シリルの父によると、横から開けると殻の破片が身に入るから連結部から開けるのがベストとのこと。せっかく横開けをマスターしたというのに、ここでは邪道とされており、磨いた技を封印せざるを得ず、ド素人同然で、新しいホジ方に挑戦することになった。どうやら殻の上部先端からホジる流派もあるらしい。全仏における牡蠣の開け方の地理的変異がどうなっているか気になるところだ。

私があまりにも牡蠣開けナイフについて色々と質問したもんだから、ニコラがプレゼントしてくれた。柄が木製で見るからにプロ専用で開けやすそうだ。おかげで、日本でも殻付き牡蠣を恐れることなく、自力で開けられるようになった。牡蠣の殻開けの習得は人生を豊かにしてくれる。

食レポにご注意あれ

「わぁ、おいしいですね。これ食べたら、他のものが食べられなくなりますね」

なんという不幸せな食レポだろうか。当の本人は、いただいた料理が格別においしいことを伝えようとしているのはわかるけど、そのような料理は高額だったり、どこか遠くでしか食べられなかったりする場合が多い。今まで食べてきた手ごろな料理が、もはやおいしく感じられない呪いがかけられるならば、そのような特別な料理など食べたくないのだが……。この食レポはけっこう定番だが、早く廃れたらいいのにと思っている。

一方、料理を食べたりお酒を飲んだりしたときに、感想を伝えなければならない状況はけっこうある。例えば、フランスにいると皆様、ご自慢のワインを振る舞ってくれる。本当においしく、この感動を、

「自分の人生の中で最もおいしいワインです」

と、伝えてみた。当然、相手も喜んでくれる。

すると、間髪を容れず、ならばオレのワインも飲んでみろと別の人に勧められた。どちらも大切な友人である。なんと食レポしたらいいのだろうか。

先ほど、手持ちの最上級の食レポを使ってしまっている。間が悪いことに、先に振る舞ってくれた友人も見ており、同じ食レポを使うと優劣が生じてしまう。ピンチである。誰かを悲しませる食レポは避けたいし、どちらにも喜んでもらいたい。

そのときは、「またしても私の人生の中でベストのワインに出会えるなんて、今日はなんて日だ！」と喜びを爆発させ、その場を強引に乗り切った。順位をつけるような食レポは危ういという教訓を得た。

あれこれと試行錯誤の結果、「ベリーデリシャス　アンド　ベリーティスティー」と、異なる表現を組み合わせ、とびきりの笑顔で感謝を伝えるようにした。「おいしくて美味い」という表現は、このような経緯で誕生した。

とはいえ、たまにおいしくない料理に出くわすこともある。これまた食レポに困る。褒めちぎったり、あまりにもおいしそうな演技をしたりすると、もっと食べろとおかわりを勧められる危険が潜んでいる。

解決策を模索していたときに、なんだったか忘れたけど外国人に食べ物をあげたら、

「おー、インタレスティング（面白い）」

と言われた。

だが私は、彼の一瞬のしかめっ面（つら）を逃さなかったし、彼は2個目を食べようとしなかった。残念ながらお口に合わなかったようだが、私はピンチを乗り切る食レポを手に入れることができた。ときには、偽りの優しさも大切である。

ところで、なぜ私は牡蠣や食レポについて熱弁をふるっているのだろうか？冒頭で脇道にそれると宣言したが、それ過ぎにも程がある。そろそろ本題に戻るとしよう。

交尾回避実験

さて、サバクトビバッタのメスは、交尾しようとマウンティングしてきたオスを自力で跳ねのけることができるかどうかを実験できたらと、フランスにやってきたのだった。そうだった。

所属先の現行プロジェクトを進めるため、あれこれ別の実験も手掛けた結果、交尾回避実験をする前に大忙しになってしまった。

私が考えうる中で、ベストの実験方法は、メスとオスを一つの容器に入れ、メスがマウンティングしてきたオスを蹴っ飛ばすかどうかを直接観察するというもの。

ただ、私は時間がないためつきっ切りで観察できない。目視による観察が繰り出せないならば、ビデオカメラを使えばいいじゃない。だが、手持ちの1台のビデオカメラでは一日に数個体しか観察することができず、非効率だ（何台も買えばいいのに、というツッコミは今は抑えてほしい。複数台買っておいたビデオカメラはモーリタニアに置いてある）。

そこで、ベストではないものの、効率を重視したプランBの実験方法を考案した。

なるべく雌雄が高頻度で出会えるように、小型ケージ（20×20×35センチ）を使い、そこにそれぞれ10匹のメスと10匹のオスを収容し、強制的に同居している不自然な環境を作り出す。これを4ケージ準備した。

あんまり入れ過ぎると収拾がつかなくなるし、「10」という数字は割合を計算する上で都合が良い。バッタの背中に修正液で背番号を書くことで個体識別を可能にした。

そして、一回産卵してから24±2時間後に、メスがマウンティングされているか、シングルでいるかを記録した。マウンティングされているものは、「自力でオスを跳ねのけられなかった」とみなすことができる。

もう一工夫した。バッタの交尾に関する先行研究はいくつかあったが、どれもメスの卵巣の発達状態を考慮せずに、メスがオスの交尾を受け入れたとか、何時間交尾していたとかを調べていた。

私の経験上、産卵直後で腹部が凹(へこ)んだメスはオスの交尾を強く拒絶するが、産卵直前の豊満な体をしたメスは、拒絶することなく受け入れる傾向にあった。産卵してから次の産卵日の間の卵巣発達の状態に応じて、メスの交尾受け入れ欲求が変化している可能性がある。

交尾を受け入れる気があるメスだけを使うと、メスはオスにマウンティングされることになり、「メスはオスを跳ねのけることができない」と解釈してしまう恐れがある。

なので、個体ごとに産卵履歴をフォローしつつ、毎朝、交尾の状態をチェックし、マウンティングされていても一度雌雄を引きはがし、シングルにしてから、エサを入れた小型ケージに戻した。同じ手順を、次の産卵が起こるまで毎日繰り返した。計40匹のメスを準備したが、2回目の産卵をしなかった7匹のメスを除外し、計33匹を解析に使用した。

ちょっと観察するだけでも、一部のメスは近づいてきたオスを後脚で蹴っ飛ばしたり、飛び跳ねて逃げたりし、明らかにオスのマウンティングを嫌がっていた。しかし、狭いケージ内のため、オスは頻繁にメスを追いかけ、交尾を試み続けた。暴れ馬の上でカウボーイが振り落とされずにしがみついているロデオのように、メスの背中に留まるオスもいた。

結果をまとめると、ほとんどのメスは最終的にオスにマウンティングされていた。しかし、産卵直後（０日目）のメスでは、マウンティングされている割合が有意に低かった。

ほとんどのメスがオスにマウンティングされる

この結果は、産卵直後のメスだけはオスから逃れる確率が多少上がるが、メスがオスと同居していると、マウンティングされてしまうことを示している。

では、オスはどうやって、激しく蹴っ飛ばそうとするメスの背中に留まることができるのか。あんな細い脚に類（たぐい）まれなる脚力はありそうもないのに。

メスとオスの蹴っ飛ばすか留まるかの攻防をじっくり観察していると、オスの脚先がいつもメスの胸部にひっかかっていることに気づいた。脚先に何か秘密があるに違いない。

同じ研究所内で、元々美術家で虫好きだったロォーラは特殊カメラの使い手で、脚先の拡大写真の撮影を依頼したところ、頑丈そうなカギ爪があることが発覚した。

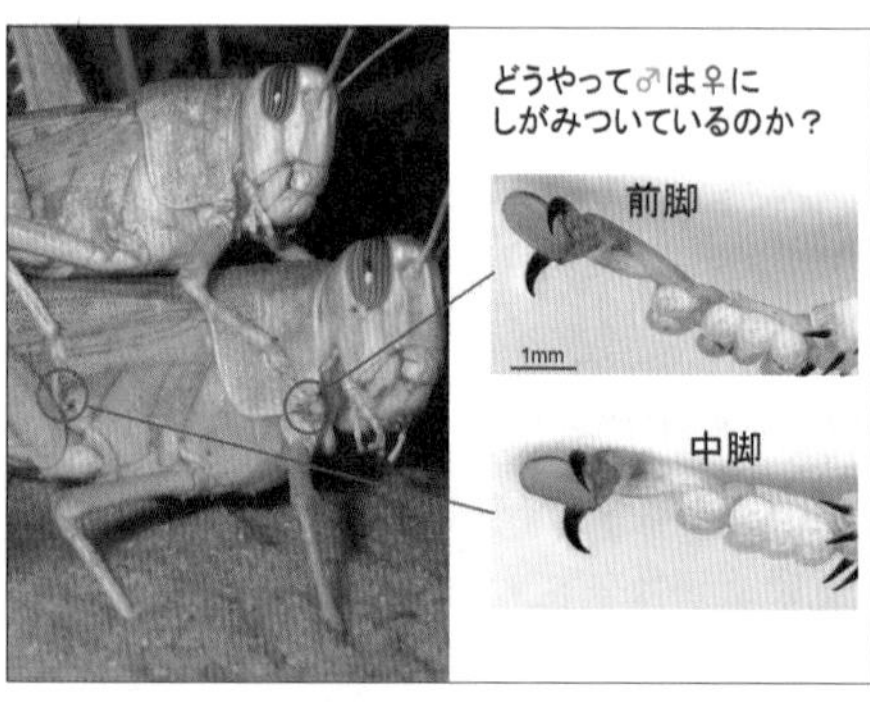

オスの前脚と中脚の拡大写真。見るからに凶悪そうな爪は、メスにしがみついて蹴とばされないようにするときに活躍する

プロヴァンスのフンコロガシを探しにつれて来てくれたロォーラ。爪先の写真を撮影してくれた

マウンティング中のオスは、前脚と中脚のカギ爪をメスの胸部の端に引っ掛けることで、下から蹴り上げるメスの背中にとどまることができていたのだ。

メスはオスと同居していると、自力でオスからの性的な干渉を跳ねのけることができない。そのため、別居しているのではないか——という生態学的な意義を説明しうるデータを、フランスの地で特段苦労することもなく、すんなりと得ることができた。

フランス土産を胸に抱き

出稼ぎの最終週は泣く子も黙る忙しさだ。鬼のように働き、後片付けまでしっかりする。データは紙に記入しているが、万が一なくしたり、燃えたりしたら今までの努力が水の泡だ。出国日の前日に、ノートやらメモやら紙に記入した全てを写真撮影する。これでいくらか安心できる。移動中、研究ノートは肌身離さず、死守する。

正直、日本にいると私はいつも孤独だ。サバクトビバッタに関する研究内容を論議する友人は日本にはいないのだ。最も興味がある内容について語り合い、お互いに刺激を与え合うことができないのだ。マニアックな物事に興味を持ってしまった代償である。

ところが、シリルは、専門用語も研究背景もいちいち説明せずとも、研究内容について深く論議できる唯一無二の心の友である。

集団別居仮説のアイデアをシリルに披露したとき、彼の眼には鮮烈な驚きと興奮が溢れていた。私一人だけでは力不足で検証することができず、ぜひとも力を貸してほしい旨を伝えると、

「これは極めて重要な発見になり、大勢が驚くはずだ。フィールドワークに目をつけたコータローだから気づけたのだ。やはりフィールドワークは大切だった。喜んで一緒に研究をしていこう」

と力強く励ましてくれた。私にはどうすることもできない実験室の手配をしてくれたのもシリルだ。


最終日前日、実験室で後片付けをしていると、ちょっといいかとニコラがやってきて、中庭でサプライズ送別会を開いてくれた。ウォッカをフルーツジュースで割り、絞ったライム汁を垂らし、最後にミントを投入した爽やかな風味の特製カクテルにワイン、手作りのテリーヌやらマドレーヌがテーブルを彩っている。ニコラが、両手で抱えた段ボールをくれた。

「コータローはフライデーナイトの度に日本の食べ物を振る舞ってくれたから、これは私た

ちからのお礼だ。日本の友達と家族とで楽しんでくれ」

頂戴したプレゼントはその場で開封し、リアクションを見せることが礼儀だと信じている。恐縮しながらもさっそく開けてみると、中身はフランス満喫食料セットでギッシリ。フライデーナイト仲間たちが、これは私の故郷のお菓子よ、これはオレの街で採れたジュースだ、コイツはオレのお気に入りのワインだなどと、思い思いの品を詰め込んでくれていた。

ちなみにではあるが、日本への肉製品の持ち込みは農林水産省により禁じられている。プレゼントの中にあった瓶詰めのテリーヌは、捨てるわけにも返すわけにもいかず、最終日、ホテルでおいしくいただいた。

採れたてのデータとみんなの優しさが詰まったお土産を胸に帰国の途に着いた。

モロッコでは卵巣発達に関するデータを、フランスではメスは自力で交尾回避ができないことに関するデータを得ることができ、いよいよ論文発表にとりかかる準備が整ってきた。

ここまですでに話の本筋からそれまくりではあるが、ここらで一服しますか。あの男の話でもして……。

第7章　ティジャニ

影の主役ティジャニ

この本では、昆虫学者が宿敵のサバクトビバッタに挑むというバトルマンガではお馴染みの展開で話を進めてきた。しかし、緻密に組み上げた話の展開を根底から覆し、どちらの主役もペロリと食ってしまうほどの強烈なキャラが存在する。そう、ドライバーで相棒のティジャニだ。

弱った猛禽類を助ける心優しきティジャニ。餌を与えて数日後、野にかえした

前作『バッタを倒しにアフリカへ』において、彼はたまに盛り上げてくれる脇役として登場した。しかし、少ししか登場していないにもかかわらず、彼の豪快で人情味溢れる行動は、思いのほか読者の人気を集め、ジュンク堂書店池袋本店やさわや書店フェザン店で開催されたサイン会では「私、ティジャニのファンなんです！」としおらしく瞳を潤ませる女性まで出てくる始末。ちくしょう、一体、ティジャニという男のどこが魅力的だというのか。

偉い人が視察に来るから車を綺麗に並べるティジャニ

発電機を修理するティジャニ

前作のカバーでは、私がバッタのコスプレをした画像を使っている。累計部数から想定するに、25万人以上の読者がこれを見て共通して抱いたであろう感想は「この著者はなんて頭が悪いんだろう」だと思われる。

ところが、著書をモーリタニアに持っていき、ティジャニに披露した時の彼の感想はまったく違うものであった。

「ふーむ、良い風が吹いているな」

そうなのだ。虫捕りアミが生き生きとなびく強風のタイミングを見計らい、私は三脚を使って何度も自撮りをした。私の隠れたこだわりを見抜くことができた者は、サハラ砂漠を熟知したティジャニ、彼一人だけである。

モーリタニア出張前に、何か欲しいお土産があるか彼に聞くと、

「シュクラン（アラビア語でありがとう）、メルシー、アリガトゴザマース。一番に欲しいものは、え～なんだろう。ウィ～、最大級に欲しいものはコータローだ。コータローがコータローをモーリタニアに持ってきてほしい。私はコータローが何も問題ないことを一番に望んでいる。

風を浴び、異国で一人ハロウィンを楽しむ著者

あと、アラビア語で書けるノートパソコンが欲しい！」

チョコレートとか懐中電灯くらいを想定して聞いてみたら、あろうことか、パソコンとは何事か。しかしながら、憎めない。憎む余地が見当たらない。人心掌握術に長けているのがティジャニである。これまでもついつい何かを貢いでしまうのには理由があったのだ。

前作出版後も、彼は着実に武勇伝を積み上げた。研究の話と同時並行で彼の逸話を紹介すると、もはや研究の話が頭に入ってこないのは目に見えていた（ただでさえ余計な話が多いのに）。

それに、これ以上、ティジャニが人気者になるとか許さないし、許されない。彼の登場回数を激減させるのは、著者権限でいくらでも可能だが、彼の逸話をお伝えしないのはもったいなさすぎることも私は知っている。

「ティジャニの逸話を紹介したいが、全てを持っていかれてしまう恐れがある」

執筆中、私は悩んだ。担当編集者の三宅貴久さんと協議し、苦肉の策として、彼にまつわる逸話を独立した章にまとめるという暴挙に出る決断を下した。光文社新書シリーズ１３００冊以上の歴史の中で、いちドライバーの話を伝えるために１章丸々使用するのは今回が初めてだろう。ましてや、この本は学術書である。

マンガなんかでも、主役じゃなくて脇役に注目して派生した物語のことを「スピンオフ」と言うそうな。本件もまさにそれにあたる。

私はもうヤケクソである。「文化人類学」という色んな地域の文化や風土、社会について調査する学問が存在するが、異国のドライバーたった一人について、詳細にまとめたレポートが未だかつてあっただろうか。普通であれば遠く離れた異国のドライバーのことは大して気にならないかもしれないけど、今回のターゲットは音速の貴公子・ティジャニである。報告する価値は十分にあると確信している。

そして、これらの話を綴るのが現地語にいまだ不慣れな私である。取材記者が自ら現地に赴き、起こった事実をありのままに伝えることを「ルポ（『現地報告』を意味するフランス語の『ルポタージュ』が語源）」という。ティジャニとだけは会話ができるという奇跡が生んだ、言語が不自由な記者による、たった一人のモーリタニア人を対象にしたルポという意欲的な試みもお楽しみいただきたい。

なにより、硬い文章ばかり綴ってきていささか疲れてしまった。普段の仕事ではガチガチの硬い文章を書いており、たまには、とろけるほど柔らかい文章を書かせてほしい。最後のクライマックスに向けて、一旦、英気を養わせていただく。

ということで本編の途中ではあるが、いっそのこと今までのバッタの話とかはひとまずおいておく。こんなにも話の腰を折ってもいいものかという背徳感を覚えつつ、これから厳選したみんな大好きティジャニ話をブチ込むことにする。後ほど、これまでのあらすじをお見せしますので、リラックスしてとくとご堪能あれ。

ただあれだよ、この章を読み終わったら、この本を閉じることなく、研究の続きを読んでよ！　約束だよ！　この本は極めて学術性の高いバッタ本だよ！

ティジャニ、出生の秘密

「私のパパは、サバクトビバッタ防除センターの初代所長なんだよ」

我々2人の出会いから1年が過ぎようとしたとある日。ティジャニが意味不明のことを言い出した。ババ所長が、ティジャニのパパだったのか？

「パルドゥン（フランス語ですみませんの意）？　ちょっと何言ってるのかわからないんだけど？」

私のフランス語は相変わらず低レベルを維持し、改善の兆しはまったく見えないため、ティジャニの説明を誤解している恐れがあった。だが、何度言いなおしてもらっても、どうやらその通りの説明だった。

なんでも、ティジャニの実父は病死し、実母の再婚相手が初代所長だったそうな。現在の防除センターはモーリタニアの首都ヌアクショットにあるが、その前身は、南のアイウンという地にあり、アイウン時代の初代所長がティジャニのパパで、ババ所長の前任者だったとのこと。なぜ今さらこんな大切なカミングアウトをしてきたのか。いや、このような複雑な話を私が理解できるようになるまで時間がかかるので、待ってくれていたのだ。

彼はさらに、話を続けた。

「私の今のパパで初代所長の名は、タハラといい、バッタに詳しい」

なっ！　タハラ……だと？　そんなバカな。バッタの話は置いておいて、

前「タ、タハラ?」

テ「ウィー、彼の名はタハラです」

ババ所長に続き、一体この国の住人の名前はどうなっているんだ！　どう考えても「タハラ＝田原」であり、私の中で「タハラ」はトシちゃん（田原俊彦氏）のことであり、日本史において極めて重要な人物の名字である。私は俄然(がぜん)食いついた。

「もうちょっと詳しく教えてくれる?」

パパは20年間勤めあげ、すでに引退し、ヌアクショット市内で商店を経営しているとのこと。

「私には2人の弟がおり、ハミドゥとヤコブはタハラ・パパの子で、ママが違っている」

ティジャニには2人の弟がおり、どちらも英語ペラペラで、商売人になっており、全然似

ていないと思っていたのだが、そういうことか。ティジャニの弟の身分証明書を見せてもらう機会があったが、「TAHARA」と綴られており、まぎれもなく完全体のタハラであった。

そもそも親子2代でなぜ、特殊な就職先となる防除センターに勤めているのか。てっきりティジャニは運転手の技術を買われて就職したもんだとばっかり思っていた。

今までの生い立ちについて質問すると、彼は、本当は軍隊に入りたかったそうだ。当時から物騒な争いごとが起こるため、国を護りたかった。しかし、母が人を殺める（あや）かもしれない職業に就くのだけは許さず、かと言って、別にやりたい仕事もなかったため、再婚相手の父のバッタ防除センターに勤め始めたとのこと。ここにティジャニの経歴を記そう。

評判のメカニック

ティジャニは義務教育的な学校を卒業した14歳から、車を修理するメカニックとして工場（ガレージ）で働き始めた。手先の器用さと、賢さにより、小さいながらもあっという間に工場で一番の腕利きに成長した。

他の職人たちはかなり年配だったが、工場に修理を依頼しにくる人たちはティジャニを指名し、手持ち無沙汰になる始末。あまりにもティジャニの人気が高まり、出勤待ちする客まで現れた。客たちは工場の前で待ち伏せして、ティジャニを自分の家に連れていき、こっそり修理させ、修理料金を安くしようとしたのだ。

当然、工場では依頼数が激減し、他の職人は寝てしまうほど暇になり、経営は悪化した。事態に気づいた工場長は怒ってティジャニをクビにした。元々、生活できないほどの低額の給料しかもらえていなかったので、なんの未練もなくあっさり辞めたティジャニ。

評判のティジャニが辞めたため、工場への修理の依頼はさらに激減。困った工場長は給料を倍にするから戻って来てくれとティジャニに泣きついたが、小さい車を修理することはや5年間、すでに飽きていたティジャニは、さらに大きい仕事がしたいと、大きいトラックのアシスタントとして働き始めた。

大型車の修理の仕方、料理などこまごました作業を3年間続け、その後、今度は自分でも運転したくなり、タクシー運転手を始めた。3年ほど働いたところで、パパの紹介でバッタ防除センターに就職した。色々とキャリアを積み上げてきたにもかかわらず、センターはコネ入所だった。

バッタ博士との出会い

防除センターでは、最初はドライバーとして働き始めた。防除センターには車の整備士がいるが、彼らでさえ修理できない車を単なるドライバーのティジャニが修理するもんだから、センターは騒然とした。しかも、車種を問わず、色んなタイプの修理もできるもんだから一目おかれるようになった。

「なんだこの若造は！　単なるコネ入所じゃねーぞ！　凄腕だぞ！」

ティジャニの飽くなき探究心は留まらず、特別な通信機器を車に装備する方法や、農薬を散布するためのスプレーの扱い方、電気系統や、施設の水回り整備などにも手を付け、技術力を身につけていった。彼曰く、あれこれやってみるのが楽しかったそうだ。

その後、ＦＡＯのプロジェクトでドライバー専任として雇われ、フィールドの悪路での運転に磨きをかけた。フィールドでの運転は、砂丘があったり、悪路だったりとかなり難しい。試行錯誤の末、難攻不落の砂丘エリアをも突破できるほどの腕前となった。

若い頃からのたたき上げで鍛えた確かな技術と安定したサービス精神は高い評判を呼び、大臣クラスの偉い人が防除センターに視察に来るときにはドライバーのご指名がかかるまでに成長していた。

防除センターのドライバーの給料は安くて有名だった。8年間経ったところで、タクシーをして小金を稼がないとやっていけないことに気づき、センターを退職はしないものの個人のタクシー運転手に戻り、重要な任務の時にだけドライバーとして呼び戻されていた。すでにババ所長に代替わりしており、ティジャニの能力を高く買っていたババ所長がティジャニを連れ戻し、ちょうど3年経ったところで私に出会ったそうだ。

ティジャニは仕事柄、それまでも外国人に触れる機会が多く、そのため、私にも出だしからフレンドリーだったのだ。ババ所長は、ドライバーの一言では済まされない能力を秘めた男を、私の専任ドライバーとしてセッティングしてくださったのだ。

センターの人たちが砂漠で作業するとき、食生活は粗末なものだった。野菜などはほとんどなく、干し肉に乾燥保存のきく穀物を食べていた。

ババ所長率いる視察部隊が砂漠のベースキャンプを訪れた時のこと。料理に不慣れなスタッフたちは、普段自分たちが食べている物をそのままババ所長に出しては失礼と思い、ババ所長に同行していたティジャニに救いを求めた。

料理にも精通しているティジャニは、近くの街で大量に買ってきた、ちょっと乾き気味のフランスパンに切り込みを入れ、缶詰のサーディン、フレッシュなレタス、黒コショウ、マヨネーズをはさみ、今流行りのサンドウィッチを開発し、振る舞ったところ大好評。

こんな美味い食べ物を砂漠の真ん中で作り出すとか、お前はレストランのシェフかと尋ねられるほど大絶賛を得て、それ以降、ティジャニに料理をおねだりするスタッフが激増した。

砂漠で車が故障したとき、自分で修理できなければ一大事だ。万全を期するためにはメカニックを一人連れていかなくてはならない。砂漠で美味いものが食いたいのならコックを連れていかなくてはならない。それがなんと、ティジャニは、一人で何役もこなすなんでも屋さんだったのだ。

たまにボラれることがあろうとも、その道の人たちを一人ずつ雇うのは大変である。十徳ナイフのような様々な一面を持つ男、それがティジャニであった。

長男たるプライド

ティジャニの弟たちは商売の才能、すなわち商才があり、父が経営する商店を一部譲り受け、それぞれ発展させていた。

「ここからここまでのお店、全部パパのなんだ」

首都の中心部を横切る大通りで、ティジャニがとんでもないことを言い出した。民族衣装のお店、靴屋、日用品屋の3店舗がパパのお店だと言う。3店舗を合わせて1億円近い金額で買い取りたいという申し出がたまにあるそうだが、パパは売らずに経営しているという。

「え、ちょっ、おまっ、めちゃ金持ちの息子やん！」

ティジャニのママとパパは別居している。パパは街中の豪邸に住んでおり、それはもう立派なお屋敷だった。ところが、ティジャニとママは同居しており、政府が認めていないガザラという土地で、掘っ立て小屋とブロックをテトリスのように組み上げた家に住んでいる。お世辞にも住みたいとは思えない家だ。

モーリタニアは一夫多妻制で、パパは複数の奥さまを抱えているため、そのような別居システムをとっている。とくに性的対立しているわけではないため、あしからず。

なぜティジャニが他の兄弟と同じように商売の道に進まなかったのか聞いてみると、ドライバーが性に合っているからと言う。

というものの、やはり見栄というか、他の兄弟に対抗したいように思える。私と出会った初年度、給料を二重取りしようとした裏には（『バッタを倒しにアフリカへ』参照）、親の助けを借りず、長男として自活した姿を見せたかったのやもしれぬ。パパに支援してもらえばいいはずなのに、カツカツの私の財布をあてにするあたり、複雑な思いを抱えているに違いない。

そのような事情を汲み取り、私は自分の研究を進めるのと同等の責任を持って、彼の生活を支えるのが使命であると考え始めた。私自身の野望を叶えるためにはティジャニの助けは必要不可欠だが、私が支払う賃金にティジャニとその家族の生活もかかっている。モーリタニアで研究を進めていく以上、ティジャニの人生もひっくるめて面倒を見ていく覚悟を決めた。

ティジャニの金儲け作戦

私が、現職場の国際農林水産業研究センターに任期付き研究員として着任した1年目、8カ月間は日本での生活、バッタが発生する9月から12月までの4カ月間は、モーリタニアに赴く生活になることが想定された。日本への帰国が迫っていたミッションの帰り、将来、どのような人生を歩んでいきたいかティジャニと話をした。

前「これから私はたくさん新発見をして、いっぱい論文を書いて、安定したポストを得たい。今回も重要なデータがとれたので良かった」

テ「私は金が欲しい。働かずに、自動的に金を稼ぎたい」

この男、なんという大胆な願望を抱いているのだ。私はティジャニの大いなる野望に食いついた。そんなことができたら、いちいち私が彼の生活を心配する必要はなくなる。

しかし、一般的に人は、自分の時間や体力を差し出し、その対価として金を稼ぐ。働かずに金を稼ぐ方法などあるのか？　そんな夢のような方法があるわけがない、夢を見るな。

それはあまりにも難しいアイデアだと伝えると、

「ある。人に働かせればよい」

という、人知を超えた発想を伺った。ティジャニは虎視眈々（こしたんたん）と、とんでもないことを考えていた虎であった。

「と言いますと？」

なんでも、タクシー会社経営にそのヒントがあるとのこと。モーリタニアにも車の運転免許を取得するための自動車教習所があるが、何度も試験に落ちると金がかかる。最短で余計な出費をせずに運転免許を取るため、とりあえず無免許で車の運転を練習してから、通い始める人もいる。ただ、免許を取れても車を買う金がないため、そういう人はタクシードライバーとして誰かに雇われ、その日の売り上げの一部をオーナーに収め、残りを給料としてもらうそうだ。

すなわち、車を1台購入し、それを誰かに貸し与えることで、初期投資はかかるものの、すぐに元手は回収できるというビジネスモデルである。得られた収入を貯め、さらにもう1台購入すると収入は2倍になる。ティジャニの友達がすでにその方法で金持ちになっており、10台以上もタクシーを保有しているとのこと。

「あーあ、ティジャニもやってみたいけど、車を買うお金がないからなぁ」

チラッと私を見てくる。

私は、彼の魂胆を瞬時に見透かし、すんなりと乗った。

「面白そうじゃん。車の値段っていくら？　高くなかったら、最初のお金は出せるかもよ」

「アボーン？（マジで？）　ちょっと調べるから待って！」

ヤル気を起こした彼の行動は音速と化す。

翌日、

「昨日、仕事が終わった後に車の市場調査をしてきたけど、大体30万円くらいだった。車種は、丈夫なメルセデスで決まりだ」

モーリタニアでは、日本でお馴染みベンツのことをメルセデスと呼ぶ。

まだ任期付き研究員ではあるものの、これから安定収入が見込まれる私にとって、30万円なら出せない額ではない。高級車の代名詞でもあるベンツを30万円ポッキリで購入できるなんて、相当物価が安い証拠だ。

私がオーナーとして初期投資を準備し、運営をティジャニに任せることにする。こんな財テクはしたことがないが、皮算用でこれからの流れを想定する。

初期投資を車代の30万円とし、ガソリン代を10万円、車の修理費など雑費を10万円、計50万円に設定する。月に5万円の売り上げ目標を掲げる。初回のランニングコストは全て私が負担する。

短期間で高収入を得るためには、利益を確定させるよりも、手持ちの車を増やすのが得策だ。すぐに元手を回収したい気持ちもあったが、私への返金は車が3台になってからで良いと伝えると、「メルシーボクー（どうもありがとう）」と喜びを表現してきた。

3台になればすでに事業は軌道に乗り、彼の生活費も安定して稼ぐことができるだろう。今まで私に尽くしてくれたのだ、これくらいのご褒美があったっていいだろう。

私は後3日で日本に帰国する。ティジャニは猛烈に焦り、連日連夜、遅くまで市内を駆けずり回り、車探しをがんばった。すでに日が暮れた2日後の夜8時、電話がかかってきた。

なにやら興奮したティジャニが、

「最高の車を売っているムッシュに巡り会った。今からその車に乗って、コータローの家に行くから、金の準備をしといてくれ」

すっかりと日が暮れた夜、1台の車が現れた。懐中電灯で照らすと驚きのポンコツっぷりである。シートは破け、サイドミラーの鏡は見当たらず、ところどころというよりも、ほぼ全域にわたってサビが生え、ぶつけた跡は数知れず。バックフロントには、意味不明の

購入したベンツ

サイドミラーに鏡は見当たらず

「9」好きにはたまらない

「9」の巨大なシールが貼られている。

よくぞここまで育て上げたものだ。私は呆れを通り越して感心した。世紀末を経験してきたとしか思えない廃車期限をぶっちぎっているこのポンコツ車を、一体どうしようというのだろう。素手で殴ってトレーニングでもしようというのか？

「ティジャニよ、これが欲しいのか？」

「ウィー、この最高の1台は買うしかない代物だ。二度と見つからないぞ」

価値観の違いという言葉は、まさに今のためにあるとしみじみ思った。

なるほど、ベンツを30万円で買えるのは、物価が安いのに加え、ポンコツすぎるからなのだ。というか、30万円も出してこのポンコツ車を買おうとする日を迎えることになるとか、人生はどうなるかわからない。

コータローのファイナルジャッジに期待を寄せて胸と鼻の穴を膨らませているティジャニ。パトロンが即金で購入するからという口説き文句を信じて、よくわからないバッタ防除センターにやってきてしまった初老のムッシュ。期待交じりの二人分の眼差しが私に突き刺さってくる。

日本人の感覚だったら、1秒もかからずに購買の対象外になるはずだが、1台のこのポンコツ車がこれからどんなドラマを繰り広げていくのか、その行く末を見守りたくなった。30万円分の現金をティジャニに渡し、ムッシュと一緒にカウントし、間違いがないことを確認するや否や、二人とも車に乗り込み、また明日～と去っていった。

これでよかったのだろうか？　彼のヤル気に満ち溢れる顔を見たら、世の中の多様性を感じずにはいられなかった。

プロジェクト、TAXI

我々は、本案件を「タクシープロジェクト（フランス語で、プロジェタクシー）」と名付け、ティジャニの手腕に全てを託し、帰国当日、空港に車で向かった。残りの初期費用の20万円も手渡しておく。よくよく考えると50万円は大金だ。頼むぞティジャニよ。私だってこないだまで無収入で、富裕層には程遠い存在なのだ（念のため伝えておくが、私のポケットマネーだからね）。

不安を募らせる私に向かって、ティジャニが道中、今後の対策を語り始めた。

「雇ったドライバーの中には悪い奴がいて、車の部品をこっそり転売するかもしれない。私は車の部品に印をつけ、転売できないようにしておくつもりだ。この車を大切に活用し、用意周到にやればやるほど成功率は高まるはずだ」

うまくいくことしか考えていないようだ。

テ「次回、コータローがモーリタニアにやってくる頃には、一体何台に増えているのか楽しみだ！」

溢れんばかりの期待に満ちた笑顔。給料の半年分に相当する現金をプロジェクトに投入できたティジャニは上機嫌であった。これでようやくティジャニも弟たちに負けないくらいの商売人になれるはずだった。はずだったのだ……。しかし、これは波乱の幕開けにすぎなかった。

裏切りのドライバー

約半年後、私は再びモーリタニアの地を訪れた。空港に迎えに来てくれたティジャニ。久しぶりの再会に色々と話が咲く。しかし、気になるタクシープロジェクトに関しては、話が一向に出てこない。自分から言ってこないところをみると、何かあったな……。時間がたっぷりある時に問い詰めようと思い、その日は久しぶりの再会を喜び合うだけにとどめておいた。

翌日、朝食を持ってきてくれたティジャニ。私が口を開く前に、コーヒーをすすりながら告白が始まった。

テ「ドクター、すまない。タクシープロジェクトはうまくいかなかった……」

説明によるとこうだ。

車はポンコツながら修理代もかからず、順調に走り続けたが、良いドライバーを探すのに苦労した。ある者は、全然売り上げを持ってこず、怪しく思ったので、ティジャニが彼の家の前で見張ることにした。その結果、全く運転せずに、日中家にいることが発覚した。電話をかけたところ、今もタクシーを運転中だとウソを言ったので、すぐに家の中に突撃し、解雇した。

人様の車を借りるだけ借りて何もしないとは、営業妨害以外の何者でもないが、何がしたかったのだろうか。タチの悪いニートである。

そして、とある者は運転が下手くそ過ぎて、直進はできるがバックができず、すぐさま車を壊されそうになったので、5分で解雇した。是非とも正規の運転免許を取り直してほしい。

さらに、我々のメルセデスには、いくら走ってもメーターが回らないという近未来装置「永遠の新古車システム」が搭載されていたため、走行距離を確認できないのも問題だった。

きちんと働いているのか確認することができず、ドライバーを信頼するしかなかった。

逮捕

10人近くドライバーをとっかえひっかえ、試したところ、ようやく売り上げを持ってくる真面目なムッシュに出会えた。このまま行くと計画通り、金が増え、2台目が買えるかもと先が見え始めた時に事件は起きた。

車を貸したムッシュに電話が通じなくなった。迂闊(うかつ)にもムッシュの実家の位置を把握していなかったため足取りが不明で、取り立てもできなかった。その後も電話をかけまくったが一向に電話に出ず、2日経ったが、ムッシュは現れようともしない。

「あの野郎、持ち逃げしやがった!」

この不測の緊急事態に対し、ティジャニは持ちうる全ての力を発揮した。友人のポリスに連絡し、モーリタニア中の国境沿いの検問で、車をチェックしてもらえるように手配すると同時に、首都にいる友人たちに電話をしまくり、パトロールを始めた。ティジャニは、以前、友人のネットワークを駆使し、実家のテレビ泥棒を捕まえた実績がある。

彼の執念は実った。1週間後、首都から1000キロ近く離れた南の国境沿いで、犯人が見つかった。マリに車を持ち逃げし、売ろうとしていたのだ。

あらかじめ車のナンバーを国境警備隊のポリスに伝えておいたため、ティジャニに電話がかかってきた。

「盗難被害の車が今、マリに入国しようとしている。このドライバーをこのまま行かせてもいいのか？　それとも逮捕したほうがいいのか？」

そいつは車泥棒のため、是非とも逮捕してほしい旨を伝え、男は即逮捕された。ちょうどティジャニの友達のムサがその付近にいるとのことで、首都まで運転してきてもらうように依頼。車が戻ってきて胸を撫で下ろしたのもつかの間、最低なことに、車は事故っており、一部が壊れていた。

前「それで、今もその車を使ってまだタクシーをしているのか？」

テ「いや。やってみてわかったことだが、タクシー用の車を買うより、良いドライバーを見つけるのが先だった。タクシープロジェクトでは、車や人の管理が大変なため、自分がドライバーをやるよりもむしろ大変で、これで金儲けするのは、ティジャニには無理だと確信した。そのため……」

おもむろにポケットから取り出された封筒には現金が入っている。

テ「車は、20万円で元の持ち主に買い戻してもらった。車の一部が壊れていたので、30万円では無理で、10万円減ってしまった」

どんな交渉をしたら、事故車を買い戻してくれるのだろうか。よほど無理な交渉を初老のムッシュにしたに違いない。

身を縮め、申し訳なさそうにしているティジャニ。私にどんな罵声を浴びせられるか、どんな責任を課せられるのか、ビクビクと待ち受けているようだった。

撮れ高

このタクシープロジェクトを通じて、誰か幸せになった者はいるのだろうか？　いいや、いる。私だ。この時の私には、怒りや、落胆の感情は一切なく、むしろデカシタ！　という思いを抱いていた。

イヤらしい話だが、「撮れ高」という言葉がある。テレビ取材などでよく聞くが、投じた金や労力に対してどれだけ良い映像やシーンを撮ることができたか、という意味だ。私の場合、30万円の投資で、これだけ面白い話を聞けて、本のネタになりそうなので、撮れ高十分であると瞬時に判断した。なんだったらお釣りが来るくらいだ。

何よりも、確実に怒られる案件にもかかわらず、ティジャニは包み隠さず正直に話してくれて、反省のしようもないけど申し訳なさそうにしている。そのいじらしさたるや、誠実なのだ。彼なりに少しでも被害を最小限に抑えようと、機転を利かせてくれた点も好感が持てる。

前「マジかー！　タクシープロジェクト難しかったかー。ノープロブレム。戻ってきた20万円はスペシャルだ。またタクシー買うとかはやめて、他のことに使ってくれ。別のプロジェクトを考えよう！」

テ「え？　本当に問題ないのか？　ティジャニが言い出したプロジェクトが失敗し、ノーナイスと良くない仕事をしたと非難されると思っていたのに、逆にお金までもらえるとは、そんなことありうるのか！　メルシーボクー！」

こうして、私の30万円はモーリタニアの地に溶け込み、金儲け作戦第一号は華麗に失敗したのであった。

これまたイヤらしい話だが、一緒に仕事をする人は、失敗を正直にすぐに言ってくれるほうが、後々の損害が少ない気がしている。失敗自体は褒められたものではないけど、失敗を報告するという勇気ある行動に対して、何かしらの良いことがなければ世の中やってられない。

自分にも経験があるが、めちゃ怒られると思っていたのに、文句ひとつ言われず、お咎めがなかったときは、感謝が生まれ、この人のためにがんばろうという忠誠心も生まれる。しかも、積極的に良いことを提案しようという気にもなる。

今回、私が出資者として偉そうに「ティジャニが言い出したから私は損をしたのだ。どうしてくれる?」と詰め寄ったら、ティジャニは今後、二度と提案してくれないだろう。

30万円の損害は大きいが、いつもサポートしてくれているティジャニには、是非とも生き生きと活躍してほしいし、金では買えない我々の仲はかえって深まったと思う。良しとしよう。

私はこれに味をしめ、ティジャニに任せたら、何かやらかしてくれる、という強い信頼が生まれていた。と、キレイに話を締めるためこの文章を書いていて気づいたけど、初期費用の20万円はどこにいったのだろう。オイ、ティジャニよ。今度会ったときに聞くからね。

家を建てるティジャニ、デアゴスティーニの革命

「あの巨大戦艦の雄姿が　あなたの手で　よみがえる」

１／２５０スケールの「戦艦大和」が手に入るとしたら、全90冊を5万９８００円（税抜き）で買い込むのもいとわない方々が大勢いるのではなかろうか。

本書を執筆しているこの時代、軽快な音楽と耳に残るＣＭが特徴的な「デアゴスティーニ」は、もはや社会現象と言っても過言ではない。車、城、飛行機、ロボットなど魅力溢れる模型を作ることを最終目標に、本に毎回オマケ（というかそれが目的なのだが）として付いてくるパーツを組み上げると完成する。こうした趣向の「組み立てシリーズ」として名高い商法である。

創刊号は特別価格として、およそ半額で売り出されることで購買意欲が刺激され、１冊買ったらあら不思議、「最後まで揃えなくては」という収集心を掻き立てられる工夫が施されている。ただし、刊行号数の多い特集ほど経済的な負担が大きくなるため、安定した収入がなければ継続は難しく、途中で購読を取りやめる者も多いだろう。

まさか、あの男がデアゴスティーニ的な発想を取り入れ、一大事業を起こすことになろうとは、創業者のデアゴスティーニ氏も夢にも思わなかっただろう（なんと創業者は、地理学者

のジョヴァンニ・デ・アゴスティーニという人物だった)。

今月はトビラを買います

「コータロー、オレは家を建てるぞ」

鼻息荒く、ティジャニが宣言してきた。なんでも政府から土地がもらえたらしい。今まではガザラと呼ばれる不法地帯に掘っ立て小屋を建て、住み着いていたティジャニ。どうやら政府が区画整理した後、そこら辺の土地を格安で販売し、住んでも良くなったとのこと。

ご近所さんには、けっこう立派な家を建てた人がいたが、道路の建設予定地であったため、泣きながら訴える家主や家族を尻目に、容赦なく重機で家をぶっ壊される惨事があちこちで繰り広げられているそうな。一家総出で泣くということは、政府からの補償はないのだろう。ティジャニも家の半分をぶっ壊されたが、むしろ道路にめちゃ近い好立地の土地をゲットでき、そこに腰を据えて家を建てることにしたのだという。

モーリタニアの物価では、みんながうらやむ豪邸だと1000万円近くはかかるそうだ。平屋で500万円ほど。ティジャニの薄給(年収100万円ほど)では、何年かかるのだろうか。

彼が選んだ道は、日本の建売り方法とは違っていた。家を建てるにあたり、できるところは自分で作業し、難しいところだけスペシャリストに頼むとのこと。しかも、一気に建てるのではなく継ぎ足しながら、できるところから建てていくと言うのだ。手先の器用さと、これまでの経験が可能にする、彼だけに許された手法である。

夢は大きく2階建てにするという。土地は余っているから平屋でいいやんかと思うが、どうやら2階建ては魅力的らしい。

毎月給料を支払う度に、

「今月はポート（トビラ）を買うのだ」

「今月はフゥネートゥル（窓）を買うのだ」

と、月ごとに購入する品が変わっていく。

冬が来るまでにとりあえず、雨風がしのげる小部屋を作成し、その後、大部屋やリビングに取り掛かる作戦に出た。

資材を買う順番も大切である。壁になるブロック、ブロック同士を接着させたり外側を塗ったくったりするためのセメント、それに細長い鉄柱などが、主な材料となる。何を買ったらよいのか計算し、緻密に、計画的に進められていった。

貝殻や砂を売る男たち

モーリタニアの家は、ブロックを積んでできている。素人目ながら、地震が来たら全壊するであろう貧弱な造りなのだが、幸い地震はまったく起きないし、予想以上の強度を誇る。

肝心のブロックだが、セメントに貝殻（コキアージュ）を混ぜ込むのが特徴的だ。首都のヌアクショットは海沿いにある。ヌアクショットから内陸にちょっと車を走らせると、一面真っ白のエリアがある。実は白いのは貝殻なのだ。その昔、海の底にあったのだろう。

貝殻は古くなってもカッチカチで、素手による渾身の正拳突きくらいではとてもじゃないけど砕けない。ミッションに出かけると、街はずれでは、トラックの荷台に貝殻をシャベルで豪快にぶち込んでいる男たちをよく見かける。

また、街のあちこちで、ブロックを作っては天日で乾燥させている光景が見られる。水を加えたセメントには、貝殻にサラサラの砂も加える。この砂も、貝殻と同様に売られている。セメント：砂：貝殻の割合は、４：３：２が黄金比とのこと。

モーリタニアでは行く先々で、家の素材が変わっているのが大変興味深い。岩山の側に行くと、岩を積み重ねて家が建てられ、ナツメヤシの木がたくさん生えているエリアでは、ヤシの葉で屋根が組まれている。日本は緑が豊かなため、木材で家が建てられているように、手に入りやすい素材を活用するのは、理にかなっている。

ティジャニは給料日になると、その日のうちに給料を使い果たす。建築材料を購入したり、スペシャリストへの支払いにあてたりするのであった。彼は酒もタバコもやらないので、さほどお小遣いは必要ないようだが、貯金をしない癖があった。どうやって食費など家計をやりくりしているのか、気になるところである。

彼のすごいところは、水道やトイレなどの水回り、配線工事関係も全部自分でできちゃうところだ。この特殊能力のおかげで、かなりの出費を抑えることに成功していた。

金の亡者に襲われる

街に繰り出し、買い物をしているときでも、ティジャニは建物の観察に余念がない。

「この建物は２階建てにもかかわらず、柱の数を極限まで減らして、広いスペースを確保している。どうやって建てたのか。すごい技術だ」

「柱の間の距離は、やはりここも4メートルほどにしている。なるほど、4メートルが好まれているな」

などと、良いものはさっそく取り入れる柔軟性を兼ね備え、貪欲(どんよく)に家づくりに励んでいたが、出だしはとくに大変だった。

建築資材が積んであると、ポリスが建築の際に必要な税金を取り立てにくる。まだ壁ができていないため、山積みになった資材が丸見えなのだ。

せっかく払っても、次の月にまた取り立てに来る。

テ「先月支払っただろうが!」

ポ「ノン、担当が代わったから知らない。もう一度支払え」

明らかに職権乱用して、金をせびりにやってきているのだ。

「ノー ナイス ポリス(警察のクソッタレ!)」

よくわからないシステムだが、家を建てようとする者は、半年に1回、税金を支払わないといけないらしい。

あろうことか、ポリスが何度も金をせびりにくるから、支払った証明書、すなわち領収書に無理やりサインさせ、何度も金をもっていかれないように対策を講じた。案の定、別のポリスが集金にやってきた。満を持して領収書を見せつけても、係が代わったから前任者が作成した領収書は無効だ、とまたせびられてしまった。

ポリスへの不信感が募っていくと同時に、私の金がムダにポリスに吸い取られていく。事態を打開すべく、私はボーナス10万円を出し、とっとと外壁を作成して、資材を外から見えないようにするよう指令を出した。喜ぶティジャニ。

天井を作るスペシャリスト〈ムッシュ・メゾン〈メゾンは家の意味〉〉を呼ぶときは、彼らの昼食を準備しなければならない。料理上手の新妻を家に一人置いているため、心配になるようで、「すまん、コータロー、ちょっと家を見に行ってきてもいいか？」とそわそわすることが多い。

味をしめたムッシュ・メゾンは、

「ここの家の仕事は、昼飯を出してくれるので大助かりだ。しかも、美味いときている。このまま仕事を長引かせて、ずっと昼飯を食い続けたいところだ」

と冗談で言うもんだから、ティジャニは疑心暗鬼に陥っていく。ムッシュ・メゾンの送迎まで対応するティジャニ。私との仕事はきちんとこなしてくれているから問題はないが、家のことにあまりにも執着しすぎていて、心配になる。そして、事件は起きた。

ムッシュ・メゾンの陰謀

「今月の給料で買った鉄骨が盗まれてしまった」

朝、憤慨したティジャニが現れた。

なんでも、一部の壁が完成して資材を隠すことができるようになったが、鉄骨は重いから盗まれることもないだろうと外に置いていたら、盗まれてしまったとのこと。1カ月分の給料が一瞬でなくなりしょんぼりしたティジャニ。ティジャニも私の財布も気の毒である。

1週間後、ティジャニが怒りにまみれて出勤してきた。

「鉄骨を盗んだ犯人が判明した。ムッシュ・メゾンが泥棒だった。昨日、1週間ぶりにムッシュの家に行ったら、彼の家の壁が新しくなっていた。あれをするには鉄骨が必要になる。ムッシュ・メゾンにやられた。鉄骨にマークをしておらず、ティジャニの鉄骨かどうか確認できないが、確実に彼に盗まれた」

すでに鉄骨はセメントの中に埋め込まれているため、簡単に確認することはできない。ティジャニが鉄骨を盗んだろう、と尋ねても、自分で買ったと否定してくる。ポリスを呼ぼうにも確認のしようがない。

このままでは建築資材どころか新妻まで泥棒される恐れがあるもんだから、ティジャニは、二度とムッシュに頼らず、自分で作業を進めることにした。

建築祝い

「ドクター、大体、家が完成したから遊びに来てくれ！」

自慢のリビング

立派なサロン

さっそく遊びに行った。7年がかりで、総額400万円ほどで立派な家ができあがった。自分自身が働いたことでコストダウンにつながった。タイルはスペイン製、シャンデリアはフランス製とのこと。酒は飲まぬがカウンターバーまで整備されている。私も住みたい豪邸である。

家は立派だが、これから色々と物入りになってくるはず。リビングにある扇風機をよく見ると、カバーがなく、むき出しの羽根が高速で回っている。この家には、ヨチヨチ歩きを始めた幼子がいる。これは、アカンやつや！　ティジャニの安全管理能力は一体どうなっているのだ！

「よし！　お祝いにエアコンをプレゼントするぞ！」

人として、そうせざるをえない。

彼は遠慮したのか、２万円ほどの中古のエアコンを見つけてきた。

「めちゃ涼しくて家族ともども猛暑にうなされることなく、快適に寝ることができるようになった。ボク　メルシー」

１カ月後、せっかくコータローにプレゼントしてもらったエアコンがぶっ壊れてしまったとのこと。昨夜はあまりの暑さに、家族総出で２階の屋上で寝たという。

２階の壁はまだ完成しておらず、足を踏み外したら墜落する危険性をはらんでいる。そんなところで、幼子と過ごすとは！　ティジャニの安全管理能力は重ね重ね、一体どうなっているのだ！

「これからの季節、猛暑が続くというのにティジャニはどうしたらいいのか。セメントを買わずにまずはエアコンを買うべきだった……」

しおらしく、しょんぼりするティジャニ。この野郎！　何度目だ！　そのわざとらしい演技を今すぐやめさせてやる！

「オイ、ティジャニよ！　私がエアコンをプレゼントするのはこれが最後だ。今回は新品を一緒に買いに行くぞ！」

いつものように喜びを爆発させるティジャニ。彼としては、せびるのは申し訳なく、あくまでもコータローの善意による申し出を待っているのだ。

こうして、また私のお金はモーリタニアの地に吸い込まれていく。そして、彼の地の経済が潤い、彼の家が快適になるのであった。

私は憧れのマイホームを持っていないのに、他人の家づくりに協力しまくる状況に、今でも疑問を抱いている。

タンス貯金にご注意あれ

２０１８年９月、９カ月ぶりにモーリタニアに舞い戻ったときのこと。

空港には、到着した預け荷物を外まで運ぶ専門のムッシュたちが待機している。ひとたび頼むと、不定額のお金をせびられる。

駐車場まで100メートルあるかないかの距離なので、カートを使えば自分で運べるが、日本の空港のように圧倒的な物量（カートの数）がなく、ほとんどのカートはムッシュとタッグを組んでいる。ムッシュを押しのけて、カートだけを奪取する大技を繰り出すこともできないことはない。

しかし、この後、最後の難関が待ち受けているため、彼らには、単純に荷物を運ぶという力仕事以上に、重大な仕事を任せることになる。


日本では、海外から飛行機で帰国すると、預け荷物のX線検査は不要で、すんなり到着口へと進むことができる。ところが、モーリタニアの空港では、到着時もX線検査がある。こちらのX線機械は、武器の携帯はもちろん、お酒の瓶の持ち込みをチェックするのにも活躍するありがた迷惑な存在である。

なにを隠そう、私はX線検査で度々捕まり（懲りずにお酒を持ち込もうとして）、ワイロを要求されるため、ノーマークの荷物運びのムッシュに自分の荷物の世話をしてもらい、関門を無事に通過した後、しれっと小さいキャリーバッグ（もちろん、中身は固形物のみ）だけを持って通る作戦をとっていた。

これまでの個人的な試みによると、ガラスのビンを持っていくと止められるが、ペットボトルや「鬼ころし」などの紙パックの場合は気づかれないようだ。万が一、開示されるとややこしいことになるため、とにかくX線検査を潜(くぐ)り抜けることが大切である。

私は、ペットボトル入りのウイスキーを一か八か持ち込むようにしている。モーリタニアでは、なぜかノンアルコールビールが売られている。私は、そいつにキャップ一杯のウイスキーを垂らし込み、せっかくのノンアルをビールに変換させるという荒業を10年かけて編み出していた。その間、罰金10万円を支払った苦い経験もあった。

さて、今回も荷物を没収されることなく無事に空港の外に出て、迎えに来てくれたティジャニと合流。前回の帰国時に準備しておいた、モーリタニアの通貨ウギアで１０００円分を渡そうとすると、ムッシュが受け取りを拒否した。

「コイツ、ふんだくろうとしているのか！　チョロっと仕事しただけでなんと図太いヤツ！」

無理やりそのお金で事を済まそうとしたら、ティジャニが慌てて、自分の財布からお札を取り出し、ムッシュに渡した。ぬ？　どういうことか？　道中、説明してくれた。

年明け、モーリタニア政府は「デノミネーション：通称デノミ」を決行した。デノミとは、通貨の単位を切り上げ下げすること。モーリタニアでは、旧１０００ウギアを新１００ウギアとする、通貨の単位を一桁切り下げる政策を敢行し、新しい貨幣が発行された。旧貨幣から新貨幣への交換期限は8月まで。私が到着したのは9月である。

前年の２０１７年11月末にモーリタニア政府からデノミが発表されたが、その直前に日本に帰国しており、情報共有できていなかった。その年はバッタが１匹も見当たらず、このまいても仕方がないと帰国を早めたのだ。事情を把握した私は青ざめた。タンス貯金していた10万円相当のウギアの運命やいかに。

「オー、ドクター、アイムソーリー、その旧貨幣を新貨幣に両替することは、もうインポッシブルだ」

そんなバカな！　事前に知っていれば、ティジャニにお金を預けることもできただろうし、もっと早くモーリタニアに来て両替ができただろう。ところが、私はこの重要な期間、華麗にモーリタニアに不在だった。そんなことってある？

なんの価値も持たない旧貨幣……。メモ用紙にも使えず、紙クズと化したお札たち……。

私は己の不幸を笑った。ティジャニが私の肩をそっと叩き、慰めてくれたが、失われたお金が二度と戻ることはなかった。

２０２３年現在、街では旧貨幣の単位が健在で、新単位もごちゃ混ぜに使われており、混乱が続いている。換金の手数料をケチると大損することを思い知った。嗚呼（ああ）、こうしてまた私のなけなしのお金は、モーリタニアの地へと人知れず溶けていくのであった。

ティジャニのコロナ対策

２０２０年、新型コロナウイルス感染症（通称、コロナ）が蔓延（まんえん）し、世界は未曾有（みぞう）の大混乱に陥った。海外渡航どころか、国内での外出も控えなくてはならない事態となった。世界は見知らぬ恐怖に包まれ、社会崩壊の危機が迫っていた。

コロナの脅威が襲ったのは、モーリタニアも同じであった。

「コータロー、モーリタニアでもコロナが流行り、大勢が病気になって危険な状態が続いている。バッタのレタスを作ってくれるムッシュも畑に来なくなっているし、政府がコロナの対策としてあちこちで薬をぶっかけまくっており、このまま行くと飼育個体にも害が及ぶ可能性がある」

日本ではＬＩＮＥのアプリを使用し、スマホで連絡を取り合うのが主流だが、ここモーリタニアでは「WhatsApp」というアプリが使われている。テキストはもちろん、録音したボイスメッセージを送受信できる機能が大変便利で、私とティジャニをつなぐホットラインとして活躍し、逐一情報交換をしていた。私がモーリタニアに不在の間も、ティジャニにバッタの飼育をお願いし、定期的にサンプルを収集してもらっていた。

得体のしれない感染症は最悪、人を死に至らしめる。実験はまた行うことができるが、ティジャニの替えは効かない。

「バッタの餌替えをするために、毎日センターに来るのはもはや危険だ。飼育は中止する。外出は控え、自分自身と家族の身を守ってくれ。バッタはまた捕まえればいいだけだから、何も問題はない」

ティジャニの身を守る策を講じようとするも、人類史上初めての脅威のため、どうしたらいいのかわからない。この時わかっていたのは、コロナは人から人へと感染することだった。モーリタニアでは情報が錯綜し、わけもわからぬまま人々は体調を崩し、場合によっては死んでいく。ティジャニがおびえた様子で、どうしたらよいか相談してきた。

政府は人々の活動を制限しようとするものの、金曜日のお昼にはモスクに大勢が集まってお祈りをしたりするので、なかなか感染を食い止めることができなかった。

ティジャニも、なんとなく人から人へと感染するとの情報は得ていたが、具体的にどのように対応したらかよいのかわからない模様。世界中の誰しもが解決策を知りたがっているが、糸口は見つからないまま。日本では在宅勤務が推奨され始めていた。ならば徹底的に引きこもれば、感染リスクを限りなくゼロに抑えることができるはず。

ティジャニに万が一があってはならぬ。私は早急に決断を下した。

「いいか、ティジャニよ。コロナのことはよくわかっていないが、色んな人に会って話をするとこの病気にかかるようだ。ティジャニはたくさんの友達がいるからとくにキケンだ。政府が薬を開発するまで、人に会う機会を減らす必要がある。

そこで、私はティジャニにスペシャルとして１００万円を渡すことにする。これで食料を買い込んで、自宅待機してくれ。そして、私はあなたが優しい男であることも知っている。近所の人たちにもどうせ援助したくなるはずだから、自宅でお店を開く勢いで、大量に物資を買い込んで、周りの困っている人たちにも分け与え、ご近所さんたちと一緒にこの危機を乗り越えてくれ！　くれぐれもコロナにかからないように！」

彼は優しい男である。病院で薬が買えない親子がいたら、さっと支払ってあげるナイスガイなのだ。きっと彼のことだから、自分だけいい目を見るのは耐えがたいだろう。だから、ご近所さんの分も考慮し大奮発して100万円を渡すことにした。とんでもない大金ではあるが、私は読者の皆様のおかげで本の印税をいただいていた。こういう時に有効活用せず、いつ使うというのだ。

「私は今年はモーリタニアに行くことはできなさそうだ。この100万円でなんとか1年間を乗り越えてくれ」

彼は私の思いを受け止め、決してコロナにかからないように振る舞うと大喜びで誓った。

このとき私は知らなかった。この計らいが悲劇を生むことを……。

100万円の誤算

ここからはティジャニの後日談に基づいて綴っていく。

一夜にして富裕層の仲間入りをした彼は、さっそく缶詰等の食料を買い込み、自宅待機を始めた。彼は、近隣の住人のことも憂い、物資ではなく現金を配り始めた。ご近所さんにも、通りがかりの見知らぬ人にも。

「あそこの家に住んでいるムッシュは心優しき男だ」

ご近所で評判を呼び、一躍有名人に。そして事件は起こった。朝方、隣の家に住み始めたティジャニの父が散歩がてら外に出て、ティジャニの家の玄関を見ると、彼のバイクがない。朝からどこかに出かけたと思いきや、家の中にティジャニがいるではないか。

「おはよう息子よ。バイクがないから、どこかに出かけたのかと思っていたよ」

「おはよう父よ。いやいや、バイクはいつもの定位置に置いて……ない！」

大切なバイクを盗まれてしまった。

この時期、国内のセキュリティレベルが上げられ、道にはポリス（ミリタリーも）が配備され、人々が勝手に出歩かないように管理されていた。とくに夜間外出は、徹底的に禁止されていた。コロナになってからは人々の往来が制限され、泥棒の被害が激減したというのに、どうしてティジャニの家だけ……。謎は深まるばかり。

コロナ騒動中、ポリスは四六時中、道路に待機しており、とても大変そうだった。ティジャニは自慢のバッタ御殿を開放し、ポリスたちにキッチンやトイレなどを自由に使わせてあげた。ポリスたちは、トイレなどを使っても挨拶もお礼もしなかったが、ティジャニは心よくそのまま使わせていた。

ティジャニの家の寝室は玄関に面しており、泥棒が入ろうものならすぐに気づける工夫をしていたし、小さな物音でも起きるようにしていた。

ところが、ポリスが使うようになってから不用心になり、誰か入って来てもどうせまたポリスが使っているんだろうと、いちいち確認しないようになっていた。その隙につけ込まれ、夜間にバイクを盗まれてしまった。

すぐに近くに待機していたポリスに、バイクを盗んでいるやつらを見なかったか聞いてみるも、目撃情報は得られなかった。

走行中のタイヤに、ティジャニの民族衣装がからまり転倒し、危うく死ぬところだった思い出が詰まったバイク。珍しい色をしており、首都では2台しか走っておらず、もう一人の所有者も知り合いだ。

盗んだバイクで走り出された

よくよく調べたら、家の中にしまっていたコータロー由来の20万円相当のお金まで盗まれていた。

怒りに燃え上がったティジャニは犯人を捜すべく、さっそく動いた。まずはポリスに行って盗難状況の説明をした。

ポリスからは、

「お前が大勢にお金をバラまいたから、金持ちだと泥棒にバレてしまったのだ。お前が悪い」

と、冷静に怒られた。

確かにティジャニにも非があるが、その優しさを誰が責められようか。

ポリスは頼りないため、自分でできる限りのことをする。街中のバイク修理屋さんたちに自分のバイクの特徴と電話番号を伝え、泥棒が持ち込んだ際にはすぐに連絡してもらうようにお願いした。成功の暁には報奨金を出すとも伝えた。

珍しいバイクのため、乗っているとすぐにバレるはず。連日、聞き込みを繰り返すも、有力な情報は得られないまま。盗難事件から数日が経過し、ここでようやくティジャニは私に、バイクが盗られたことを元気なく報告してきた。

泥棒にやられてしまったのは不可抗力で仕方ない。ティジャニと家族が泥棒に襲われてケガしなかっただけでも、不幸中の幸いだ。お金を盗（と）られたのは残念だが、あまり大きな問題ではないからと慰めると、彼は気が安らいだのか、彼自身の体調の異変を訴えてきた。

テ「コータロー、ゲホゲホ。私はとてもファティゲ（疲れた）で、体中に問題を抱えており、味がしなくなっている。ニオイもしなくなってきた。ゲホゲホ」

前「ウソ……だよな？」

ティジャニ、それ風邪やない、コロナや！　私はヒザから崩れ落ちた。引きこもってさえいれば、コロナにかかることはないと踏んだのだが、１００万円がきっかけで彼はバイクを失い、人と会う機会が激増し、結局コロナに感染してしまった。

なんということだ。ティジャニが死んだら残された家族も不憫(ふびん)だ。何の薬を飲めばいいのかアドバイスのしようもないが、なんとか励まさなければ。

「ビタミンセー（Cはフランス語でセーと発音）を取れば治りが早くなるはず。オレンジやミカンを食べ、たくさん飲み食いして早く回復してくれ。そして、十分な休息を」

根拠なきアドバイスしか送れないが、彼の回復を願った。

彼は自力で回復した。体の鍛え方が違うのだ。私はアフリカに行くために、20万円分の予防接種をしたが、彼らはそんなものを受けていない。自然と高い免疫力を身につけ生きのびており、見事にコロナを跳ねのけてくれた。

一命をとりとめたティジャニだったが、腹の虫がおさまらない。なんとしてでも犯人を見つけようと勝負に出た。

暗躍のポリス

ポリスが交通管理している中で起きた窃盗事件。バイクを動かしていたらすぐにバレそうなものを、目撃情報がないとは不可解だ。こんな状況の中で泥棒できるヤツは誰か？　そう、ポリスしかいないではないか。

違和感に気づいたティジャニは、すれ違う度に「バイクは見つかったかい？」と声をかけてくるポリス二人組が怪しいと睨み、仕掛けることにした。

そいつらを見つけ、小声で話しかける。

テ「私はあなたたちをアシストしたい。私のバイクを持ってきてくれたらお礼に1万円あげたいのだが。ただし3時間以内に」

バイクの在処(ありか)がわからなければ、3時間以内に持ってくるのは不可能だ。

ポ「オマエ、バイクの在処がわかったのか？」

テ「大体ね。私の言っている意味がわかるか？　私はお前たちを『アシスト』したいのだけど」

ティジャニはさも、お前たちが盗んだのは明白で、貴様らの悪行をまともなポリスに報告したらとんでもない目に遭うから、今のうちに白状するようにと仕向けたのだ。

もう一人のポリスが、
ポ「バイクを持ってきてやれるぞ。我々から3万円で購入する気ならな」

テ「いやいや、購入じゃなくてアシストしたいと言っているだろ。なんで私が自分の盗られたバイクを購入しないといけないのだ。あくまでも探して持ってきてくれた労力に対してアシストしたいのだよ。3時間過ぎたら金は払わないけれどね」

約束の3時間が過ぎ、5時間が経過したとき、ティジャニのスマホが鳴り、ポリス二人が見覚えのあるバイクを持ってきた。

約束の3時間を過ぎたため、金を払う必要はないと説明するティジャニ。バイクを持ってきたのだからせめてお金をくれと言うポリス。

テ「ならば泥棒を連れて来てくれ。二度と悪さされないように、そいつの顔を覚えておきたい」

ポ「ノン、そんな必要はない」

一歩も引かないティジャニに対して、ポリスはようやく一人の男を連れて来た。確実に泥棒なんてできそうもない、か細い男だった。ポリスはニセの泥棒を連れてきて、ティジャニから金を巻き上げようとしているのだ。

犯人がポリスであることを確信したティジャニは呆れ果て、1万円だけ渡してポリスを追い払い、無事にバイクを取り戻すことに成功した。

テ「この国のポリスは泥棒と手を組んでいてノーナイスだ。先日も1000万円近い盗みを働いた大泥棒が捕まったが、3カ月で釈放された。そいつが、大きな車を最高級の民族衣装を着て運転しているのを見た。泥棒は捕まってもポリスに金を渡せばすぐに釈放してもらえる。ポリスは泥棒からまた金をせびるために、牢屋に長いこと入れずに、早く釈放して、また泥棒したときに捕まえたほうが金儲けできる。もちろん真面目に働くポリスもいるが、そんなことをしていても損をするだけだから、結局は泥棒と仲良くなってしまう。この国の大きな問題だ」

人の優しさや親切の隙をついて、泥棒する奴らは人間ではなく動物だと憤慨するティジャニ。今回の一件は、お金について深く考えなければならない出来事であった。

浪費家

事件に巻き込まれはしたものの、ティジャニはたった3カ月間に1００万円近くを使い切るとんでもない浪費家であった。

スーパーで半額になったおつとめ品を狙って生活している私には、とてもじゃないけどできない彼の金銭感覚が恐ろしかった。

一通り落ち着いたところで、ティジャニはヘラヘラと「私は車が欲しい」と言い出した。この野郎、ちっとも反省してねぇじゃねぇか。私のお金をなんだと思っているのだ。私はピシャリと説明することにした。

前「私にとって１００万円は大金だ。いいか、私は20年間、同じ車に乗り続け、築50年近い古いアパートに住んでいる。これから結婚相手を見つけなければならないし、自分の家族のサポートもしなければならないところ、今回ティジャニを優先してサポートしたのだ。

ティジャニが近所の人たちをサポートするのは良いことだが、その金は全て私が無理をして準備したものであることをわかっているのか？　お金持ちではない私が、必要以上のお金を準備することは難しいことくらいわかっているだろ？

誰もコロナがいつ終わるかわからない状況で、お金は計算して使わなければいけない。それなのに１００万円を3カ月で使い切るとか信じられない。今回、ティジャニに１００万円をあげなければ、私は自分の車を買えていた。

その上、ティジャニは私の金を見ず知らずの人たちにあげてしまった。いくら私ががんばってもゼロだ。何も残らないではないか。私の状況が難しくなっていることを理解してほしい」

テ「大変ごめんなさい。申し訳なかったです。最悪の状況にしてしまい申し訳なかったです。コータローの説明は全て正確で、私が悪かったです。本年度の私の計算は良くなく、私が全面的に悪かったです。今年は大勢の近所を助ける必要はなかった。コータローの給料では、大勢を支援することができないことを理解しておくべきであった。それなのに車を欲しいとか言ってごめんなさい。この2カ月間、60万円を周りに配り、20万円で家に食料を、残りの20万円は泥棒に持っていかれた。コータローにはファティゲ（くたびれるの意）になってほしくないし、車を買って、家を買って、女性を見つけてほしい。なんとか元気を出してほしい。今後はこんなことせずに注意していく」

と反省の色を見せた。

支援は今後もしていくが、これからはナイスな計算をしなくてはいけない、お金は恐ろしく、人間関係すら破壊するからとくに気をつけるべし、と念を押しておいた。

実際には私の給料からではなく、印税から捻出したのだが、それだって1円たりともムダにはしたくない。泥棒に持っていかれたのは腹立たしいが、私の著書を購入してくださった読者の善意の塊は、ティジャニの評判を上げ、異国の民を窮地から救うのに役立ちました。この場を借りて御礼申し上げる。

娘さんのパトロンになる

なかなか興味深いデータを取得できたミッションの帰路、ティジャニが身内話を始めた。彼には19歳になる娘さん、トゥハナがいる。前作にも登場していない、病気で亡くなった前々妻との間の娘さんだ（一時的に2人の妻がいた。モーリタニアではMAX4人まで妻帯OK）。

首都から800キロ離れた、母方の祖母の住む田舎で暮らしているそうで、学校での成績は優秀。語学の勉強をしたがっているが、田舎で英語やフランス語の勉強をしても、その成績証明書は、就職や進学などで有利にならない。授業のレベルも怪しく、首都に来て語学の勉強をしたいとずっと希望していた。

しかし、祖母や周りの家族は猛反対。娘さんはあろうことか、器量好しで、すでに多数の男性から求婚されていた。娘さんが新しい色の民族衣装を着ると、周りの女性たちがマネするほどのファッションリーダーでもあり、その人気は絶頂に達していた。

「女性は勉強なんかせずにとっとと結婚して子供を育てるべき」
　というのが、祖母の考えだった。ティジャニは首都に呼び寄せたかったが、祖母の強烈キャラに手をこまねいていた。
テ「女性の仕事の質は非常に高く、うちのセンターでも一番の働き者は女性秘書のファティメトゥで、男どもはグータラで仕事に対する責任感を持とうとしない。モーリタニアがもっと発展するには女性の力が必要不可欠で、自分の娘が言語を習得して働くことに賛成している。しかし、問題は金である。義務教育を終えており、これから言語を習得するための学校に行くと多額の費用がかかってしまう。彼女の希望を叶えてやりたいのだが、金がない」
　そしてチラッと、いつもの方向を見た。
前「言語を学ぶことは非常に重要なことだ。私は未だにフランス語を話せず苦労しているからよくわかる。英語もノーナイスだが、少しだけ会話できる。言語ができると良い就職先を見つけやすくなるだろうし、色んな人と仲良くなれるし、語学学校に行くのはいいことだと思う。結婚についてだが、今、モテるなら数年後もモテるから問題ない。学校に行くのに、いくらかかるのか？」
テ「月謝が1万円くらいで、最低2年間は通わないといけない」

ほほぅ。すなわち、24万円で一人の娘さんの夢が叶うのならお安い御用だ。

前「ノープロブレム。コータローが全額支払うから、娘さんを学校に行かせたら？」

テ「アボーン？　オー ボク メルシー。アリガトゴザマース！」

ティジャニは、大変嬉しい時は「アリガトゴザマース」で、大変申し訳ない時は「アイムソーリー」を使う。

プルプル

私は現地語のフランス語もアラビア語も話せないばっかりに大変な苦労をした。今では、色んな言語をミックスさせた新しい言語を独自に生み出し、ティジャニと会話できているが、そのおかげで、ティジャニのフランス語が壊れてしまい、友人たちから、お前のフランス語は変だとツッコミを食らうほど支障をきたしていた。

前作で、モーリタニアではタコのことを「プルプル」と呼ぶと書いたが、正しくは「プルプ」であることを、在モーリタニア日本国大使館員の方から教えてもらった。やってしまった。話をしたモーリタニア人が、単に早口で「プルプ、プルプ（タコ、タコ）」と言ったのを、ヒアリング能力の低さも加わり「プルプル」と、自信満々に書いてしまったのだ。エッヘン。

フランス語で「どうもありがとう」は「メルシーボクー」が定番だが、「ボク ナイス（めちゃいいね）」「ボク ディフィスィール（めちゃムズい）」などと「ボク」を「すごく」という意味で使うのが我々の間で流行り出し、いつの間にか「ボク メルシー」に置き換わっていた。

「ボク」を頻繁に使うため、物事を比較する際に、もっと高いレベルの表現を探っていた。すると「マキシマム（極限の意）」という言葉が、最高クラスの表現であることが2人の共通認識となった。それ以降、「マキシマム ナイス（考えられる中で最もいい）」「マキシマム ディフィスィール（そんなの困難すぎて難しすぎる）」を使うようになり、事の深刻さをより正確に理解し合えるようになった。

さらにもう一つ告白しとかねばならないことがある。我々は猫のことを「ニャアニャア」、ヤギのことを「メェメェ」と呼んでいる。もう言語どころの話ではないのだが、私がモーリタニアの全てのメェメェはヤギだと信じ込んでいたら、実は中にはヒツジも混じっていることが発覚した。現地の言葉では、ヤギとヒツジの老若男女それぞれに呼び名があるとのことだったが、我々はメェメェでひとくくりにするという条約を結ぶことにした。

我々は、人類が築き上げてきた言語を使おうとしない横着者だったが、マキシマム真面目にやっていた。父親であるティジャニの言語を崩壊させた罪滅ぼしも兼ねて、せめて娘さんには正当な言語を習得してもらい、我々の二の舞にはならないでほしかった。

祖母を説得

帰宅後、ティジャニはさっそく、コータローがパトロンになってくれることを娘に伝えた。日本でパトロンといえば、行きつけのクラブのママや愛人に資金援助などをして生活の面倒をみる人の意味が代表的だが、モーリタニアでは、雇い主や支援してくれる人のことを意味するようだ。

それを聞いた娘さんは狂喜し、周りの人たちにすかさず言いふらしまくった。

「キャーーー！　ねぇ、みんな聞いて！　わたし、学校に行けるのよ！　言語を勉強できるのよ！　外国の言葉をしゃべれるなんて夢みたい！」（注：これからも彼女の発言は私の勝手な想像による）

しかし問題は祖母である。溺愛している孫娘が首都に行くことに、猛反対してくることが予想されたが、それを見越してティジャニがすかさず説得する。

「いいか祖母よ。この世において、人様の娘のために学校の費用を全部出してくれるパトロンを見つけることは至難の業だ。とくにモーリタニアでは、そんなパトロンはほとんどいない。いいか、これはラストチャンスなのだ。二度目はないのだ」

との説明を聞いて、そんな良い話なら是非とも首都に行って勉強してきたらよいと賛成してくれたらしい。祖母には申し訳ないが、若い人には、新しいことにチャレンジしてほしい。

さっそくトゥハナは首都の英語の学校に入学することになった。2カ月遅れで入学したため、出だしは相当苦労したようだ。

一方、私は、モーリタニア滞在中に別の国に出張に行き、お土産に風邪をもらって体調を崩し帰国することになった。ティジャニは、明日の朝10時に食事を持っていくからそれまでゆっくり休んでいてくれと、私を空港から家まで送り届けてくれた。

「いいか、トゥハナよ。お前のパトロンがグッタリしている。彼を元気づけるための食事を持っていく必要があるのだが」

「わたしが作るわ！　とっておきの料理を作ってみせるわ！」

翌朝、その意気込みが込められた料理が、ダッチオーブン的なごつい鍋ごと、病床の私の許へとデリバリーされた。もし、脂ギットリのヤギの煮込みとかだったら今はキツイ。

娘のトゥハナが作ってくれた鶏の丸ごと煮込み

恐る恐るフタを開けると、今か今かと飛び出すタイミングを見計らっていたようなうまそうな湯気が顔を包み込み、アッサリしていそうな鶏の煮込みが登場した。ゴクリと唾を飲み込み、どんな調理をしたかティジャニに聞く。

鍋底に玉ねぎのみじん切りを500グラム敷き、鶏1羽のぶつ切りをその上に置き、胡椒と岩塩をパラパラと。水は一切入れず、弱火でコトコトと2時間ほど煮込むと、「旨味たっぷり、チキンとオニオンの無水スープ」の出来上がり。

コイツにフランスパンを浸して食べるとうまさが倍増し、己の体調不良を忘れてしまうほどおいしくて美味い。一口食べるたびに体力が回復していく気がするし、体はポカポカと汗ばんできて、鼻水が垂れてくる。

娘さんが鍛え上げる英語がどんなことになるのか、楽しみだ。

あっ、なんかゴメン。著者自身の良い人アピールを最後にしちゃってテヘペロ。

部屋とワイたちとティジャニ

私よりも6つくらい年上のティジャニは、友達であり、兄であり、弟であり、家族であり、一緒にいてストレスを感じず、前向きに一緒に仕事ができ、色んなものを楽しめる絶対無二の存在である。

お金がかかるのが玉に瑕だが、ほぼ身内のため、自分のためにお金を使っているも同然の感覚であり、最近、私の財布のヒモはどこかに旅立ってしまっている。

「モーリタニア人同士でもこれほど尊敬し合って、支え合い、良い関係を築けている人たちはいないだろう。コータローはボク スペシャルだ！」

とティジャニも同じような感想を抱いており、つまり、単純に我々は気の合う仲良しなのである。カバー写真のためにコスプレする悪ノリにも付き合ってくれる。

さて、ティジャニの話を念入りに進めてきたため、読者の皆様は、この本がバッタ研究に関する学術書であることをすっかり忘れていると思う。だって著者自身がそうなんだもん。

「くっ、オレが余計なことさえしなければ……」

三脚を使ってのカバー写真の撮影中、突風でカツラが吹き飛ばされた

このまま話を締めずに「あとがき」に進みそうだったが、学術書を名乗っているからには、なんとかして1冊の中で話を完結したい。差し当たり終盤のクライマックスに向かうその前に、「これまでのあらすじ」を準備したので、もう一度思い出してから読書を進めてほしい。

さぁ、お遊びはココまでだよ。

これまでのあらすじ

古(いにしえ)の言い伝えによると、この世にバッタの魔の手が迫るとき、恐怖に怯える人類の願いが博士を生み出し、暴走したバッタを研究の力で鎮めるという。

一人、アフリカの地に降り立ち、来たるべ

き決戦に備え、闘いの準備を着々と進めている博士がいた。その名はウルド。選ばれしバッタ博士であった。その者は、バッタに関するあらゆるナゾを解き明かすことを渇望し、その拳は大地を切り裂き、その瞳はバッタを見つめ続けても飽きぬという。

先駆者ウバロフ卿の遺志を胸に抱き、独身者であるウルドが着目したのは、未だかつて解明されてこなかった大発生の要となるバッタの繁殖行動であった。ウルドは、「瞬殺でバッタの雌雄を判別できる」という、日常生活では微塵も役立たぬ特殊スキルを発動させ、バッタの雌雄が別居しているやもしれぬ仮説に辿り着く。

この「集団別居仮説」を検証すべく、世界中に散らばっている新たなる仲間たちに巡り合い、彼らと力を合わせ、サハラ砂漠を駆け巡り観察に没頭し、飼育室で日夜実験を行い、データを取得していた。

果たして長きにわたるバッタとの闘いに終止符を打つ必殺技を編み出すことはできるのだろうか。今、得られたデータを集約させ、知の結晶に姿を変えるべく、論文執筆という次なる試練に挑もうとしていた。

ねぇ、思い出してくれた？　この本は、サバクトビバッタの交尾・産卵について研究した本だよ。絶対忘れてたでしょ？　んもう！　これだからティジャニの話をしている場合ではなかったんだよ。ほら、本編に戻りますよ！　こうなるから、他の著者たちは、本文と違う話を途中でブチ込まないのだよ。では、気を取り直して続きをどうぞー。

第8章　日本編——考察力に切れ味を

ラボ――昆虫生態学研究室

2013年、京都大学白眉プロジェクトに応募するにあたり、受け入れ先の研究室を探す必要があった。面識はなかったが、学会で発表されている姿に惚れこみ、農学研究科、昆虫生態学研究室を牽引されている松浦健二教授に、受け入れ先になっていただきたい旨をメールで打診し、快諾いただいた。

日本に一時帰国中、神戸大学大学院でお世話になった竹田真木生先生が神戸大学で子供向けの昆虫に関するイベントを企画され、松浦先生も発表されるとのことでご挨拶に伺った。

松浦さん（尊敬と敬意、親しみをこめて先生ではなく、「さん」と呼ばせていただく）は、シロアリの社会性を研究され、数々の新発見をし、世界の第一線で活躍されていた。

幅広く手掛けている研究テーマの中でも、日本に広く生息するヤマトシロアリ *Reticulitermes speratus* の繁殖システムを解明した研究成果は、サイエンス誌から出版されるほど世界的に注目を集めている（Matsuura et al., 2009）。

「シロアリのコロニーは一夫一妻で創設され、創設女王の死後は二次女王（巣内で新たに分化した繁殖能力を持つ後継の女王）が近親交配（近い血縁同士の近親婚カップルが子供をつくること）

によって繁殖を引き継ぐ」というのが定説とされていた。松浦さんは定説に疑問を抱き、検証を試みた。

野外ではシロアリは、枯れた倒木や切株を地下のトンネルで連結して巣を作り、コロニー内部のシロアリの数は何十万匹にも膨れ上がる。松浦さんはまずその中から、繁殖を担っている王と女王を見つけ出して採集するという、とんでもない労力がかかる作業を何度も行った。山に入り、王と女王の採集というハードワークに成功したら、次に遺伝子を解析し、実は創設女王は単為生殖によって二次女王（巣内部で分化した後継の女王）を生み出すという驚きの「分身の術」の使い手であることを解明したのだ。創設女王は遺伝的に不死身ということになる（松浦健二著『シロアリ――女王様、その手がありましたか！』岩波科学ライブラリー）。

バッタの繁殖行動を解き明かそうとしている私に言わせれば、虫は違えど、繁殖システム研究界の生きるレジェンド的な存在だ。

私は運よく白眉研究者に採用され、松浦さんのラボに所属させてもらえることになった。私は学部卒業後、大学院に籍を置きつつも、研究所で研究をしていたため、先生、ポスドク、学生たちに事務員が織りなす大学の研究室での生活を経験できなかった（詳しくは、拙著『孤独なバッタが群れるとき』をご参照いただきたい）。

京大昆虫研では、失われた青春を取り戻すどころか、濃密で充実したキャンパスライフに浸ることができた。他の研究者がどのように研究を進め、どのように論文を準備するのか、ほとんど知らない状態だったが、ラボでは所属している人数分、多種多様な研究テーマが同時進行で進捗していくのを見ることができた。

問題をどのように解決するのか、目の前で白熱した議論が展開される。何も知らずに研究者を名乗って研究をしていたことが恥ずかしくなるほどだった。

当時、「お茶部屋」と呼ばれる一室には、ホワイトボードとソファ、イス、棚には色んな本と歴代の卒業生たちの卒業論文や修士論文、学位論文が飾られている。お昼ご飯を食べたり、コーヒーを飲んだり、二日酔いで爆睡する人がいたり。たわいもない雑談から、アイデアが生まれたりすることもある。

学生が松浦さんに「そこはこーなんちゃいますか」とツッコミを入れると「おぉぉ、そうやな。そっちのほうがええな」とすぐさま受け入れる。京大の教授が経験の浅い学生の意見をすんなりと受け入れ、学生が教授に平気で物申す環境が信じられなかった。

先生と学生が隔たりなく話し合いができる空気に驚いたが、科学に携わる者であれば学生であろうと名誉教授であろうと平等であるという松浦さんの方針で、ラボでは皆が「松浦さん」と呼んでいた。

ラボでは、研究対象の昆虫に関する論文はもちろんのこと、「普遍的な現象」を知るために他の生物の論文まで読んでいた。私なんかはバッタ、せいぜい昆虫の論文しか読んだことがなかったが、見よう見まねでほ乳類、爬虫類、鳥類、魚類などの論文を読むようになった。そうしたら、急に物事の捉え方が頭の中で変化し始めた。狭い分野の中で溺れていたことに気がついた。


私は勝手に、論文執筆はすし屋の丁稚奉公(でっちぼうこう)のように親方の技術を盗むもの、あるいは独自に工夫しないと上達しないものだというイメージを持っていた。一行書いては一行消すような生みの苦しみを味わい、いくら時間をかけても前に進まず、何をしたらよいかわからず、誰か他の人に代筆してもらいたいとずっと悩んでいた。

ところが、松浦さんは、ご自身が苦労して築き上げてきた論文執筆の技術を、ラボのメンバーに惜しげもなく伝授していた。

「論文執筆は技術であり、わしが苦労したことを皆がまた苦労する必要はない。わしが持ちうる技術は皆に伝えるから、別の新しいものに取り組むところで苦労せい」

「秘伝のタレ」という言葉があるように、苦労して生み出したものは誰にも教えず、自分だけがその旨味を味わうのが普通だと思っていたが、その真逆だ。私は松浦さんと過ごして、人はここまで物事を深く考え、取り組むことができるものなのかと、驚愕した。哲学というか美学というか、うまく言い表すことができないが、松浦さんの信念に触れ、自分もまだまだ成長せねばと大変な勇気をいただいた。

自分よりも秀でた人を見たときは、自分なんか……と悲観することもあったが、先生、ポスドク、勢いよく成長していく学生たちのすごさが大いに刺激になった。

京都大学にはたくさんのラボがあり、世界の第一線で闘う研究者たちの能力を間近に見ることができた。おかげで、自分は研究者として一段も二段もレベルをあげられるポテンシャルがあることを知り、いかにしてレベルアップしていくかの道筋を学ぶこともできた。

在籍中は大変楽しくもあった。中でも学食が素晴らしかった。色とりどりの小鉢に副菜、メインディッシュ。もし自分で作ったら一体どれだけの時間がかかるだろうか。それらがあらかじめ調理されて並べられ、しかも適量のため食べ過ぎる心配もなく、美味いのである。手に取ったトレイに自分好みの、その日その時の気分の料理を載せていく。無限の組み合わせが可能である。それに加え、しょっちゅう新作が登場するのも魅力的だ。ほんの数分でこしらえてくれる天津飯などの出来立てメニューもある。

「学食行く人ー？」という掛け声と共に、ラボメンバーで学食に行って思い思いの食事をとり、おいしく楽しく腹ごしらえをする。飲み会の時には大いに笑い、議論し、お互いの研究する姿が刺激となり、高いモチベーションを保つことができる。歴代の先輩たちもラボに遊びに来られる。

私はラボに所属中、とんでもない問題に巻き込まれ、大変な思いをした。だが、仲間のおかげで乗り越えることができた。昆虫研にいなければ確実に潰れており、命の恩人でもある。就職の都合で、最長で5年間在籍できるところを2年間しかいられず、残念であった。だが、自分に最も欠けていた研究者としての姿勢を学ぶことができたことは一生涯の財産となった。そして、この後の研究活動の全てのパフォーマンスを一段上のレベルに押し上げることができた。

いわずもがな、京都大学に学生として入学したくても、最難関大学の一つであり、私などは何浪しても試験を突破できない絶対的な自信があった。実は、学部生の時、京大昆虫研の先代の藤崎憲治教授のもとを訪れ、大学院の進学先として見学させてもらったことがあった。「うちのラボでは学生が自分たちで好きな研究テーマを選んで、自主的に研究に取り組んでいるよ。入試の成績もレベル高いよ」

自分なんかが、京大生に張り合えるわけはないと早々に逃げてしまった。それが特任助教として別ルートで在籍できることになるとは、思ってもみなかった。

時は流れ、ポスドクとして自立したのはいいものの、実力不足で立ち行かなくなり、本当に生態学を学びたいと思ったタイミングで京大昆虫研に在籍できたことは、自分史上最も幸運なことであった。

※2024年、京都大学昆虫生態学研究室は100周年を迎えるメモリアルイヤーとなる。心からお祝い申し上げる。

新たなる力

前述のように２０１６年、モーリタニアの首都ヌアクショットに近づいたバッタの大群と対峙したわけだが、これまでと似たようなシチュエーションなのに、見える景色が変わっていた。頭が冴え渡り、明らかに解像度が上がり、物事がクリアに目に映り、色んなことが見えるようになった。何か疑問に出くわしても、こうすれば検証できるはず、と瞬時に頭が道筋を叩き出し、長考しても解決策を見いだせないことが激減していた。作業中もデータを収集する傍ら、他にも何か面白いことがないかと探る余力が生まれていた。

「なんだ、この内から溢れる力は……」

最も欠如していた「考える頭」の部分を鍛えることができ、フィールドワークがますます面白くなっていた。「これが、覚醒というやつか……」手に入れた力の威力を確かめようとバッタを観察すると、今まで気づいていなかった現象に気づけるようになっていた。湧き上がる興奮を抑えることなくデータ収集に夢中になっていった。

２０１６年、フィールドワークを円滑に進めることができたのは、新たに手に入れた力のおかげだった。そして、論文執筆する際にも、その宿りし力が躍動することになった。

レックにおける流れ

「メスはオスと同居していると不必要にマウンティングされ、天敵から襲われるリスクがあがるが、自力でオスを跳ねのけることができないため、別居する」

こちらの説明が、ひとまずは雌雄が別居する理由の一つになり、納得いただけるかと思う。では、なぜ産卵直前のメスだけがレック（オスの集団）に来るのだろうか？

今までの性比に関するデータをまとめてみると、日中のレック（7カ所）とレック以外のエリア（4カ所）におけるメスの割合は、それぞれ7・2％と86・3％となった。性比が露骨にどちらかに偏っている。

レックの教科書を読むと、「レックはメスが交尾のためにやってくる場」とある。「集団お見合い会場」のイメージだろうか。サバクトビバッタにおいて、オスの集団も他の生物と同様にレックとして機能していることを示すには、どうしたらよいか？

すでにレックで交尾が行われていることは確認済みで、他の動物のレックの条件に当てはまっているものの、レックで実際に何が行われているのかを示す必要がある。

理想としては、メスの集団にいる産卵準備ができたメスが実際にレックに飛来し、交尾するまでの一連のプロセスを追跡できたら強力なデータになるが、技術的に難しい。

そこで、すでに取得していた交尾の状態に関するデータをうまいこと利用したら、バッタのレックサイトでも、交尾するためのカップル成立が起こることを示せるはずだ。水の鎧を着こんで、せっせと猛暑を駆けずり回って収集したデータが生きてくるのだ。

これまで４カ所のレックサイトで定期観察をしており、それぞれの動向を一つの図に示すことにした。４カ所ともに似たような傾向を示しており、まとめて解説していく。

レックサイトにおける交尾の動向を評価するために、４つのサイトで性比と交尾活動の一日の内の変化を観察した。すると、昼過ぎからレックに入るメスの数が増加し、夕方には性比はほぼ等しくなった。

また、カップルになっているオスの割合が夕方以降に高まるが、これは夕暮れ後に、交尾できないオスが、夜間のねぐらとなる植物に移動したため、オスの数が減少したことに起因する。

その後、カップル同士が集合し、メスはレックサイトの近くで産卵した。産卵は早朝までにほぼ完了したが、一部のメスは翌日の午後まで産卵を続けた。産卵後、カップルは別れ、雌雄はそれぞれ別の場所に飛んでいくのを目撃した。

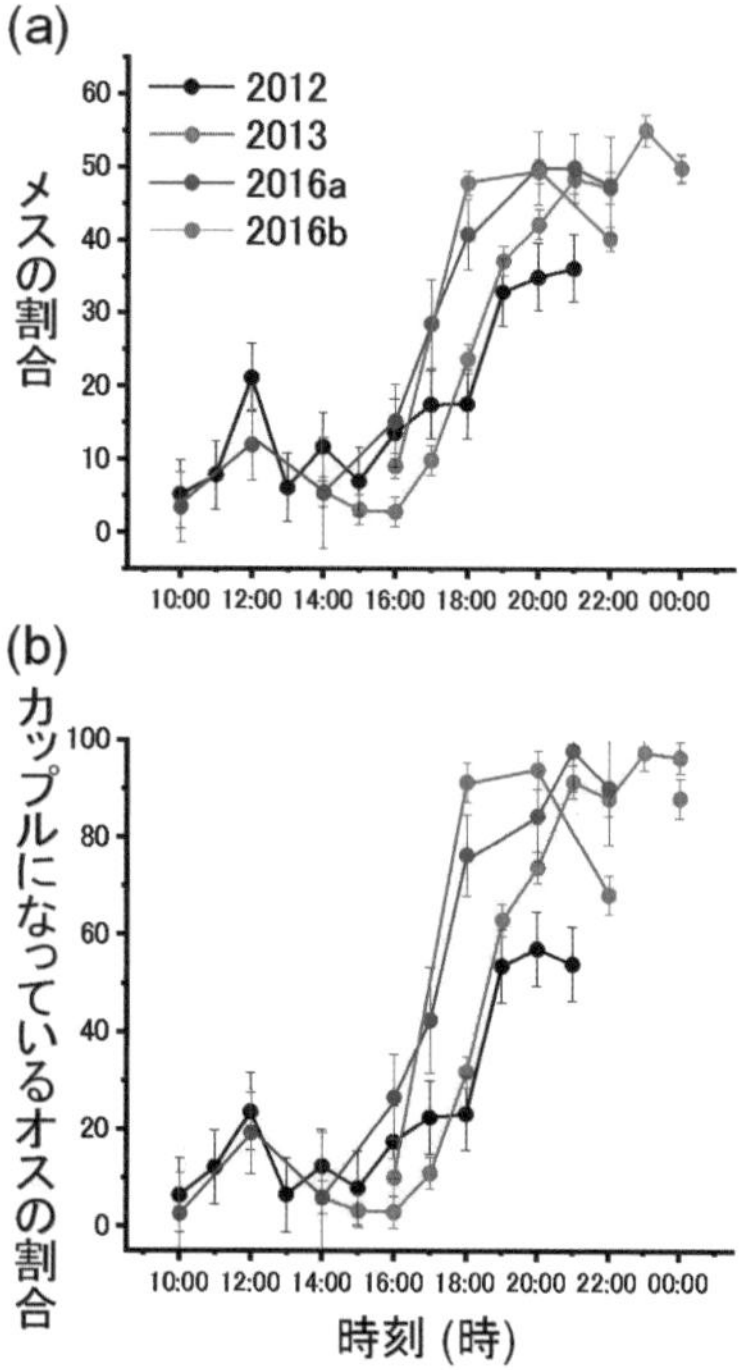

4カ所のレックサイトにおける性比の変化（a）とカップルになったオスの割合（b）（Maeno et al., 2021を改編）

このように、レックサイトは明らかに交尾が行われる場所であり、その後、近くで産卵が起こる。

解剖用のバッタをすみやかにお持ち帰りする都合で、集団産卵の現場に何日も滞在はできていないが、1カ所で翌日も待機したところ、集団産卵は同じ場所では起きなかった。4カ所から卵をほじくり返してみたが、いずれも数日前に産卵された卵は含まれていなかったことから、同じ場所を集団産卵の場としては使っていないようだ。どうやらレックサイトは一時的な利用であった。
欲を言うならば、観察地点を増やしたいところだが、少なくとも異なる年、異なる場所で似たようなパターンが見えたことは心強い。

恐ろしいことを言うが、後で使えるかもとなんとなく、収集しておいたデータが大活躍することになった。後になってから、「ちくしょう、あのデータもとっておいたらよかった」と悔やむことが多かったため、直感というか、「手間はかかるがこのデータもとっておいたほうが……」という、心の底のかすかな囁きにこたえておいて良かったと心底思った。事前に計画してデータをとることを強く推奨する。
案の定、メスに性比が偏ったエリアにおける交尾の動向に関するデータは取りこぼしており、迂闊であった。まだまだ修業が足りない。

論文の考察

論文には「Discussion」という、得られた結果がどのような意味を秘めているのか、その解釈を説明する「考察」の場が設けられている。今回のDiscussionで最も明記すべきは、得られた結果が「集団別居仮説」を支持しているかどうかという解釈だ。研究の動機とも言うべき仮説を検証し、「で、結局どうだったん?」に答えなくてはならない。

今回の研究で得られた結果の要点は、

・性成熟しているバッタの成虫は、雌雄どちらかに性比が偏った集団を形成していた。

・メスに性比が偏った集団では、ほとんどのメスは卵巣発達中で、交尾していなかった。一方、オスに性比が偏った集団では、メスは産卵直前の大きな卵を持っており、ほとんどが交尾していた。

・日中、オスの集団に産卵直前のメスが飛来して交尾し、夜間にペアで集団産卵していた。

となる。Kokko博士が提唱した繁殖システムの概念に当てはまり、「集団別居仮説」を支持するものとして解釈できそうだ。

Discussionでは、仮説の妥当性に加えて、得られた結果のどの点は過去の知見と似ていて、どこが新しい発見なのか、何がまだ不明なのか、そして今回の発見が学術的にどんな意義を秘めているのかを理路整然と説明していく必要もある。

すでに先人によって報告されている結果を知ってか知らずか、あたかも自分が世界で初めて発見したのだと主張して、後でそのことが発覚すると大変恥ずかしいため、すでに報告されている文献チェックは念入りに行う必要がある。Google Scholar と呼ばれる学術情報に特化した検索サービスを主に使用して、過去の文献を検索する。

研究者として、「世界初の発見」という名誉を得たい気持ちは常に騒いでいるが、先人の貢献を隠すなど、もってのほかで、フェアに紹介するのがカッコイイ研究者スタイルだ。とくに過去の見落としや誤解、研究者間の食い違いを、新たに得られた結果で説明できたとき、科学に貢献できた喜びを味わうことができる。

今回の場合、例えば、ポポフ（1958）は、性成熟したバッタの集団はオスに性比が偏っている現象を観察しているが、メスのほうがオスよりも早死したため、そのような性比の偏りが生じたと解釈されていた（Uvarov, 1977）。

しかし、我々の研究成果によると、たしかにオスだらけの集団は存在するが、メスはメスだらけの集団を別に形成していることを発見できたため、雌雄間の寿命の違いというよりは、集団別居という行動が、オスに性比が偏った集団を生み出している原因になっているのではないかという解釈ができる。

このように、メスだらけの集団が存在するという知のワンピースを得たことで、以前とはまったく異なる解釈が可能となる。

さらに、ロフェリーとマゴーら（2003）は、性成熟したバッタの群れが、産卵が起こる度に分裂したり再合流したりしているのを観察していた。この文献はシリルが見つけてくれた。彼らはその生態学的意義については触れていなかったが、我々の研究成果によると、分裂したのは雌雄がそれぞれの集団を形成し、交尾・産卵するときに再合流していたと解釈できる。

彼らの報告を読んでから研究を始めたわけではなく、あらかたデータを収集し終え、文献を読んでいてたまたま気づいたわけだが、先人も同様の現象を観察していたことは心強く、集団別居は我々だけが観察した異常な現象ではないと、過去の知見から後押ししてもらえる。

もう一つ気になる点は、いつ雌雄が別居を始めているかだ。ふ化した時点で性比が偏っているのかもしれない。あのモロッコのサイドゥ所長が褒めてくれたふ化幼虫の性別判定が、ここでようやく役立った。野外から採集してきた卵塊を個別に保持し、ふ化させて性比を調べてみた。

その結果、一卵塊からふ化してきた幼虫の雌雄はほぼ1対1だった。終齢幼虫（サバクトビバッタの幼虫は5回か6回脱皮して成虫になるが、成虫になる一つ前の幼虫ステージのこと）でもほぼ1対1。ということは、羽化後、どこかのタイミングで雌雄が別居を始めていそうだ。別居が始まるプロセスは将来、是非とも調査したい。

なぜ雌雄は集団別居をしているのか、この解釈はなかなか手ごわそうだ。大まかに言って、メスはオスから不必要に交尾を迫られずに済むし、オスは交尾相手を求めてあちこち探し回らなくても、レックにいればメスと巡り合えるというメリットは容易に想像がつく。

直感的に、雌雄共にメリットがあり、互いに納得がいく形でバランスがとれているから集団別居が成り立っていると思われるが、さらに深く集団別居のメリットについて考える必要があった。

集団別居のメリット

交尾中、バッタのオスはメスの背中に乗ってしがみついているため、メスは飛んで逃げることができず、鳥などの天敵から襲われやすくなる。モーリタニアの野外でバッタを追いかけ回し、メスはオスに背中に乗られていると逃げるのが遅くなることを確認した。さらに、フランスの室内実験で、メスはオスが背中に乗ってくると蹴っ飛ばそうとするが、逃げ場がないケージの中では、最終的に背中に乗られてしまうことを確認した。

これらの結果が意味することは、性成熟後、もしメスがオスと一緒にいると、実質的に交尾ハラスメント、すなわちコストを被ることになる。メスはオスと別居して物理的に距離をとることで、オスからの交尾ハラスメントを極力軽減できるメリットがあると考えられる。

アメンボのある種では、交尾を巡って雌雄間で争い合っていたが、バッタでは、別居というシンプルな技で雌雄間のいざこざを平和に解決していると考えられる。

ただ、この繁殖システムの場合、オスはオス同士の集団を形成するため、オス間のメスを巡る競争が激しくなりそうだ。それなのに、どうしてオス同士で修羅の道を選んだのか疑問が湧いてくる。やはりバッタのオスも闘いを好む男の子気質なのだろうか。

いやいや、オスにとっての集団別居のメリットは、「理想のメスに巡り会える」ことが考えられる。この考えに至るには、「精子競争（英：Sperm competition）」という、昆虫ならではの概念が関与している。

精子競争——交尾後の秘かなる争い

この本では、レック内におけるメスを巡るオス間の競争に着目し、メスにマウントできた個体が勝者であるかのようにこれまで紹介してきた。しかし、受精を巡る勝負はまだ決着がついていないのだ。実は交尾後、メスの体内では異なるオス由来の精子同士が受精を巡って争っていることが知られている。

昆虫では、メスの体内には受精嚢（のう）と呼ばれる、交尾したオスの精子を貯蔵する袋のような器官がある。なんと精子はメスの体内で長期保持され、産卵するたびにその精子を小出しにして受精卵を生産している。

メスが生涯にわたって何度も交尾する「多回交尾（英：Multiple mating）」の場合、交尾相手が異なる場合が多く、後で交尾したオスが先に交尾したオスの精子を掻き出さない限り、受精嚢の中では異なるオス同士の精子が同居することになる。

一妻多夫（英：Polyandry）、すなわち一匹のメスが2匹以上の複数のオスと交尾する場合、いったいどいつの精子が受精に使われているのか？　これは、種によって異なり、先に交尾したオスの場合、後の場合、はたまたミックスされて受精される場合がある。オスは自分の精子をメスに受精に使ってもらえないと、自身の子孫を残すことができないため、精子競争に勝たなくてはならない。

サバクトビバッタのメスも多回交尾で、一番最後に交尾したオスの精子が受精に使われることが報告されている。

え？　どうやって調べたのかって？　あの対バッタ研究所のハンター・ジョーンズは、世にも珍しいアルビノのサバクトビバッタをうまいこと利用した（Hunte-Jones, 1960）。

ちょい遺伝学の話になるが、豆の表面がマルとかシワなどの対立形質をもつ純系の親同士を掛け合わせたとき、子に現れる形質が顕性形質、現れないものが潜性形質。バッタのアルビノ形質は潜性形質のため、野生型（通常のタイプで顕性形質）と掛け合わせると、次世代は全ての個体が野生型になる。

実験方法として、まず、アルビノのメスを準備する。アルビノのオスと交尾させて一度産卵させ、続いて野生型のオスと交尾させて再び産卵させる。一卵塊目からはアルビノ形質の子だけが産まれてくる。二卵塊目から、もしアルビノ形質の子が出てきたら、先に交尾したオスの精子が受精に使われていることになり、一方、野生型の子が出てきたら後に交尾したオスの精子が受精に使われているとみなすことができる。

ハンター・ジョーンズは、この方法を用いて、後に交尾したオスの精子が受精に使われていることを鮮やかに証明したのだ。

フランスのニコラが飼育系統からアルビノが出現したのを見つけ、アルビノ同士を掛け合わせて系統を確立していた。そいつを使わせてもらって、私も精子競争がどうなっているか確かめてみたところ、先人の結果を支持するものだった。

これらの結果は、オスは自身の精子を交尾したメスに受精に使ってもらうには、産卵前、最後に交尾したオスになる必要があることを物語っている。

抜け駆けできないオスの事情

たとえ話として、ここに1匹のメスとオスAがいるとする。オスAがメスと交尾し、自身の精子をメスに送り込み、そのメスがそのまま産卵すると、卵の父性はオスAとなる。ところが、オスAが交尾したメスをガードせずにその場を去り、後にオスBがそのメスと交尾すると、卵の父性はオスBに取って代わられてしまう。すなわち、オスは交尾相手が産卵する

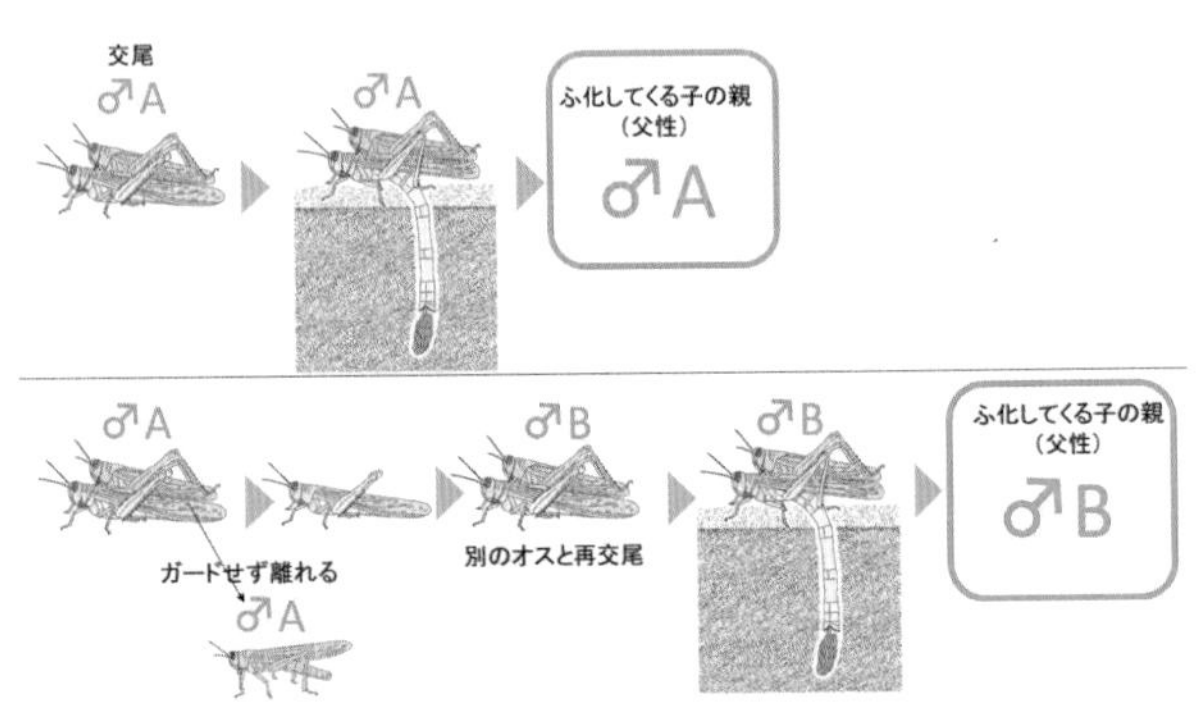

父性を確保するには、オスは交尾相手が産卵し終わるまでガードすべし

までガードしなければ、父性を確保できなくなる。

オスはメスと交尾するだけだったら、何もレックに留まらずにメスだらけの集団を見つけ出し、交尾しまくったほうが効率は良さそうだ。しかし、オスが抜け駆けしてメスだらけの集団に行って交尾しまくったとしても、その交尾したメスがレックにやって来て他のオスと交尾したら、抜け駆けは台無しとなる。

メスが約６日おきに産卵すると仮定した場合、オスが産卵直後のメスと交尾し、父性を確保するためには、そのメスが産卵するまで６日間ガードし続けなくてはいけない。その間、オスは他のメスと交尾することができなくなる。

ところが、産卵直前のメスと交尾した場合、すぐに産卵が行われるため、ガードする期間が短くなり、その分、他のメスと交尾できるチャンスが高まる。

すなわち、オスはレックにいると、ライバルとの競争は激しいが、交尾相手として最も魅力的な産卵直前のメスに巡り合うチャンスが高まるというメリットがあると考えられる。しかも、メスを探してあっちこっちうろつかずとも、メスのほうからやってきてくれるのだ。オス同士、メスを巡って競争するコストよりも、産卵直前のメスに巡り合えるメリットが勝っているため、オスのレックが進化したのではなかろうか。

レジェンド研究者のおかげで、さらに深い考察ができた。

ボディーガード

まどろっこしいことをしないで、オスがカップルからメスを略奪するという手荒な方法も考えられる。

レックにメスが飛来すると、多くのオスが競い合ってメスの背中に飛び乗ろうとして、てんやわんやの大騒ぎになるが、１匹のオスがメスの背中に乗ると、他のオスは急に興味をなくし、大騒ぎが一転して穏やかになる。その後も、シングルのオスはカップルには見向きもせず、カップルのオスからメスを奪おうとしない。

この紳士的な振る舞いを可能にしている陰の立役者はフェロモンだ。群生相のオスはフェニルアセトニトリルと呼ばれるフェロモンを出しており、これが交尾相手を他のライバルから護るボディーガードの機能を持つことが報告されている（Seidelman & Ferenz 2002）。

面白いことに、オスを単独にするとフェロモンの放出を止め、集団にすると放出し始めることが知られている。また、群生相のオスは性成熟すると、赤茶色の体色が黄色に変化するが、この黄色はオス同士の交尾行動を抑制することが近年報告されている（Cullen et al., 2022）。フェロモンと視覚を利用したコミュニケーションを持っているおかげで、「早い者勝ち」というルールが守られ、メスを巡って未練がましく、いつまでも不毛に争わずにすむ繁殖システムが成立している。

他の動物を対象にした先行研究は、レックがどのように進化してきたのかを説明するモデルを提唱している。それらと比較しながら、さらにバッタの集団別居が秘めるメリットを考えていこう。

レックが生まれるそのワケは？

色んな動物でレックが報告されているものの、オスが集まってメスの訪問を待つレックは、不思議な繁殖システムのように思える。動物によっては、レックをせざるを得なかったり、レックをしてこそ得られるメリットがあったりするだろう。動物がどんな事情を抱えてレックをしているのかを理解することで、レックがどのように進化してきたのか、その背景を探る取り組みが成されてきた。

レックのメカニズムを説明するために、いくつかのモデルが提唱されている。そもそも対象とする動物が、ほ乳類や鳥類という具合に異なるため、一つのモデルで全ての動物のレックを説明するには無理がある。

バッタのレックは、メスはオスから不必要に交尾を迫られずに済むし、オスは交尾相手に巡り合えるというメリットがある以外に、どんなメリットがあるのだろうか？

そこで、すでに提唱されているモデルの中でも4つのモデルに絞って、サバクトビバッタの場合との比較を行う。そうすれば手がかりがつかめるだろう。

1　ホットスポットモデル

ホットスポットとは、人気や流行りの場所という意味だ。

このモデルは、メスにとって重要な資源（餌や営巣地）がある場所や、移動中のメスがいつも通るところにオスがレックを形成すれば、メスに出会いやすくなると予測している。

レックを示す昆虫では、産卵場の側でレックが起こるのが一般的である。サバクトビバッタの場合も同様に、レックの近くで産卵が行われており、ホットスポットモデルを支持している。

しかしながら、解せない点がある。野外には産卵に適した場所が他にもたくさんあるにもかかわらず、なぜか狭い範囲のレックの側で産卵が起こっており、厳密にはホットスポットと呼べるかどうか疑わしい。

そもそも、オスは、レックをする場所が産卵に適した場所だとどうやって判断しているのかも謎である。メスは湿った地下に産卵するが、腹部を地下に差し込んで適度に湿った土かどうか判断しているのに、オスはそんなことはせず、どうやってレックの場所を選んでいるのか不明だ。サバクトビバッタのレックをホットスポットモデルだけで説明するのは難しそうだ。

広大なエリアで狭い範囲に集合するのに、レックが一役買っているのではないかと、個人的には考えている。

2　メスの交尾相手選択モデル

このモデルは、メスはたくさんのオスが集まっているレックを利用することで、好みの交尾相手を選びやすくなることを仮定している。

オスを選ぶ方法にもやり方がある。例えば、メスが交尾を試みようとするオスを蹴っ飛ばしまくり、その試練に耐え抜いた「質が高い」強きオスを選んだ場合、メスが直接的に交尾相手を選んだとみなすことができる。

一方、レックにいるオス同士がなんらかの競争、例えばどれだけ空腹に耐えて同じ場所に居続けることができるかなど、ガマン比べを行ったり持久力を競い合ったりして、その勝者と交尾する場合、間接的に交尾相手を選んだとみなされる。

サバクトビバッタのレックでは、観察例は少ないが、メスはオスを蹴っ飛ばそうとせずにオスの交尾を受け入れている場面を目撃している。すなわち、直接的にオスを選んでいるわけではなさそうだ。

もし、間接的にオスを選んでいるというのなら、オスはレックで何かを競い合っていることになる。ただ地面に突っ立っているように見えるが、思い当たる節があった。

ここは灼熱のサハラ砂漠である。日中の地温は殺人的にアツアツになるというのに、レックにいるオスはこぞって地表に留まっていた。飛んで来るメスを待ち受けているのだとは思うが、なぜそんな熱死する危険性の高い所にいたのだろうか。地表面は60℃に迫ることもしばしばだ。さすがに熱くなりすぎると、植物の上や日陰に避難するものの、無茶にも程がある。たまたま教科書で、なんらかの「耐える」競争をしている可能性があるという記述を読んで閃いた。バッタのオスは熱さの我慢比べをしているのではなかろうか。熱い地面に留まれる個体は間違いなく健康で、耐熱性は砂漠を生き抜く上で欠かせない能力である。

第1章で触れた、初めて定期観察を行ったときのこと。涼しい朝方、顔を覗かせた太陽が大地を温め始めたとき、バッタたちは体の側面を太陽光に向け、陽光を受ける体表面積が最大になる姿勢で日向ぼっこをしていた（a）。

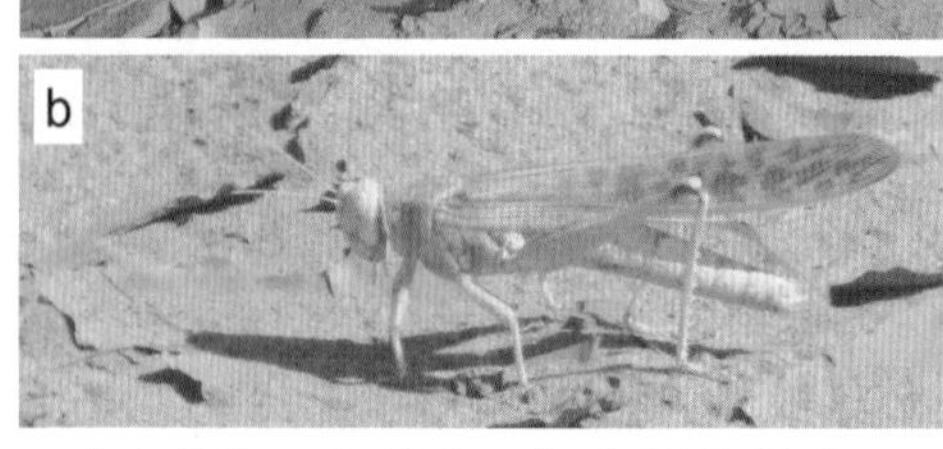

レックでの姿勢。aは日向ぼっこ中、bは背伸び中（Maeno et al., 2023を改編）

日向ぼっこは、朝の涼しい時間帯にしか行われないはずなので、こんな些細なことでもデータをとっておいたら論文になるかもしれないと思いつき、3時間おきにオスの姿勢に関するデータをとることにした。

地温が高温になる日中は、予想通り日向ぼっこなんかはしていなかったが、奇妙な姿勢をしていた。オスは太陽光と体軸が平行になるように向き、背伸びするように脚を伸ばし、体と地表面の距離が離れるような姿勢をとっていた（b）。地表に留まっているオスがみんな似たような姿勢をしていた（44ページの写真参照）。涼しくなってくるとこの背伸び行動は見られず、オスはあっちこっちを向いていた。

姿勢が体温調節に重要な役割を果たしていることは他のバッタでも知られており、イリノイのダグに教えてもらったバッタの体温測定方法を使って、確認することにした。

捕まえたバッタをヒモで固定し、「日向ぼっこ姿勢」か「背伸び姿勢」をとらせ、太陽光に曝して体温を測定した。その結果、背伸び姿勢をとると、体温を低く維持できることを確認できた。日陰では、両者の体温に違いが見られなかったため、背伸び姿勢はオーバーヒートを避ける機能があることが考えられる（Maeno et al., 2023）。

まだまだ観察数が少ないが、レックに飛来するメスは植物ではなく、開いた地面に直接着陸するのを目撃しており、熱い地面に留まっているオスのほうが、いち早くメスの背中に飛び乗れるのではないか。

レック内の多くのオスから最も魅力的なオスを選び出すのは、メスにとって至難の業だが、この熱い地表に留まっている個体ならどいつもこいつも健康的で、どの個体を選んでも外れはなさそうだ。

すなわち、メスは耐熱性を使用して、間接的に交尾相手となるオスを選んでいるのではないかと考えている。砂漠に生息しているサバクトビバッタならではの、交尾相手の選び方ではなかろうか。サウナで長時間、耐えることができる男は強いとみなすイメージに近いかもしれない。

実際に、熱い地表面にいるオスのほうが植物上で涼んでいるオスよりも、飛来するメスと交尾できるチャンスが高まっているかどうか検証する必要がある。また、涼しい季節には、この熱さを利用したメスによる交尾相手の選択は使えないため、別の繁殖システムが用いられていることが予想される。そちらもさらに調査する必要がある。

3　捕食リスクモデル

レックは、天敵に捕食されづらい最も安全な場所だから、メスが避難しにくるというモデルである。

　バッタのメスは、捕食の脅威がその身に迫ろうとも素早く飛んで逃げることができるため、捕食を恐れてレックに来ているわけではないように思える。

　しかしながら、交尾中や産卵中は、数時間にわたり逃避パフォーマンスが下がってしまう。そんな脆弱なときに襲われたらたまったものではないが、周りに大量の仲間がいれば、たとえ天敵が襲ってきても、自分が襲われる確率は低くなるし、天敵もすぐに満腹になってますます安全になりそうだ。

　バッタのメスは、レックを介して集団で産卵することで、弱点とでも言うべき危険な産卵期間を安全に乗り越えている可能性があり、捕食リスクモデルに近いメリットも得ていると考えられる。

４　ブラックホールモデル

　メスがレックにやってくるのは、レックの中にいなければメスはオスから交尾ハラスメントを受けるため、レック内のオスに護ってもらうことを仮定したモデル。すなわち、レックへと吸い込まれ、そのまま い続けると仮定し、吸い込まれたら抜け出せないブラックホールを彷彿させたネーミングである。

　フランスでの室内実験で確認したように、バッタのメスはオスと一緒にいると交尾ハラスメントを被るが、ひとたびレックに入ってオスに直接ボディーガードしてもらうと、それ以上、他のオスから交尾ハラスメントを受けずに済む。我々のこうした実験結果も、このモデルを支持しているように思われる。

　腹部をビローンと伸ばして地中に産卵中のメスが、オス同士の交尾を巡る闘争に巻き込まれたら、メスは深刻なケガを負い、産卵に失敗する恐れがある。野外の集団産卵が起こった現場では、腹がちぎれて死んでいるメスを数匹観察している。どうしてそんなことになったのか原因は不明だが、産卵は命がけの行動であることは間違いない。

　コオロギのように、腹部の先に地下に卵を産むのに便利な細長い産卵管を持っていると、普段の生活には邪魔である。とくに飛翔するバッタがそんなもん持っていたら邪魔でしょうがないだろう。一方、腹部を伸ばして産卵するほうが移動には便利だが、実際の産卵のときには危険極まりない。脆弱な産卵中をいかに乗り切るかは重大な課題である。

　野外調査中、どうして産卵中のメスのほとんどがオスにガードされているのか、ずっと気になっていた。また、メスは一度オスと交尾したら、そのオスの精子を受精嚢で保持し、産卵する度に小出しにして受精卵を産むことができるため、何度も交尾する必要がない。にもかかわらず、産卵直前にまた交尾しているのかも謎だった。

群生相のオスは、ボディーガードフェロモンを出し、オス同士のメスを巡る競争を軽減していると先に述べたが、このフェロモンは産卵中のメスをボディーガードするのにも一役買っていると解釈したら、つじつまが合う。

すなわち、産卵直前のメスは、オスの交尾を受け入れる代わりに、他のオスからの度重なる交尾ハラスメントを受けずに済むようになるし、安全に産卵することが可能となる。そのご褒美と言ったら語弊があるだろうが、オスは自身の精子が確実に受精に使われるというメリットを得ることができる。

以上、バッタの移動能力が高いこと、暑さに強いこと、フェロモンを利用した独特の交尾システムを有していること、多回交尾で最後に交尾したオスの精子が受精に使用されること、産卵期間は脆弱であること、など様々な特徴や制約がある中で、雌雄それぞれがメリットを得ていることが、ご理解いただけただろう。

これは、バッタが考えて編み出したわけではなく、たまたまそう振る舞う個体が次世代へと子孫を残し、その特徴が受け継がれていった結果、現在見られるような絶妙にバランスの取れた集団別居に行き着いたと考えられる。

それにしても、単に雌雄間のイザコザを軽減するだけでなく、雌雄それぞれのメリットを最大限高めるような繁殖システムに進化の過程で辿り着いたサバクトビバッタ、お見事過ぎである。複数の問題を一挙に解決するのが、別居というシンプルな技だったとは、自然の営みは実に奥深い。

ちなみに、一人で考えるよりも、誰かと議論することで思わぬ閃きが生まれることが多々ある。これらの考察は主にシリルとの議論で生み出されたものだった。

個人的な意見だが、もし、バッタの雌雄がお互いに足を引っ張り合っていたら、余計な体力と時間を消耗し、繁殖どころではない。この集団別居システムのおかげで、ムダをなくし、効率良く繁殖することが大発生に一役買っているのではなかろうか。バッタが大発生できる一つの説明になりうるのやも、と、妙な達成感を味わっていた。

第9章　厄災と魂の論文執筆

哀しき求婚者

モーリタニアから日本に帰国し、帰宅するときにいつも抱く感情がある。

「わぁ、この人もあの人も、すれ違う人みんなステキだなぁ」

目に映るほとんど全ての日本人女性がまばゆい。長期間、日本人女性から隔離されたためなのか、我ながら節操がない。結婚のことを考えると、お相手を知り、選ぶ必要があるのだが、とてもじゃないけど一人に絞れない。選択の余地がありすぎるのも考えものだ。

「何を偉そうに上から目線でほざいているのだ。44歳にもなったお前に選択権はなく、選ばれる努力をしろ」というもっともなご指摘はさておき、「選ぶ - 選ばれる」余地が大量にある場合とない場合とで、同じような方法で婚活をして勝算はあるのだろうか。

強引に言い換えれば、仲間の数が多い群生相のバッタと数が少ない孤独相のバッタが同じような繁殖行動をしているのか、気になっていた。

出会いが少ない孤独相

「孤独相はどうやって交尾・産卵しているのだろうか?」

低密度下のバッタは孤独相と呼ばれる。彼らを探そうと車を走らせても、年によっては500キロ移動してようやく一匹だけ見かけることもあれば、100メートル歩いて1匹のときもある。その低密度ゆえ、実は平常時の孤独相に関する情報は極めて少なく、大変な思いをしてまで孤独相のことを知ろうとする物好き研究者は、ほとんどいなかった。

孤独相のカップル

集団産卵の現場に遭遇できなかった2018年、砂漠奥地の以前調査したのとは別のグララで、比較的多数の孤独相が分布しているエリアを見つけた。群生相化したバッタと比較したらきっと面白いぞと直感が囁(ささや)き、さっそく調査を開始した。

これまでと同様、性比と交尾の状態を記録し、採れたてホヤホヤのメス成虫を解剖し、卵巣発達の具合を調査する。

孤独相の交尾について野外調査した結果、孤独相のオスはレックを形成せず、個体群の性比はほぼ1対1で、交尾しているカップルはほんのわずかしか見つからなかった。

群生相化した集団のレックの中で見つかったカップルの

メスは、ほとんどの個体が産卵直前の大きな卵を持っていたが、孤独相のカップルのメスは、小さかったり、中くらいだったりと色んな大きさの卵母細胞を持っていた。このことは、孤独相は卵巣発達の程度にかかわらず、いつでも交尾していることをほのめかしている。

孤独相の卵巣発達のプロセスに関する生理学的なデータも、是非ともほしいところだ。また、モロッコに行って実験しなくてはならなさそうだが……。

ウフフ、実はこんなこともあろうかと、モロッコで卵巣発達の実験を行った際に、集団飼育した群生相だけでなく、単独飼育した孤独相状態の卵巣発達についてもデータを取得しておいたのだ。以前の私の機転のおかげで、孤独相はいつでも交尾していることが裏づけられた。

なかなかお相手に巡り合えない孤独相は、選り好みしていたらせっかくの交尾の機会を逃してしまう。とりあえず、雌雄共に交尾するのだろう。

実は、サバクトビバッタのメスは、オスと交尾せずとも単為生殖でも産卵し、子孫を残すことができる。ふ化してくる幼虫は全てメスで、次世代も単為生殖できることを研究者が確かめている。

ただし、単為生殖した場合のふ化率は低く、交尾したほうがふ化率が高まるため、メスとしてもオスと交尾をしたほうが子孫をより多く残すことができる。本格的にオスに出会えない場合、メスは単為生殖できることが大きな強みとなる。

なんとなんと！　サバクトビバッタは密度に応じて繁殖行動を変えていることが明らかになった。2019年もモーリタニアを訪れ、同様の調査を行い、ほぼ同様の結果を得た。

その際、解剖用の孤独相メス成虫を捕獲するのが、とても大変だった。以前、孤独相成虫は夜になると大きい植物の上にいて捕獲しやすいことを発見していたが、絶対的な個体数が少ない。いかにして貴重な孤独相をゲットできたのか、私の工夫を読者の皆様に伝授したい。

バッタ買取キャンペーン、再び

サバクトビバッタの魅力でもあり、やっかいでもあるのが、その高い機動力である。近づこうものならさっそうと飛び去り、イヤらしいことに見える範囲に着地する。どうやら警戒心を強めているようで、２回目のアプローチでは、１回目よりも早く飛んで逃げるため、さらに捕獲の難易度は高まる。

ソロリソロリと時間をかけて忍び寄り、さぁ後はアミを振り下ろすだけという直前でバッタを取り逃がしてしまったときなど、私は何のために辛抱強く歩み寄っていたのだろうかと、空を見上げ、青の深みにため息を吹きかける。おまけに、孤独相はあまりいない。サバクトビバッタの孤独相は実験動物として最悪の部類に入り、研究者泣かせである。

それでも私は捕まえたい。バッタ捕獲が大変なとき、私は奥義を発動する。その名も、「バッタ買取キャンペーン」。密度と性に応じて価格は変動し、オスは1匹300円、メスは1匹500円で買い取る。公的な研究費をこのような形で使ってもよいのかどうか不明すぎるため、こんなときには印税に大活躍していただく。以前、金の力にものを言わせて毒バッタを買ったことがあった（『バッタを倒しにアフリカへ』参照）。

ティジャニの近所に住んでいる車整備士のディルディッシュと、ティジャニの息子ジダンを引き連れ、孤独相採集を行う。採集場所も大切で、性比を調査するエリアはナチュラルなままにしたいため、別のエリアで採集してもらうことにした。

ある程度の個体数は採集できたが、まだまだサンプル数が足りない。防除センターで解剖中、私はつきっ切りで作業するが、ティジャニたちは手持ち無沙汰になる。こんなときは、ティジャニにおつかいをお願いし、バッタを採集して来てもらう。

「私はこれから作業につきっきりになってしまう。その間、ティジャニは孤独相の成虫を捕まえて来てくれ。これは研究のためなら自由に使っていい金だ。ヤギを買おうが、何をしようが自由だ」

と軍資金を渡し、砂漠に送り込んだ。

2日後、ティジャニは十分な数の孤独相と一緒に帰ってきた。大人のおつかい、大成功だ。ティジャニはグララの近くに住む村人にも声をかけ、子供も老人もみんな目の色を変えて金になるバッタ買取キャンペーンに参加してくれたとのこと。機転を利かせてバッタを集めてくれて、さすがは頼りになる相棒。

そして、卵サイズに関するデータも必須だ。群生相化した集団では、集団産卵個体は目立つから、翌日、地面をほじくりかえせば容易に卵塊を採集できる。だが、孤独相の産みたての卵を狙って確保するのは、奇跡に近い行為である。10年間で5匹しか産卵中の個体に遭遇したことがない。

そこで、捕獲した孤独相に産卵させる方法をとることにした。

ティジャニがおつかいに行く前に、カラのペットボトルをたくさん準備し、あちこちに呼吸用の穴を開け、口の部分はフタの代わりにネットでふさぎ、通気性をよくしてやる。この数年、ミネラルウォーターを飲んでは捨てずにとっておいたのだ。

孤独相は他個体との混み合いに反応するが、とくに他個体との物理的な接触刺激が重要であることを突き止めていたため、1匹ずつペットボトルに入れ、首都のセンターにお持ち帰りすればよい。センターで、半野外条件下で個体飼育して採卵する作戦を企てた。

事前に特注の飼育ケージを準備しており、うまく採卵できた。過去の報告通り、孤独相は小型の卵を産むことを確認できた。

孤独相を単独飼育して１匹ずつ採卵する

一工夫かませば、難題だった孤独相の産みたての卵だって手に入る。

これにより、群生相化した集団が産む大型卵と、典型的な孤独相が産む小型卵に関するデータを得ることができた。意気揚々と帰国した私を待ち受けていたもの、それは、人類史に深く刻まれることになる厄災だった。

バッタ大発生

２０１８年、アラビア半島の人里離れた砂漠の奥地に緑が芽生えた。同年5月と10月に、サイクロンがもたらした大雨によるものだった。乾いた大地を潤す恵みの雨は、人知れず、ほそぼそと生きながらえていたサバクトビバッタの眠れる力を叩き起こした。成虫はエサが乏しく過酷な環境を生き延びる能力をいくつも秘め、過酷な期間をやり過ごす。緑を口にするや否や、すぐさま性成熟を始め、湿った大地に卵を産み落としていく。

卵は、産下時の卵重とおよそ同量の水分を地中から吸収し、胚発育を進める。卵は、水分を現地調達して大きくなるため、その分、メス成虫は体内のスペースを有効活用し、可能な限り多くの卵を産み落とすことができる。

メス成虫は、必ず湿った地中に産卵する。適した産卵場に辿り着けないと地表に産み落とすが、それは台無しとなる。もとより、地中の湿り気は、子のエサとなる緑が長く持つかどうかの一つの指標となり、乾いた大地に産卵したところで、子が生存できる可能性は万に一つもない。

人類がバッタと科学的に向き合い始めてから、たかが１００年ちょっとしか経っていないが、大干ばつの後に大雨が降ると歴史的な大発生が起きてきた。２０１８年のケースはまさにその条件に一致していた。

　通常の自然環境であれば、多くの幼虫が成虫になる前に天敵に捕食され、命を落とす。わずかな個体だけが成虫になり、自由に空を羽ばたける翅を手に入れる。しかし、数年にわたる干ばつにより、おそらく広範囲にわたって天敵の類は死滅していたのだろう、バッタはその高い機動力を活かし、いち早く、突如現れた緑の楽園に辿り着き、まさに「無敵」のありえない環境を謳歌した。

　本来ならば多数の仲間が幼虫期に命を落とすところ、ほとんどが成虫になる。メス成虫は２週間ほどかけて性成熟すると、おそらくは１週間おきに１００個ほどの卵を生産し、生涯に複数回産卵する。

　生息地の温度にもよるが、好適な環境下では、１世代は最短約２カ月でまわる。天敵不在で極上のエサに恵まれた環境で繁殖と発育を繰り返すと、その増殖率はもはや爆発と形容できるほど膨れ上がる。

　サバクトビバッタは、季節風に乗って移動する習性がある。人知れず数を増やしたバッタは群れを形成しながら、サウジアラビアを経由し、中東方面に侵入。その先でも増殖と移動を繰り返しながら、インド、パキスタン方面にまで到達した。

大群が侵入しても、環境条件が不適であれば、バッタの群れは別の場所に飛び去るか、死滅する。しかし今回は、侵入先でも大雨によってもたらされた繁殖・発育に好適な条件が揃っていたことが災いし、数を増やした。

同時期、別方面に移動を始めた群れもいた。2019年の冬にかけて、アラビア半島の群れは紅海を越え、東アフリカ方面、通称「アフリカの角」に侵入した。

同年10月にソマリア北部やエチオピアで洪水が発生、12月にはサイクロンが直撃していたことが災いした。例年、この時期はバッタの餌となる植物が枯れているが、大雨で植物は枯れず、バッタの増殖を加速させる状況が誕生していた。

世界がこの異変に注目し始め、翌2020年初頭、世界中のメディアが一斉に目を向けた。ソマリアとエチオピアでは25年ぶり、ケニアでは70年ぶりのサバクトビバッタの大襲来となった。

ウバロフ卿が指揮した対バッタ研究所の研究者たちが、今回の事態に酷似した1967〜

69年に活動していたことなど、誰が覚えていただろうか。

当時、確かにバッタによる農業被害は生じたが、それが研究を大きく発展させ、防除活動の重要性を国際的に広く訴える好機となり、まさに「怪我の功名」となった。

飛行機を用いた農薬の空中散布など、実用的な防除手段が開発されたり、FAO主導の国際的な防除キャンペーンが行われたりし、当時の人々の脳裏に深く刻まれたはずだった。

しかし、数十年に及ぶバッタの沈黙は、人類の注意を振り払うのに十分な時間であった。現地の研究態勢や防除システムは弱体化し、おそらく、まともな指揮を執(と)れた現地スタッフはいなかったであろう。ほぼ無警戒のエリアにバッタの大群が侵入して初動が遅れたことも、バッタの増殖を許してしまった一因である。

内戦が続くエリアを多数含む当地は、よりによってバッタの繁殖地として絶好のエリアであった。治安の悪化はあらゆる防除活動を許さない。防除部隊は、車両にトラブルが発生した場合を考慮し2台以上で移動するのが通例だが、テロリストたちの前にはそのような備えは何の意味も持たない。バッタ防除部隊がテロリストに襲われて車ごと全ての装備を奪われ、見知らぬ地に放り出された事態も報告されている。

テロリストらの非人道的な振る舞いは、彼らにとっては正義の活動なのだろう。だが、愚かなる人間の手によって防除活動は行く手を阻まれ、バッタのさらなる増殖の手助けをした。

東アフリカの逆側、西アフリカでは、２００３〜05年に起きた歴史的なサバクトビバッタの大発生によって、甚大な被害を受けた。しかし、そのことはバッタに対する注意を高め、防除体制の確立に大きく寄与した。それ以降、当地では警戒を解くことなく、西アフリカ10カ国からなるCLCPRO（西アフリカ対サバクトビバッタ委員会）の指揮の下、国際的な連携に基づいた防除体制を着実に強化し、２０１３年の大発生の芽を未然に摘むことに成功していた。

東アフリカでのバッタ大発生問題を統括するＦＡＯは、西アフリカ諸国に配備されたバッタ防除センターのエキスパートたちを急遽（きゅうきょ）、東アフリカの被害地域に派遣した。すでに退職していたモロッコ国立サバクトビバッタ防除センター前所長のサイドゥも、エチオピアへ派遣され、技術指導や方針策定に従事した。フランスCIRADのバッタ研究チームを牽引していたミッシェルも、ケニアに飛んだ。

第二の災い

FAOは、この未曽有の危機を乗り越えるため、世界中から寄付金を募った。各国が速やかに援助を決め、日本も約13億円もの支援を行い、総額200億円以上もの資金が集まった。

2020年、世界中のバッタ研究者たちは、この危機は、絶好の研究の機会になると期待していた。私の所属機関・国際農研の当時の岩永勝理事長（現・顧問）も機転を利かせ、特別研究費を準備してくださり、私も現地に行く手はずを速やかに整えた。

大発生中の繁殖行動に関するデータを取得することができれば、手掛けようとしている論文のレベルは遥かに高まり、実際に大群を退治する実証実験を現地で実施できる千載一遇の大チャンスであった。世界が注目し、救いを求めて混乱している最中、鮮やかに大群を退治する手法を提供できれば、人々の希望を取り戻すことができるはずだった。

現地研究機関とメールでコンタクトを取り、ケニアに2週間、続いてエチオピアに2週間滞在して野外調査を行う計画を立案し、渡航準備を進めた。しかし、出国目前の2日前、その目論見（もくろみ）は儚（はかな）くも崩れ去った。第二の災いが立ちはだかったのだ。

新型コロナウイルス感染症、通称「コロナ」が世界に蔓延し始めた。

世界が経験したことのない規模の、これこそ未曽有の危機であった。世界中で、日に日に感染者が増えていく。深刻な状況の最中、アフリカでも静かに感染は広まりつつあり、出国直前に渡航先でもついに感染者が発見された。

「空港の収容機関に隔離される」「入国拒否され、送り返される」など、毎日のように情報が錯綜する。行くべきか、中止すべきか決断を迫られる。

フランスのシリルとも連携し、現地で共同研究を実施する予定だったが、スカイプミーティングの結果、苦渋の決断を下すことにした。生きていれば次のチャンスもあるだろう。もし強行渡航していたら、現地で丸々１カ月間、隔離されるところであった。

研究者としての実力をつけ、研究費まで用意してもらえる状況になったというのに、またしても、またしても、バッタの大群がいる現場に辿り着けない現実を受け止められなかった。

現地では、日常生活ですら大混乱に陥り、バッタ防除の要である物流と人的交流は無残にも遮断された。なんのための近代化だったのか。それでも闘うしかなかった。ＦＡＯは現地に関係者を派遣し、得られた資金を基に人員をトレーニングし、農薬散布用の車両や航空機を準備・活用し、バッタたちの躍動を食い止めようとした。

途中、農薬は枯渇し、認可されていない農薬にも手をつける事態になった。そのような行為は環境汚染につながると痛烈に批判する者もいる。

ＦＡＯによるレポートには、航空機が飛び交うバッタの成虫に向け白い霧状の農薬を空中散布している様子や、人々が棒切れを手にバッタを追い払う姿を収めた写真が掲載されていた。歴史は繰り返された。

コロナに苦しむ研究者

新型コロナウイルス感染症は、バッタ研究者たちから絶好の研究の機会を奪うだけでなく、自前の研究体制をも揺るがせた。ヨーロッパのとあるラボでは、研究施設への立ち入りが禁じられた。

トノサマバッタに関して、卵休眠の能力を持つ系統であれば、卵を低温に保持することで3カ月以上、人の手をかけずとも長期保存が可能である。しかし、サバクトビバッタには卵休眠の能力がなく、エサを与えに飼育室に通わなければならない。窮地に立たされた著名な研究者たちは救いを求め、世界中の研究者に向けてメールを送った。

「サバクトビバッタの卵を凍結・解凍して、系統を再始動させる方法を、どなたかご存じではないですか？　これは最悪の場合の計画ですが、現在、大学のインフラの多くが停止しており、事態がさらに悪化すれば職員のアクセスも禁止される可能性があるため、そう遠くないうちに、こういう事態が起こります」

中には、60年維持してきた系統が失われる危機に瀕したラボもあった。通常よりも低い温度で飼育すれば、バッタはゆっくりと成長し、食べるエサの量も減らすことができる。だが、この状況ではそれさえ実行するのは難しかった。

メールに対して、妙案を提供することはできなかった。だが、今から慌てて一か八かで大切なコロニーに何らかの処理を施すのは危険である。

なので、私からは、

「古い文献は、この危機を乗り越えるために、卵を保存する重要な技術を開発できる可能性を秘めています」

と書き、ハンター・ジョーンズ（1968）の論文を引き合いに出した。

「ふ化温度は卵の生存率にも影響を与えた。26・1℃から36・7℃では約70％の卵がふ化したが、この最適温度範囲を超えると死亡率は徐々に増加し、42℃以上19℃以下ではふ化した幼虫はゼロになった」

続々と、皆が危機に直面している状況が送られてくる。

東アフリカでは、人々はサバクトビバッタを退治しようとしているのに、研究者たちは、バッタを救おうとしている皮肉な状況が、コロリによって引き起こされていた。神のイタズラか、第一の厄災は、第二の厄災によって、最も深刻な天敵「研究者」から護られていた。

あるラボでは、苦肉の策として、バッタの卵を他国の別のラボに疎開させ、なんとか系統を維持することになった。

実験用の多数のバッタを飼育しているラボでは、研究施設に入所できる人数と時間が減らされたため、限られた人員と時間でバッタを管理しなくてはならない問題に直面した。そこで、バッタの飼育数を減らしてエサの確保にかかる労力を軽減し、さらに飼育温度を下げて彼らの食欲を低下させ、細々と系統維持だけに専念するという苦渋の決断を強いられた。

いくつもの系統のコレクションが、無残にも失われることになった。

中には、途中で実験を中止せざるを得ない者もいただろう。それが、学生やポスドクといった期限付きの支援金に頼っていた場合、ある程度データを取得済みの者はいいが、データを得ていない者にとっては、人生設計に痛恨の被害を及ぼすことになる。一体、何人の研究者が、実験に注いだバッタの命と時間、労力を失ってしまったことだろうか。

東アフリカに救援に駆けつけていた西アフリカのエキスパートたちは、コロナの影響を受け、自国に帰れなくなっていた。

知で対抗する研究者

未曽有の事態に研究者たちは立ち上がった。フランスCIRADをすでに退官したものの、国際バッタ学会の運営や研究活動を続けていたミッシェル・レコック博士と、アリゾナ州立大学のアリアン・シーズはバッタに立ち向かうべく、サバクトビバッタに関する特集号をAgronomy誌で企画し、重要な論文を投稿するように呼び掛けた。

一刻を争う事態である。私は前作のラストシーンで大群のバッタと対峙した際に収集していたデータに基づき論文発表することにした。

我々の野外調査により、空を覆い尽くさんとする大群は、日中は飛翔による移動を続けるものの、日暮れ前に付近のエリアで背丈の高い植物上に着陸し、一夜を過ごすという結果を得ていた。飛翔中のバッタの成虫に対して飛行機から農薬を空中散布しても、なかなか効率良く駆除するのは難しいが、大きな植物に誘引される習性を逆手に取ることで、効率良く退治できるのではないか――という内容である（Maeno et al., 2020）。

ミッシェルからは、

「あなたたちの研究は、サバクトビバッタのフィールドワークが防除作業を改善するために何ができるかを示す典型的な例だと思う。この移動性の高い昆虫は非常に驚くべきもので、フィールドで調査するのは困難だが（孤独相の期間はなおさら）、とても魅力的なチャレンジとなる。これからもこのような美しい研究を続けてください」

と励ましの言葉をいただいた。

ババ所長も、

「サハラのサムライであるコータローが、アフリカでさらなる研究を展開していることを嬉しく思っている」

と励ましてくれた。

励ましはヤル気に変わっていく。なんとしてでも、集団別居仮説の論文を発表しなければ。

感染症と同時に起こったサバクトビバッタの大発生は、日本のメディアでも連日大きく取り上げられ、一躍話題になった。私としては、ただでさえマニアックな研究対象が注目を浴びることは嬉しいはずであったが、精神を病む事態に引きずり込まれることになった。

メディアの群れ

バッタ大発生を受け、すさまじい数の取材依頼が、所属先の情報広報室に飛び込んできた。著作が注目を浴びたことでメディア対応はある程度は慣れていたものの、常軌を逸した数のメディアの群れが押し寄せ、混乱することになった。

「私のところでも」「ぜひこちらでも」

何度も何度も同じ話を繰り返す。ひどい場合だと、新聞の取材を受け、朝刊の紙面にバッタに関する記事が掲載された午後、まさにその新聞社の別の部署から取材をさせてほしいという依頼が入る。キリがないではないか。

私が断ると別の方面に依頼が行くようで、中には誤った解説をされる方もいる。トノサマバッタの孤独相の成虫には緑色のものがいるが、サバクトビバッタは薄茶色だ。それなのに、緑色のサバクトビバッタの成虫のイラストと共に解説記事を出す者も……。架空の生物を生み出したり、トノサマバッタをサバクトビバッタとして使用したり……（以下略）。

１時間以上、電話で延々と質問を受けた挙句、たった１行しか説明が使われないこともあった。正確に物事を伝えたいが、「紙面の都合で」「社内規定により」と、掲載前の内容を確認させてもらえないことが多く、大切な部分が削られ、誤解を招く表現が誕生し、全ての責任を押し付けられているような感覚に襲われる。そんな説明を私はしていないのに。自分が大切にしてきた信念が汚(けが)され、心が捻(ね)じれて歪(ゆが)み、奈落の底に堕(お)ちていく。

別に記事の内容や構成に口を出したいわけではない。事実確認をし、明らかな誤りが世に広まるのを防ぎたいだけなのだ。

所属先機関の名称は「国際農林水産業研究センター」（略称：国際農研、以前はジルカス）だが、「業」を抜かされたり、「国際能研」と漢字を間違えられたり……。

そんな些細なミスをするのは、こぞって事実確認をさせてくれないメディアであった。メールでも電話でも、所属先の名称を間違えないでほしいと伝えても、お約束のごとく間違われるため、手の施しようがない。

大手新聞社の名を名乗り、取材依頼してきたため、まともであると判断し引き受けたところ、自身の名前を冠した記事をウェブに掲載されたこともあった。フリーランスの小づかい稼ぎに長時間付き合わされてしまった。

毎日のように下調べして現在の状況をアップデートし説明をしていくが、ほぼ無償で対応することになる。そんな中、日刊スポーツだけは謝金を支払ってくれた。教育関係の案件にはなるべく協力したいと考えており、紙面で子供向けの説明をしたいとのことで引き受けたわけだが、掲載された紙面の隣には水着姿でグラマラスな女性の写真が掲載され「ウルトラの乳」の謳(うた)い文句があった（ネタ的に、引き受けて正解だった）。

記者も大変なのは理解できる。次から次へと大きく話題が変わる記事を作成し、自身の専門などとは程遠い分野までカバーしなくてはいけないのだ。

メディア対応には慣れていたつもりだが、このままでは心身が持たない。1万字に及ぶ解説文を所属機関のホームページに掲載し、「盾」として、説明にかかる時間と労力を軽減する。もちろん、責任をもって大変良い記事を作成してくださる記者たちもいる。

また、一次情報を自分で調べて情報を発信するユーチューバー（へんないきものチャンネルさんなど）もいるが、大半のユーチューバーたちはここぞとばかりに盛りに盛り、煽りに煽り、バッタの群れの規模や被害はネット上で錯綜していく。

やれこっちで講演してくれ、やれ弊社のプロジェクトにアドバイスをしてくれと、様々な案件が一斉に襲いかかってきた。「意見交換会」という名の情報の一方的な搾取。「前野さんのご厚意で」という名の一方的なタダ働き。色んな人々が群がって来て、貪(むさぼ)り食われていくことに恐怖を感じた。

もっともうんざりした質問は、「サバクトビバッタの大群は日本に飛んできますか?」

わからない。自然現象は、人間の予想を遥かに大きく超えることがある。

「過去には飛来したことはなく、可能性は限りなく低いと考えられる」くらいのことしか言えず、飛んで来ることはないとは言い切れない。責任をもって誰が回答できるのだろうか。

懇意にしているメディアからの依頼を受けたが、タイミングが悪くお断りせざるを得なかった。業務上、最重要ミッションと言ってよいレベルで、国会答弁の作成依頼まで飛び込んで来る。正気を保つため、人々が寝静まった頃、夜な夜な近くの神社にお参りに行き、精神の崩壊を阻止してくれるよう神頼みする日々が続いた。


シリルもフランスのメディア対応に明け暮れていた。我々はこれでもまだいいほうだった。30年以上にわたってサバクトビバッタ問題に関する情報を取りまとめ、警告を促す役を務めるキース・クレスマン主任バッタ予報官(Senior Locust Forecasting Officer, FAO)は、世界中から殺到するすさまじい数の質問に答えるべく、重要なインタビューをこなさなければならなかった。東アフリカ現地での発生状況、被害の把握、これからのバッタの発生予測や対策の公表などその責務は重大であった。モーリタニアに渡り、すぐに出会ったキースさんの奮闘ぶりには励まされた。

バッタの話をするのは好きだったが、何度も同じ説明をさせられて以降、バッタに関する同じ質問をされると、イラッとするアレルギー体質になってしまった。

任期付き研究員の審査期間とも重なり、メディア対応は控えるようにとの通達が来たことで、この状況は緩和され助かった。ただ、お引き受けしたくてもお断りしてしまったメディアに対しては申し訳なかった。

神経衰弱

この大切な時に、なぜ現場にいられないのか。私は現場を見てもいないのに、なぜ日本で偉そうに解説しているのだろうか。

安らぎを求めてツイッター（現・X）に逃げ込み、エゴサ（自分に関わる評判を知るための行為）すると、「今頃、ウルドさんはアフリカで闘っているから忙しくてツイートできないんだろうな」などという書き込みが目に入る。

罪悪感が込み上げてくる。重ね重ね、コロナのおかげで出張を断念せざるを得なかったのが悔やまれる。

一方、「こんなときに解説もせずに何をやっているんだ！　ただの目立ちたがりだったのだろう」なんてツイートも。

不本意ながら日本に隠れ、コソコソと身を削って取材対応をやっているというのに、何もしていないように思われるのは、どういうことだろうか。ちっとも安らげず、心がすさんでいく。

前述のように、この時期、任期付き研究員の審査があり、変なことをすると採用取り消しの恐れがあった。所属先と相談し、取材依頼については、まだ取材を受けたことがない、大手のものに絞ることにした。


バッタ問題が落ち着いた後も引き続きコロナで身動きがとれず、日本にいるということは、フランス語を習得するチャンスでもあった。つくば在住のブノワ・マリニャック先生（エスパス・つくば―フランス）に、スカイプでレッスンをしてもらうようになった。ポンコツなフランス語で度々グチり、慰めてもらい、わずかながらフランス語が上達した。

人間関係に関するフランスの童話も教えてもらった。

カラスが美味そうなカマンベールチーズを咥(くわ)えて木の枝にいた。なんとかカマンベールチーズを食べたいキツネは、カラスを褒めちぎった。カラスが、嬉しくなってカァと鳴いた瞬間、チーズを落としてキツネが奪取に成功。褒めてくる人間は魂胆があるから気をつけろという、大切なことを教えてくれた。

極めつきは、婚活がうまくいかなかったことである。己の不幸を呪うことで、心身が蝕まれていく。

出会いがなければ恋は始まらない。新たなる出会いがコロナによって阻まれ、私の婚活は挫折した。

年頃の未婚の女性とお話がしたい。その願いが叶わぬまま、出歩けず悲壮感だけが募っていく最中、話ができるのは取材と称した見知らぬ年上の男性たちであった。しかも、同じ質問を毎度毎度浴びせ続けられる私の気持ちは、「絶望」の2文字に尽きる。

「みんな、どうやって異性と出会ってるんだろう。どうやって相手を選び、相手から選ばれ、結ばれているんだろう」

私は研究者だ。婚活のメカニズムについて科学的に解明できたら、きっと誰かと巡り会い、結ばれるはずだ。ところが、さっぱりである。自分自身の婚活がままならないというのに、なにゆえバッタ様の婚活メカニズムの解明に取り組んでいるのだろうか？　自分の幸せを確保するのが先決なのではなかろうか？

心が乱れた状態で、バッタの婚活メカニズムについて論文執筆を手掛けることになった。何としてでも、ハイインパクトなジャーナル（雑誌）から論文を出したいと願っていた。

有名税の代償

「日本国においてサバクトビバッタの知名度が上がり、その研究の重要性が高まれば就職につながる」と信じ、ブログやツイッター、各種メディアを通じ、広報活動に勤しんできた。

著作が、毎日出版文化賞特別賞、絲山賞（作家の絲山秋子さんが、1年間で読んだもののなかで一番面白かった本に贈る賞）や新書大賞2018（中央公論新社が主催）、ブクログ賞、さわや書店が選ぶ年間ベストの新書に贈られる賞）などを受賞し、「世界一受けたい授業」に出演するなど、サバクトビバッタのアピールをする機会に恵まれた。

真摯に科学と向き合うべき研究者としては、決して褒められたものではないこれらの露出ぶりは、サバクトビバッタのみならず、私の名前も一部界隈で有名にした。だが、有名になるために研究をしてきたのではなく、研究を続けるために、やむを得ず有名になったという信念を抱いていた。

研究者の名が知れ渡るのは、論文によって公表された何らかの発見が注目されるというように、研究を通じての場合がほとんどだが、私の場合は順番が逆で、ネットを利用して知名度をあげ、それによって研究の中身を知ってもらうという流れだった。そのため、「実力不足なのに無駄に有名」という謎の図式ができあがっていた。

ようやく、経済的なことを心配することなく、落ち着いて研究できる環境に辿り着いたが、邪道な方法を用いた私を待ち受けていたのは「有名税」であった。私を嘲笑し、中傷する噂話が、どこからともなく耳に飛び込んで来ては、心を痛めた。

長年かけてデータを収集していても、論文発表をしていなければ、何もしていないのと同じである。自分なりに苦労し、あちこち飛び回り、足りない頭をひねってアイデアを絞り出しては、地味な難問を乗り越えてきたとしても、私を嘲笑(あざわら)う人たちの耳や目には、私の努力は何も届いてない。

多くの研究者が私を見下しているのも知っている。「最近、論文出てませんね」と、直接、研究者仲間から言われることも少なくない。自身の実力不足が招いた結果ではあるが、屈辱であった。

しかし、私が悪いのだ。彼らを見返し、研究者としての尊厳と自信を取り戻す方法は、ハイインパクト雑誌に論文が掲載されることだった。一発逆転を狙い、何が何でもと意地になっていた。だから、論文執筆の時間を割いて取材対応をすることに、すさまじい焦燥を感じていた。

とにも「書く」にも

科学の世界において、論文（Paper）とは何か。それは、研究成果を公表する一つの方法である。取り組んだ研究テーマにどんな背景があり、どのような重要な問題が未解決なのか説明をした上で、再現可能な方法で行われた研究活動で得た結果をグラフや表、あるいは本文中に数値として載せ、統計処理を施し、その傾向が検証した仮説を支持しているのかどうか吟味し、過去の知見と比較しながら論議していくものである。

なんらかの新知見について書かれた論文の草稿（Manuscript）が学術雑誌に投稿され、受理され、修正の後、掲載されることで、ようやくその内容が認められる。たとえ価値のある新発見をしても、論文発表されなければ、何もしていないのと同じである。
論文の草稿は、以下の構成からなる。

Author　著者の情報
Title　題名
Abstract　要約
Key words　キーワード
Introduction　緒言
Materials & Methods　材料と方法
Results　結果
Discussion　考察
Acknowledgements　謝辞
References　引用文献
Tables and Figures　表と図
Supplementary data　追加情報

今回、一番気にかけたのは、バッタに固執しないことだ。京大時代に学べたこと——他の動物との共通点、すなわち普遍性を大切にし、「専門的すぎる」という批判をなんとしてでも避けようと企てた。

社会を維持するために対立をどのように管理するのかは大切である、という大きな関心から、サバクトビバッタの繁殖行動が果たしてどのように雌雄間の性的対立にかかわる問題を解決しているのか、という流れで論文を執筆し始めた。

論文の書き方を指南した教科書は世にたくさん出回っているため、本書では詳しく取り扱わない。その代わり、学校で勉強した教科・科目がいかに論文執筆に役立つか、なんだったら、義務教育は論文を書くためのものだったのかと、感動を覚えた点について記す。

国語：論文は文章力が求められる。論理展開、話の流れに加え、得られた結果がいかに重要であるかをうまくアピールする圧倒的な筆致を有する者は、論文を制することができる。加えて、先行研究を知るために論文を読む必要があるため、読解力は必要不可欠である。

英語：科学の共通言語としての英語ができなければ、論文を書けないし、読めないし、やってられない。英語が苦手だから理系に進み、研究が楽しくなってきたらあら不思議、下手したら文系よりも英語が必要となる。

社会（地理・歴史・公民）：先人が発表した過去の論文を網羅し、取り扱う研究テーマの歴史を知るときに役立つ。また、多くの人々が関心を持つことを把握するバランス感覚も、社会の動向を知ることで得られる。異国で生活するときや外国人と話すときに、相手の国のことを知っていると大変喜んでくれる。

数学：得られたデータを統計解析する際に、基本的な演算（足し算、引き算、掛け算、割り算）が求められる。一方、高度な数学力が必須となるモデル・シミュレーション使いも存在する。私は基本的な演算を駆使し、なんとかやっている。

美術：得られた結果を視覚化する際、円グラフ、棒グラフ、散布図など、最も直感的に理解しやすいグラフを導き出す美的センスが求められる。白黒（モノクロ）が基本ではあるが、孤独相は緑色、群生相は黒色で表すなど、カラフルに色分けすることで、説明文を読まずとも読者の直観的な理解を手助けすることができる。グラフの見せ方も重要だ。イラストが一つ入っているだけで、わかりやすくなるし、なんだかなごむ。プレゼンする際のデザインがオシャレだったり、わかりやすかったりするとすごく良い（研究者が手掛けた魅せるプレゼン資料作成ノウハウがぎっしり：高橋佑磨・片山なつ著『伝わるデザインの基本』技術評論社）。

理科：実験する際のアプローチ方法は研究者によって異なる。物理的な計算や、化学分析、生物一般（行動観察や測定）、遺伝子解析、分子生物学など、調査方法に研究者の色が出る。遺伝子や分子を扱う際には、その道の作法が必要だ。私は大変不慣れのため、解説は他を当たられたし。

体育：研究は体力勝負になる。長時間、論文と向き合うためには健康が必須。知力、体力、気力の三点が揃ってようやく前に進める。

家庭科：生活力が身につき、世界のどこででも生きていけるようになる。

道徳：人に優しくできる。

図工：論文執筆の前段階である実験で、実験道具を工夫する際に大活躍。

倫理：人のデータをパクったり、データを捏造したり、誰かを傷つけたりなど、してはいけないことを把握するために倫理観は絶対に必要。とくに生命を扱う場合、倫理的配慮が不可欠だし、採集禁止エリアから虫を捕獲してくるなど違法行為をしてデータをとることは許されない。社会のルールの範囲内で研究をする必要があることを自覚する上で、倫理感は必須である。

論文執筆に懸ける想い

任期付き研究員の審査は、新しい職場で開始した研究テーマのみが対象となる。なので、自身が進めてきた研究課題を一度停止し、新しい課題に取り組まねばならなかった。当然、論文は停滞する。同年代の研究者たちは自身のラボを構え、続々と論文発表をしているのに……。就職のためとはいえ、この状況をもどかしく思っていた。

集団別居仮説に関する論文を単に書き上げるだけではダメなのだ。ハイインパクト雑誌に掲載され、自分が研究者であることを世に知らしめたい。

『バッタを倒しにアフリカへ』では、論文発表できていなかったため研究内容に触れられなかったと説明したが「どうせ研究していなかったから、研究内容に触れられなかったのだろう」と、読者に思われている節もある。

新発見を報告するという純粋な科学的動機、社会的責任感もあったが、「世間を見返し、研究者としての尊厳を取り戻したい」という不純な動機が大きな原動力となっていた。

論文執筆には相当な集中が必要であるのは間違いない。それまでブログやツイッターなどでワイワイやっていた。何個「いいね」がついたかに囚われ、日に何度も確認するほど中毒になっていた。このままではとてもじゃないけど大切な論文を執筆できそうもない。己の甘えを断つことにした。

修業の旅に出ると説明してブログの更新を3年間封印し、SNSから距離をとり、論文に集中する覚悟を決めた（ツイッターはたまに使っており、中途半端でごめん）。

割り切り

モーリタニアで調査したサバクトビバッタの集団は、厳密には転移相であった。

ここで言う転移相とは、「見た目は子供、頭脳は大人」的な、孤独相の見た目をした成虫が、羽化後に群生相的に集団行動をしている、孤独相から群生相へと変化する途中の相を示すものである。

本書では、「群生相的な行動をした」という表現で、これまで詳しい説明を避けてきたが、科学的には「群生相化した孤独相成虫、すなわち転移相」が正しい表現である。

当然、典型的な群生相についても調査がしたい。東アフリカに行けば群生相にご対面できるが、コロナの影響でいつ渡航できるのか先行き不透明である。

つけ入るスキがない完璧なデータでなくても、論文発表しなければならない状況だってある。その弱点をつかれないようにうまく誤魔化し、今回は、転移相と孤独相について論文を書き上げることにした。群生相については、将来の宿題にする。割り切りは大切だ。一切、心残りがない完璧なデータで論文を書くのがベストだが、完璧主義者になるといつまでたっても論文発表ができなくなる。

論文をどのように仕上げるか、研究者それぞれに強烈なこだわりがあり、どれが正解でどれが間違いなのかは判断不可能だ。紹介しているやり方は前野個人のスタイルであり、他の研究者には別のやり方があるため、あくまでも数多ある中のたった一つのものであることをご了承願う。

PNAS 誌に目をつける

自然科学系の研究者にとって、ネイチャー誌とサイエンス誌は二大巨頭として知られる。これらの権威ある雑誌に論文が掲載されようものなら、地元に銅像が立つレベルの快挙である。だから、内容も執筆も世界最高クラスのものが求められる。

私の感覚だと、その研究分野に激震が走ったり、広く信じられてきた定説を根底から覆したり、壮大な実験スケールだったたり、誰もが見落としてきた重要な問題に取り組み新規性が極めて高かったり、その時代の高等テクニックを用いて初めて解明できたりした内容が、これらの雑誌に掲載される。

私の研究内容に目を向けると、オスの集団形成メカニズムや産卵直前のメスがレックにやってくるメカニズムを解明し、人工的に誘導することができたら大いにチャンスはあった。

だが、残念ながらそこまで到達できていない。野外観察がメインの研究内容で掲載されたら、かなり渋くてカッコ良いのだが、これまでの経験上、掲載されるのは難しいと判断した。

そこで目をつけたのが『Proceedings of the National Academy of Sciences of the United States of America (PNAS)：米国科学アカデミー紀要』だ。業界では、一流でハイインパクトな雑誌として名高い。新聞などで研究成果が紹介されるとき、論文の発表先として記載されているのを度々見かけていた。幅広い層に関心を持ってもらえる研究内容を発表する場としては願ってもない。

当然、研究内容が評価されることは必要だが、こういったハイインパクト雑誌に論文を掲載してもらうコツを噂話で聞いたことがある。それは「その雑誌に論文をすでに掲載しておくこと」だ。

論文を審査するエディター（編集者）やレビュワー（査読者）は、投稿されてきた論文の「質」を見定めるために、著者の過去の論文がすでにハイインパクトな雑誌に掲載されていれば、今回の論文も上質な可能性があると判断することもあるだろう。一方、そのような保証を持たない著者からの論文は、何か問題があるかもしれないと、厳しい審査にさらされることもあるだろう。

新参者には大変厳しい状況だが、もう一つコツがある。それは、世界的に著名な研究者が共著者の中にいるかだ。たとえ自分は未熟でも、大御所が論文の共著者にいれば、審査する側も「あのお方が共著者なら間違いない」と恐れおののくことがあるだろう。研究にまったく関わっていないのに、論文の共著者として名前を貸すこのような行為は「ギフトオーサー（名前貸し）」として、不正行為の一種とみなされる。


投稿された論文はエディター（編集者）が管理し、自身の雑誌に掲載するレベルかどうかをまずはジャッジする。ある程度のレベルに達していなければ、リジェクト（不受理）という、神の鉄槌（てっつい）にも等しい裁きが下される。研究者が最も嫌がる言葉のアンケートをとったら、「リジェクト」は間違いなく上位にくる。にっくき言葉である。

名も知らぬ著者が投稿した論文については、アブストラクト（要約）だけをチラ見して、本文を読まずに、エディターがリジェクトを下すケースもあるかもしれない。あまりにもお粗末なアブストラクトだったら救いようがないが、研究内容に絶対の自信があっても、前評判で判断されてはやり切れない。だが、これは世の常である。

「一口……。たった一口食べてくれれば味はこちらが上なのに!!」

（寺沢大介著『ミスター味っ子　第5巻』講談社、第三話「乗客はどちらに!?」より抜粋）

卓越した料理の腕を持つ中学生料理人は、第一線で活躍中の凄腕の料理人に潰されそうになる、町の弱小の料理屋を次から次へと救うべく、料理対決を挑むことになる。

来客数で競う場合、お客は知名度が高い凄腕料理人のお店に殺到する。主人公は、知名度に勝るライバル店にだけ長蛇の列ができる光景を、どんなに悔しく見せつけられただろうか。渾身の料理なのに、手にも取られず、一口も食べてもらえない悔しさは、「論文の中身を読んでくれさえすれば……」と思う新参の研究者の気持ちに通ずるものがある。

しかし、今活躍している研究者たちの多くは、こういったお膳立てがない状態で、初めてのハイインパクト雑誌という高い壁を、自身の論文内容で乗り越えた剛の者たちなのだ。

噂話に振り回されていては仕方ない。論文は、著者がすごいとかではなく、内容が評価されているはずだ。先達の背中に勇気をもらい、私たちもチャレンジすることにした。

たとえ、リジェクトされても、別の雑誌に投稿すればよいだけだ。それに、まだ策はある。

いでよ、最強合体

スーパー戦隊シリーズでは、数名がチームを組み、色分けされたコスチュームに武装したヒーローに変身した各人がそれぞれのメカに乗り込み、メカ同士が合体して巨大な人型ロボットとなり、世界征服を企んでいそうな敵と闘う。そう、合体することで普段では敵いそうもない敵に立ち向かうことができるのだ。

我が手にあるデータの一つずつは、おそらくは小ぶりな一報の論文としてそれぞれ発表するだけの価値はある。しかし、ハイインパクトを望むのならば、その力を合体させることで、より強力な一報にパワーアップできるはず。

実は、交尾中のバッタの逃避行動に関する結果については、先走って一報の論文として執筆を終えていた。だが、PNAS誌に挑むのであれば、少しでも強力な内容にしたい。そこで、論文発表を取り止め、一つのグラフとして合体させる道を選んだ。せっかく書き上げた他の箇所はお蔵入りになった。なんたる無駄骨。論文執筆は計画的に！

一文字の重み

論文には「Key word」を記す必要がある。大体6個だろうか、雑誌によって個数は変わる。どんなキーワードを前面に持ってくるかは、極めて重要である。たった一つの言葉が、論文全体の構成を司っていると言っても過言ではない。

日本でも、日本漢字能力検定協会が、年末に「今年の漢字」を主催し、公募によってその年を象徴する漢字1語を発表する。このように、1ワードが持つ意味はとてつもなく重い。

何推しにするかが大切で、限られた単語数でいかにインパクトのあるタイトルを作成するかにもつながってくる。少ない単語数で、論文の全体像をイメージしてもらい、かつ、どの研究材料で、どんな新発見をしたのかを伝えなければならない。

Yahoo!ニュースでは見出しを13文字以内にするそうだ（奥村倫弘著『ヤフー・トピックスの作り方』光文社新書）。マンガやスーパー戦隊シリーズでも、その回を一言二言で言い表す見出しをつけている。キャッチコピーに似た、強烈なセンスが求められる。

論文に関係するキーワード候補を書き出し、どれが良いのか競わせる。論文の内容によりマッチし、かつ、幅広い人たちに興味を持ってもらえるキーワードを見つける必要がある。1単語ずつ、論文検索用のGoogle Scholorに入力し、ヒット数を確認する。どれだけその単語＝分野が注目されているかの目安になる。厳選したキーワードの組み合わせで、論文は構成される。

論文の紙面は限られている。あらかじめ何単語以内に抑えるようにと各雑誌が定め、著者の手引きに記されている。「サバクトビバッタ」を主役にすると、悔しいけど幅広い注目を集めることができなそうだ。繁殖活動を「性」とみなし、群生相による集団行動を「動物の社会」とし、これらを軸に論理展開をしていくことにした。

タイトルは、「Keep a distance: sexual conflicts reduced by lekking behavior in locusts（距離をとろう：バッタにおいて、性的対立がレッキング行動によって減少する）」とした。コロナ渦でソーシャルディスタンスという言葉が流行っていたので、キャッチーな言葉として添えてみた。

頼れる仲間と業者

私の英語は大変お粗末で、我ながらよくやっているなぁと呆れている。場数と度胸で恥を撒き散らし、誤魔化しながらやってきた。私の語学の才能はどうなっているのだろうか。我ながら不思議だ。

「コイツはなんとなく、こんなことを言いたいのだな」と相手の読解力に助けてもらい、私のほうは私のほうで、「きっと、この人はこんなことを言いたいのだな」と推察力を磨いてきた。ティジャニとの会話だってそうだ。その分、せめて日本語ではきちんと受け答えできるようにしようという心掛けが、こういった執筆活動に役立っているはずだ。

論文は英語で書くのが一般的だ。日常会話もままならないというのに、なぜそんなハードルの高いことをしなければならぬのか唖然とするが、やるしかない。

ただ、文章をゼロから自身で書き上げるのは大変なので、すでに発表されている論文の記述を真似する。だが、やりすぎはよくない。そのまんまパクるのは厳禁で、最近は、「この論文の文章は過去に発表された論文のものとどれだけ似ているか」を解析するサービスもある。

それに、英語がポンコツなら、誰かに添削してもらえばよい。英語が堪能な知り合いがいなくても大丈夫。お金さえ払えば、校閲してくれる業者がいらっしゃる。共同研究者のシリルは英語が堪能だが、共同研究者の貴重な時間を英語の添削に使うのは失礼である。まずは、英文校閲業者に校閲してもらってから、シリルに見てもらい、それから他の共同研究者たちに目を通してもらう。

たとえ共同研究者とはいえ、不完全な論文を何度も何度も見直してもらうのは忍びないし、どの原稿が最新版なのか混乱することもある。なので、大枠の流れをみんなで決めたら、とりあえず少人数で文章を固めるようにする。

それぞれから頂戴したコメントを反映しようとすると、こっちの人とあっちの人の意見が食い違っていることが多々あり、どちらを採用すべきか頭を悩ませることもある。そんなときは、論文の代表（コレスポンディングオーサー）として、えいやーと決定する。

落胆とあがき

これからは、知の総力戦となる。

論文を雑誌に掲載すべきかどうかをジャッジする知の門番・エディターが投稿されてきた論文をジャッジし、その雑誌が取り扱っている研究分野かどうか、その中身（新規性、データの妥当性、論文の構成等）をチェックし、箸にも棒にもかからない原稿であれば、その時点でリジェクト（不受理）する。

よさげであれば、その分野に精通していそうなレビュワー（査読者）にアブストラクト（要約）だけを送り、査読を引き受けてくれないか打診し、査読者を2～3人見つけ出し、原稿を送って査読してもらい、そのコメントに基づいてエディターがリジェクトか、アクセプト（採択）かを決定する。

現時点の原稿ではイマイチなものの、レビュワーのコメントに応じて原稿の内容を修正すればアクセプトできそうな原稿には「リビジョン（要修正）」の判断が下される。だが、まだ油断ならない。

もう一度、実験をやり直すなどしなければならない大がかりな修正が必要な場合は「メジャーリビジョン」、文章や解釈を修正したり追加の引用文献を加えたりするなどの軽微な修正で済む場合は「マイナーリビジョン」を告げられる。後者は次につながる可能性がある。いきなりアクセプトされることはまずなく、「マイナーリビジョン」という判断をもらえたら小躍りして喜んでもよい。

審査にかかる投稿論文はサンドバックと化し、エディターとレビュワーはボコボコに攻撃してくる。頂戴するコメントは問題を指摘する攻撃的なものがほとんどのため、投稿論文には一片の隙も残してはならない。

とはいえ、実験の都合上、どうしたって隙や穴ができてしまうことがある。原稿内に、できなかった理由や、将来の課題として記しておくことで、「あっ、著者たちは一応気づいているんだな」と、ごめんしてもらえることもある。

今回は、隙を与えないように論文を書き上げたつもりだ。得られたデータの範疇を越えた大げさな解釈は絶好の攻撃の対象となる。かと言って、控えめ過ぎると、新規性や重要性をアピールすることができず、論文の魅力が損なわれてしまう。加えて、アピールすべきポイントがズレていたら、同じデータを使っていても、その論文の価値を見いだしてもらえない。細部にこそ気を遣い、書き上げた論文に願いを込めてPNAS誌に投稿した（Submission：サブミッションという）。モーリタニア、モロッコ、フランス、日本の4カ国による国際共同研究となった。

論文投稿時には、カバーレターという、論文の内容を簡潔に述べ、いかにあなたの雑誌が掲げている目的にマッチしているのかをアピールするお手紙も同封する。論文を投稿する際、「Submission」のボタンをクリックする瞬間は、いつも緊張する。さぁ、どんな結果が待ち受けているのか見守ろうぞ！

無事に投稿できたよと共著者に連絡すると、シリルから「I'm keeping my fingers crossed（私は指を交差し続けています）」と返信を受ける。実は、直訳するのはナンセンスで、中指と人差し指を交差させ、十字架をつくるこのハンドサインは、うまくいきますようにという願いが込められているのだ。ならば、繰り出そう。

「うぉぉぉ、受けてみよPNASよ。我が渾身のクロスフィンガー！」

４日後、リジェクトの知らせが届いた。エディターの判断による門前払いのエディターキックだった。しばし真顔になり、残酷な文面をいつまでも見続けた。

PNAS誌には年間、１万８０００本もの論文原稿が投稿されるため、レビュワーに回すかどうかも厳しくチェックされているのであろう。全体をくまなく読むまでもなく、まだPNAS誌に掲載されるレベルに達していないとジャッジされたわけだ。

自分が渾身の論文だと思っていても、まだ実力不足だったのか。論文投稿時の不備ではないのはまだ救いようがあるが、残念なのには変わりがなく、現実を受け止めるしかない。

PNAS誌では、数十名にも及ぶエディターの中から、誰が的確に論文を判断してくれるか選ぶ必要があった。だが、一人ずつの研究テーマを調べ、分野が近く、的確にジャッジしてくれる人を見つけ出す手間暇たるや。そして、リジェクトされればその時間はなかったことになる。あっさりと野望は打ち砕かれた。仕方ない、別の雑誌に投稿しよう。

論文を投稿しなおす際、研究者が直面する大変面倒な問題の一つに、雑誌によってスタイルが異なる点が挙げられる。

とくに引用文献のスタイルは。あらかじめ文献管理ソフトを使っておけば、手作業で直さなくても済むが、また投稿規定を調べる必要もある。「Maeno KO」だったり、「Maeno K.O.」だったり、全世界で統一してほしいものだ。雑誌によってはアメリカ英語（例：Behavior）とイギリス英語（Behaviour）を使い分けないといけない。この面倒な作業を、傷心のまま行うと気持ちがどんどんと落ちていくため、とっとと終わらせる必要がある。

気を取り直して、レベルが高いと思われる雑誌から順番に投稿していくことにした。

次に投稿した雑誌「Science Advances」では、レビュワーまで査読が回り、3名中2名がポジティブなコメントをくれたが、リジェクト。レビュワーの2名が好意的なコメントをくださったため、気を良くして一歩前進できた。

頂戴したコメントを基に、問題があった箇所を修正する。すごく良くなった（と思う）ため、調子ぶっこいて「Nature」に投稿するもエディターキック。お次は「Nature Communications」に投稿するも、エディターチョップ。サンドバッグの気分を味わう。

京大時代に隣の席で、シロアリの巣作りや配偶者探索時の行動パターンなどを研究していた水元惟暁博士（現・Auburn University）に、投稿した雑誌に何日でリジェクトされたとか、査読にどれくらい時間がかかったとか、戦歴をつけておくと面白いと教えてもらっていた。試しに私もやってみたら、不本意な戦歴が充実していった。

たとえレビュワーに論文原稿が回ったとしても、査読してもらうには時間がかかる。結局リジェクトされるのであれば、時間をムダにすることなく、エディターの時点でリジェクトをするという配慮もある。とくにコロナ渦で活動を制限された研究者たちは、一人でも作業可能な論文執筆にシフトしたため、論文投稿数が急増し、エディターは大忙しになっていたようだ。

私には、「こんなことまで気づけたオレってすごくね？」と自慢するかのように余計なことまで書いてしまう癖があり、論点がボヤけるのが欠点だった。自分自慢ではなく、論文を通すことだけを考えたとき、不要な記述があまりにも多いため、思い切った断捨離が必要となる。

レビュワーからのコメントでも、この原稿の著者はあれもこれも書いており、知りたいこと、得られた結果、その意義のリンクがあやふやだと、指摘を受けたことがあった。自分のこだわりが問題ならば、潔く捨て、新たなるスタイルにチャレンジするよい機会だと開き直った。

当然、私の共著者も感じていたことだろうが、いかんせん、誰も経験したことがない挑戦のため、手探りでやっていくしかなかった。

もう一度チャレンジ

当初、準備した原稿では、「性的対立」というやや広義なキーワードを前面に押し出していたため、レビュワーたちがイマイチ論文の内容をイメージできていない印象を受けた。

そこで、より具体的な「オスによる交尾ハラスメント」を大黒柱にすることにした。そして、タイトルをよりストレートに、「Density-dependent mating behaviors reduce male mating harassment in locusts（密度依存的な交尾行動がトビバッタのオスによる交尾ハラスメントを減少させる）」とした。

何度も検討を重ね、論文は研ぎ澄まされていった。私は忘れっぽいため、何度読んでも飽きずに面白がれた。ダメ押しで、シリルが「ただ英語を直すのではなく、その道に精通したネイティブの方に英文校閲を頼んでみてはどうか」と提案してくれた。

ということで、シリルの所属機関で英文校閲を担当したこともある、すでに退職されたアメリカ人で、昆虫学を専門としていた方にコンタクトをとり、さらなる強化を図った。１時間70ドルで、作業が終わり次第に金額を確定するという契約で、７時間かけて補強が行われた。

タイトルとストーリー展開、英文の細かい点を変えたため、論文はもはや別物であった。これまでの知見にどのように新たな知見を加えることができたか、その立ち位置も明記でき、贅肉を省き、磨きに磨いたため、かなり内容も良くなっていた。

何度読み返しても面白い。リジェクトを何度もくらい悲しい思いをしたが、その分だけ真剣に、厳しく原稿をチェックできるようになった。毎日頭をフル回転させるものだから、ちょっとずつ頭のキレが増しているのを感じた。我ながら、玉稿に近づいているのを感じていた。

ここでふと閃いた。

「もう一度、PNASにチャレンジしてみてもいいのでは……」

通常は同じ論文を再投稿しないようにと、エディターから告げられる。だが、今回の論文はかなり様変わりしているため、問題ないように思われる。たとえエディターからリジェクトされても、チャレンジしてみる価値はある。渾身の出来をリジェクトされたら、あきらめもつくというものだ。

この案にシリルも他の共著者も賛成してくれた。半年前に経験したPNAS誌用のフォーマットに原稿を修正し、願いを込めて2021年3月に投稿した。

投稿中の論文は、個人ページにログインすると、エディターがチェック中なのか、レビュワーが査読中なのかなど、どのステージに達しているかを知ることができる。我が子の行く末が気になって気になって仕方ない。一日に何度も見に行ってしまうのは、いいねの数を気にする後遺症だ。

早い時点でメールが来ると、それはエディターキックを意味する。メールよ、どうか届かないでくれと祈りながら、論文の状況を毎日のようにチェックしていると、投稿してから9日後、レビュワーに回った。第一関門突破だ。トップジャーナルのエディターが認めてくれたことに感激した。大きな前進である。あとはひたすら祈るのみ。クロスフィンガー！

審判の日

約2カ月後、査読結果を知らせるメールが届いた。もし、レビュワーがボロクソにこき下ろしていたら、それに基づいてエディターはすかさずリジェクトの判決を言い渡す。メールを開くのが怖い。勇気を出して開封すると、「メジャーリビジョン」であった。

今回、3名のレビュワーが査読してくれた。2名は極めて好意的で研究内容を褒めてくれ、細かい修正点を指摘してくれた。もう1名は内容から書きぶりまで全否定だった。最初からリジェクトする気でコメントしていると思われた。

エディターは、レビュワーの意見が分かれているものの、好意的なレビュワーのコメントに応じて修正したものを再投稿できるチャンスを与えてくれた。「メジャー」ではあるものの、修正可能な指摘だらけで、時間さえかければ問題なく対応できる。俄然、希望の光が強まった。第二関門突破である。

修正には、60日間の猶予が与えられた。再投稿の際には、レビュワーから頂戴したコメント全てに対して、著者がどのような対応をしたのかを書き示す必要がある。

レビュワーは親身に査読してくれており、まずは一人ずつにお礼を伝えるのが礼儀だ。

好意的なコメントをくれたレビュワーは、非常に丁寧に査読し、わかりにくい箇所や誤解しそうな箇所を修正する代替案や、英語の表現まで指摘してくれた。自分たちでは気づけなかったアホみたいなミスにも気づいてもらえた。恥ずかしかったが、思いもよらぬ解釈やアイデアを惜しげもなく授けてくれるレビュワーに出会えたことに感謝した。

逆に、めちゃめちゃ批判的なコメントをしてきたレビュワーに対しては、感情的にならず、とりあえずコメントをくれたことには感謝するが、真っ向から闘った。

その批判的なコメントがいかに的外れで、勘違いから生まれているのかを毅然と説明すべく、関連文献を読み、理論武装し、批判に対して批判するのではなく、なぜ我々がこのように考え、このような記述をしたのか、それには全て意味があることを訴えかけた。たとえそのレビュワーが納得してくれなくても、エディターが理解してくれればいいのだ。真摯に紳士に、言葉を選び、念には念を入れ、論文原稿とコメントへの返答を英文校閲してもらい、新しいカバーレターと共に再投稿した。

胸を高鳴らせて、いつかいつかと結果を待つこと2カ月弱、「Decision Notification（決定通知）」なるタイトルのメールがPNAS誌から送られてきた。審判がくだされたのだ。落ち着くために、ため息を一つ。恐る恐るメールを開く。

「PNAS誌編集委員会があなたの論文の掲載を最終的に承認したことをお知らせできることを嬉しく思います」

悲願のアクセプト（論文受理）の知らせであった。

批判的なレビュワーはすでに排除され、残りの2名からは祝福と労いの言葉と少しの修正点が添えられていた。彼らは二度も、我々の論文を丁寧に読み込んでくれていた。

1名の査読者は名乗っており、中国の国際バッタ目学会で知り合った方だった。なんだったら京都大学白眉プロジェクトの面接直前で緊張していた私を、ハイキングに誘ってくれたダラン（Darron A. Cullen）だった。知り合いだからと言って、好意的なコメントをするのは査読者としては失格である。あくまでもフェアに査読してくれたとは思うが、それでも人間である。少なからず影響があってもおかしくはない。いずれにせよ、ダランが建設的なコメントの数々をくれたのは大変ありがたかった。

「これで、ようやく公表できる……」

喜びよりも先に肩の荷がドサッと落ち、安堵感に包まれた。

何という長い道のりだっただろうか。ずっと緊張の糸がピンピンに張っていた。初めて夜間の集団産卵を目撃してから10年が経とうとしていた。もし途中で、健康上のアクシデントなどで研究を続けることができなければ、論文発表にはこぎつけられなかった。バッタにこだわり、しがみつき、もがき続けた結果であった。

10年前、モーリタニアに渡って初めてのフィールドワーク初日に収集した、孤独相の性比のデータも引っ張り出してきての総力戦だった。10年前のことも覚えていなければならず、ずっと気が張っていた。積年の緊張からようやく解放され、使命を全うできたことに、じわじわと充実感と達成感が湧いてきた。

私が選んだチャレンジ、

1　一人で複数の研究テーマを同時に組み合わせること

2　フィールドで研究すること

3　ローテクで挑むこと

を同時に達成することができ、ようやく花開いたのだ。共著者に早速、吉報を伝え、喜びを分かち合った。

念願のハイインパクト雑誌から論文発表できるという、私の中で最高レベルの快挙をとうとうやってのけたのだ。祝福の乾杯、すなわち祝杯をあげねば！

普段から飲み慣れているビールと、お持ち帰りの生餃子を自宅で焼いて一人でお祝いした。友達とワイワイやりたいところだったけど、コロナ渦だったたし、これからハイインパクト雑誌に掲載されるのが当たり前になりますようにとクロスフィンガーし、特別なお酒や料理は準備せず、日頃の自分へのご褒美で祝うことにした。しかし、味わったビールは格別の美味さであった。

フィールドワークを主とし、使っている手法も目視とか解剖というクラシカルなアプローチ方法を用いた論文が、PNAS誌に掲載されるのはあまりないように思う。

当時、東アフリカでサバクトビバッタが、南米ではミナミアメリカトビバッタが大発生していた。エディターがアクセプトの判断をした背景には、バッタが世界的に注目され、PNAS誌としても、ホットトピックを扱いたかったからだと思う。

バッタたちが大暴れしてくれたため、我々の論文がアクセプトされたのかもしれない。最高のタイミングで論文を投稿できたのかも。

こうして、最難関である初めてのハイインパクト雑誌への挑戦は、バッタたちの後押しを受け、大成功を収めた。ありがとう、心から愛してやまないバッタたちよ！

ところで、今回の発見はバッタ退治に役立てることができる。お前たちのおかげで論文がアクセプトされたというのに、恩を仇で返すことになってしまう。すまん。バッタたちよ！

同志農家よ、敵を討て

「ねぇねぇ、サバクトビバッタってすごいこととして繁殖してんだよ！」

建前と本音の、本音の部分を正直にさらけ出してもいいというのならば、私は大声でバッタたちのすごさを全力でこの世にアピールしたい。物言わぬ彼らの代弁者となりたい。しかし、職業として研究者をやっている手前、人々の役に立つポイントをアピールする義務も背負っている。大変ややこしいことに、バッタのことを好きなのにやっつけたくもなっている。社会の役に立つことを嫌々やっているわけではなく、自ら進んでバッタ退治もしてみたいと思っている。

バッタへの愛を完全にこじらせており、収拾がつかなくなっているが、どちらか一方ではなく、両方をとることにした。つまり、個人の知的好奇心を満たすために研究をしつつ、世のため人のために役立つようにも研究する。

ということで、この研究成果がいかにバッタ退治に役立つか、論文内でアピールすることにしていた。

東アフリカの現地では物流がスムーズではないため、農薬の受け渡しに手こずっていた。特別な機材を使わず、誰でも簡単にバッタを退治できる方法があれば、すぐさま現地で採用され、一定の抑止効果が期待されるだろう。我々が研究してきた繁殖行動は、そんな夢のような防除技術の開発につながる可能性を秘めていた。

モーリタニアで、防除センターの手によって農薬が撒かれたエリアを訪れた時のこと。大量のバッタの屍（しかばね）が地面に横たわっていた。メスはほとんど見当たらず、明らかにオスだらけだった。

レック中、黄色のオスは広範囲にわたって散らばっているため、パトロールで付近を通りかかると大変目立つ。防除部隊は、喜び勇んで農薬を散布したに違いない。だが、極端な話、オスは退治せずとも、子孫を残すメスだけを叩けば増殖は阻止できる。現状、肝心要のメスをうまく退治できていない状況が垣間見えた。とくに産卵直前のメスほど、最重要防除ターゲットになる。

我々の研究成果に基づくと、オスの集団を見つけても即座に農薬を散布せず、そのまま放置プレイをしつつも場所だけは把握しておき、夕方以降、産卵直前や産卵中のカップルが密

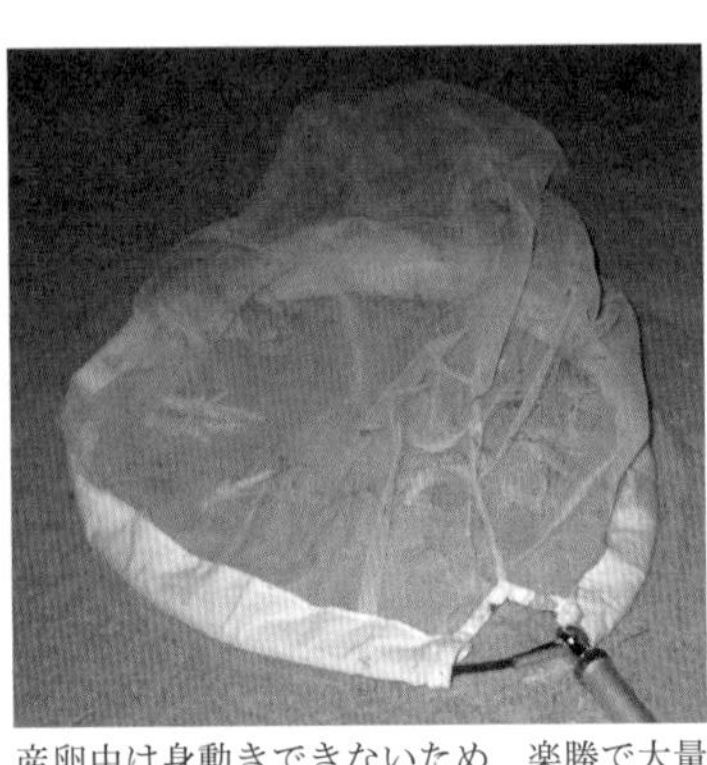

産卵中は身動きできないため、楽勝で大量捕獲可能

集してきた時点を見計らって防除するのがよい。このほうが、農薬を撒く範囲を限定できる。

おまけにオスが足かせとなり、メスの機動力は著しく低下している。日暮れ以降、カップルは集団で産卵し始めるが、その間、その場にじっと留まっている。

これまでは日中、活発に飛び回っているバッタを対象に、空中から農薬を散布することが多かった。だが、ほとんどの農薬はバッタにかすりもせずに大地に舞い降り、環境汚染が懸念されていた。

今回提案した方法は、バッタの生態をうまく応用することで、必要以上に農薬を使用しない、環境や健康に配慮した防除に結び付く。バッタ退治はこれまで、植物防疫に関わる大きめの組織が担当することが多かったが、この方法ならば農家レベルでも実践可能だ。バッタを迎え撃つ、一つの技として提案できる。

とある論文で、村人がバッタを夜にかき集めたという記述を見かけた。おそらく村人たちは、バッタが夜に集団で産卵する現象を経験的に知っていたに違いない。だが、誰も科学的に報告していなかった。これは、農薬を使用せず、素手でやっつけることができることを意味する。もちろん労力はかかるものの、環境に極めて優しいバッタ退治方法になりうるのだ。

しかも、もし繁殖中のメスやオスを特定の場所に人為的に誘引することができれば、画期的な防除技術になりうる。希望は生きる糧となる。論文内でも夢を語ることは無益ではないはずだ。もちろん自分で手掛けたいが、少なくとも次世代に情報をわたすことはできた（ちなみに本作と前作のタイトルを「倒す」としたのは、「倒れてもすぐに起き上がってほしいし、なんなら勢いをつけて大発生してほしい」という私の不謹慎な願いを練り込んでいるからである）。

無から有へ

論文はアクセプトされたが、やはり読者の中には、群生相が調査されていないことに対して物足りなさを感じる方がいることが予想された。本研究の弱点とでもいうべき点だ。この点については、一工夫した。

すなわち、西アフリカで典型的な群生相が出現しなくなったのは、２００３～05年の大発生に味わった教訓を受け、西アフリカ対サバクトビバッタ委員会が防除活動を鍛え上げてきたため――彼らの活動を褒める形で言い訳することにしたのだ。これには委員会の統括者のレミン博士が喜んでくれた。

まだ解明できていない点についても記した。オスはどうやってレックをする場所を決めているのか、そして産卵直前のメスはどうやってレックに辿り着いているのか。これらの疑問にこたえ、人工的にバッタの行動を自由自在に操作できるようになったら、私の首にはノーベル平和賞とウバロフ賞のメダルがかけられるだろう。

論文ビジネス

私は時折、新聞や週刊誌、月刊誌、機関紙などから執筆を依頼されることがある。その媒体の読者層、知名度、文量、締め切りまでの時間、謝金の額、その時の忙しさに応じて引き受けるかどうかを決めるが、一般的に、文章が長ければ長いほど謝金は高くなる。中には本の帯の推薦文の依頼なんかもあり、30文字で謝金3万〜7万円と破格ではあるが、逆に難しく、めちゃ時間がかかる。

さて、研究者が丹精込めて書き上げた論文が雑誌に掲載された場合、研究者がいくらもらえるかご存じだろうか？　読者の皆様は、ハイレベルな雑誌ほど、賞金の額が高くなりそうだし、複数人の共著者がいる場合、どうやって山分けしているのかと妄想が膨らんでいる頃じゃないかしら。

気になる答えは０円。お金なんぞもらえず、粗品すらいただけない。とんでもない額の研究費を注ぎ込み、多数の研究者が汗水垂れ流しながら仕上げた、世界が驚愕するであろう論文だとしてもゼロ円。研究資金の出所が国だろうが、私費だろうが関係ない。研究者が論文発表しても懐に入ってくるお金は１円もなく、それどころか、むしろお金を支払っているのだ。

ちょっと何言ってるかわからないと思うので、丁寧に説明したい。

この世には学術出版社が存在し、色んなタイプの雑誌（＝ジャーナル）を管理している。雑誌は大体は学会などの学術団体が運営している。原稿の長さにかかわらず掲載料無料の雑誌もあれば、規定のページ数を超過した分だけ１ページにつき数十ドルを支払う雑誌もある。ところが、掲載料そのものを支払わなければ掲載してもらえない雑誌がある。

通常、雑誌に掲載された論文は、おいそれと閲覧することはできない。研究者であろうが誰であろうが同じである。閲覧できるのは、雑誌を運営する出版社に規定の年間購読料を支払って契約した機関に属する研究者（大学であれば学生も）だけである。大きい大学や研究機関ほど契約している雑誌の数が多い傾向がありそうだ。そんな契約をしていない場合は、1報あたり30ドルとかそんくらいを支払って購入して初めて読むことができる。所属先では、図書委員会委員長の杉野智英企画連携部長と、情報広報室・広報資料課の林賢紀情報高度利用専門職が、外国雑誌の利用について統括されている。

郊外のコンビニに置いてある雑誌のように、気軽に立ち読みできず（※都会のコンビニでは、立ち読みされないようにテープで留められている）、読めるのは、タイトルと著者名、アブストラクト（要約）だけ。雑誌によって、イントロダクションとリザルトなど各セクションの出だしをチラ見できるくらいだ。しかも著者は、出版社が論文の著作権を持つことを許諾する契約書を掲載前に交わすのが通例だ。

加えて、昨今、オープンアクセスジャーナルなるものが流行っている。これは、研究者サイドが数十万円の高額な掲載料を支払うことで、誰でも、自由にその論文にアクセスできてPDFをダウンロードできるシステムだ。掲載料は高い場合、100万円近くかかる。

研究者の評価には論文の被引用回数も重要であり、オープンにしたほうがより多くの研究者の目にとまる機会は増え、引用してもらいやすくなるだろう。

ハイレベルの雑誌に論文を投稿し、リジェクトされた場合、エディターからその雑誌の姉妹誌への投稿を打診される。この姉妹紙は大抵の場合、オープンアクセスであるため、著者が掲載料を支払う必要がある。

審査がザルで、アクセプト率がやたら高く、金だけ払えば掲載してもらえるような雑誌もあり（「ハゲタカジャーナル」と呼ばれる）、そんなところにばっかり論文を投稿している研究者は、陰でさげすまされている恐れがある。

私のメールアドレスには毎日のように、「投稿しませんか」という招待メールがハゲタカジャーナルから届く。もちろん、レベルが高く審査が厳しいオープンアクセスジャーナルもあり、そこには良い内容の論文が発表されている。

PNAS誌の場合、私の掲載当時で通常の掲載料は３００５ドル、加えて任意で選択できるオープンアクセスは２５００ドルであった。

私は自身の研究活動に、公費以外に１０００万円近い私費を投入し、アフリカで研究を続けてきたとんだ道楽野郎である。それが、５５０５ドルを支払って、掲載していただくことになる。著者が5億円くらいいただいてもよさそうなものなのに……。

「えー！　今まで散々、カッコつけて研究や論文について語ってきたくせに、結局金の力で掲載してもらったのかよ！」

と、誤解することなかれ。

サバクトビバッタの問題は貧困にあえぐ地域を多く含み、少しでも多くの人たちに論文を読んでもらいたいという切なる理由で、オープンアクセスを選んだ。


国立情報学研究所オープンサイエンス基盤研究センターの舟守美穂准教授によると、

「採択する論文を極度に絞る『極めて権威ある雑誌』は、掲載する論文数より遥かに多くの投稿論文を審査する必要があるため、出版社におけるインハウスコストが高くなります。2019年、ネイチャー誌とその姉妹誌のエディターたちは、5・7万本の投稿論文を審査し、約1万件を査読に回し、最終的に掲載となった論文は約4500本でした。採択率は約8％でした。これらを手続きするために、およそ200名の博士号をもつエディターたちが、アシスタントやデザイン、プロダクション、校閲スタッフとともに働いています」

とのことで、掲載料が高額になるのも納得である。

だがしかし、雑誌が論文を掲載するかどうか判断する際の審査は、エディターが依頼した研究者がボランティアで行っている。すなわち、審査にかかる人件費は研究者が肩代わりしているのだ。雑誌によっては、査読者に対して、次回の掲載料をディスカウントするチケットをくれるところもあるが、報酬をくださる雑誌は心当たりがない。さらに出版社は、掲載された論文を読みたい人から購読料を受け取っている。そもそもエディターも学術団体に属する研究者のことが多い。

人件費はかからず、掲載料をもらい、購読料ももらう。論文を取り扱う出版社は、論文の蓄積に多大な貢献をしているとはいえ、なんという旨味溢れるジューシーなビジネスモデルなのか、と問題視されている。出版社は雑誌を管理する手前、対価を得るのは当然なのだが、お金絡みで悪く言われることがあるのは気の毒である。

ちなみに、英文校閲を業者にお願いすると、1単語あたりいくらと料金が決まっている。校閲者のレベルや納期に応じても料金は変わり、一つの原稿で10万円かかることはザラである。英語ができればこんな余計な出費をする必要がないが、英語がネイティブではない日本人研究者は、こんなところでも費用がかさんでくる。

研究者が論文を出版しようとすると、研究費を著しく消耗し、ヘタしたら金欠で実験できなくなる恐れがある。かといって論文を出版しなければ、外部の研究費を獲得することができない。博士号取得のため、昇給のため、就職のために論文を稼がないといけない研究者も多数いる。論文を発表する度に、論文にアクセスする度に、研究者への金銭的な負担がのしかかる。研究するにはお金がかかる。世界政府のような機関が、論文にかかる費用を全てフリーにしてくれたりしないかしら。

断っておくが、研究者は金とか名誉のために論文発表するわけではない。手掛けた研究成果を公表することは研究者の義務であり、使命だ。純粋な知的探求心と使命感を胸に日々研究に没頭し、論文を手掛けていることを心に刻んでいただきたい。

とはいえ、正直、がんばったら少しくらいご褒美がほしいのが人情だ。駆け出しの頃は論文発表の度に、まずは実家にその喜びを伝え、ちゃんと研究が進んでいるんだよと報告しては、秋田の名産や母の手作り冷凍料理を送ってもらっていた。やさぐれてきた今では、アクセプトの連絡をもらった日と論文が公表された日くらいは心ゆくまで飲んだくれることをご褒美としている。

我々の原稿は、今はまだワードのファイル形式だが、早く雑誌のフォーマットになった勇ましい我が子を拝みたいものだ。アクセプトの連絡を受けるのはゴールではなく、ここからもやることなすことてんこ盛りだった。論文が発表されるにあたり、私が置かれた状況は一変していくことになる。

第10章　結実のとき

いよいよ最後の章である。

思い起こせば、ファールフライを追いかけてカメラ席に飛び込むくらいの勇気をもってアフリカに渡った。自分で蒔いた種が芽生えるか、芽生えたとしても成長するかどうかハラハラしながらも、努力という名の養分を注ぎ続け、大勢の方々から助けてもらって花開き、紆余曲折の10年を突っ走り、いよいよ実った果実をもぎとれるときがきた。

アフリカンドリームに人生を賭けただけあって、予想だにしなかった極上の果実を二つ――「ハイインパクト雑誌からの論文発表」と「著作がベストセラーになる」を手に入れることができた。

本章では、二つの果実がもたらしてくれた、甘美なひとときや妖艶な出来事について、生々しく語り、ラストを華やかにも赤裸々に締めたいと思う。

苦悩の裏には歓喜あり。光あるところに闇がある。前作で、もがき苦しんでいる姿はすでにさらけ出した。本作では、がんばり、運が良ければ、どんな良いことが待ち受けているのか対極の状況を紹介していく。

出版を前に

ハイインパクト雑誌への掲載が決まりそうになると、所属機関で準備していたプレスリリース（報道機関に向けた情報の提供・発表）の仕上げにかかる。

任意だが、研究成果を国民の皆様にわかりやすく報告するための労は惜しまない。研究者以外の方にも理解していただけるよう、あまり専門的になりすぎないように、かといってくだけすぎないように、そのバランス感覚は大変難しい。

大学とはやり方が異なると思うけど、国立研究開発法人の一例として、所属先では、上司3名（小堀陽一プロジェクトリーダー→中島一雄プログラムディレクター→山﨑正史領域長）がエスカレーター式に確認して、続いて情報広報室、役員、農林水産省が確認し、ようやくプレスリリースの原稿がスタンバイできる。

この一連の作業の中で、皆様がチェックしてくださり、何度修正することになるか、想像できるだろうか。念入りに作業するため、短い論文なら一報くらい準備できる時間を投じることになる。

そして、プレスリリースを発信すると、様々な問い合わせが情報広報室に届く。大森圭祐情報広報室長と密に連携し、新聞や科学雑誌等にコメントをする際に掲載する写真やグラフ

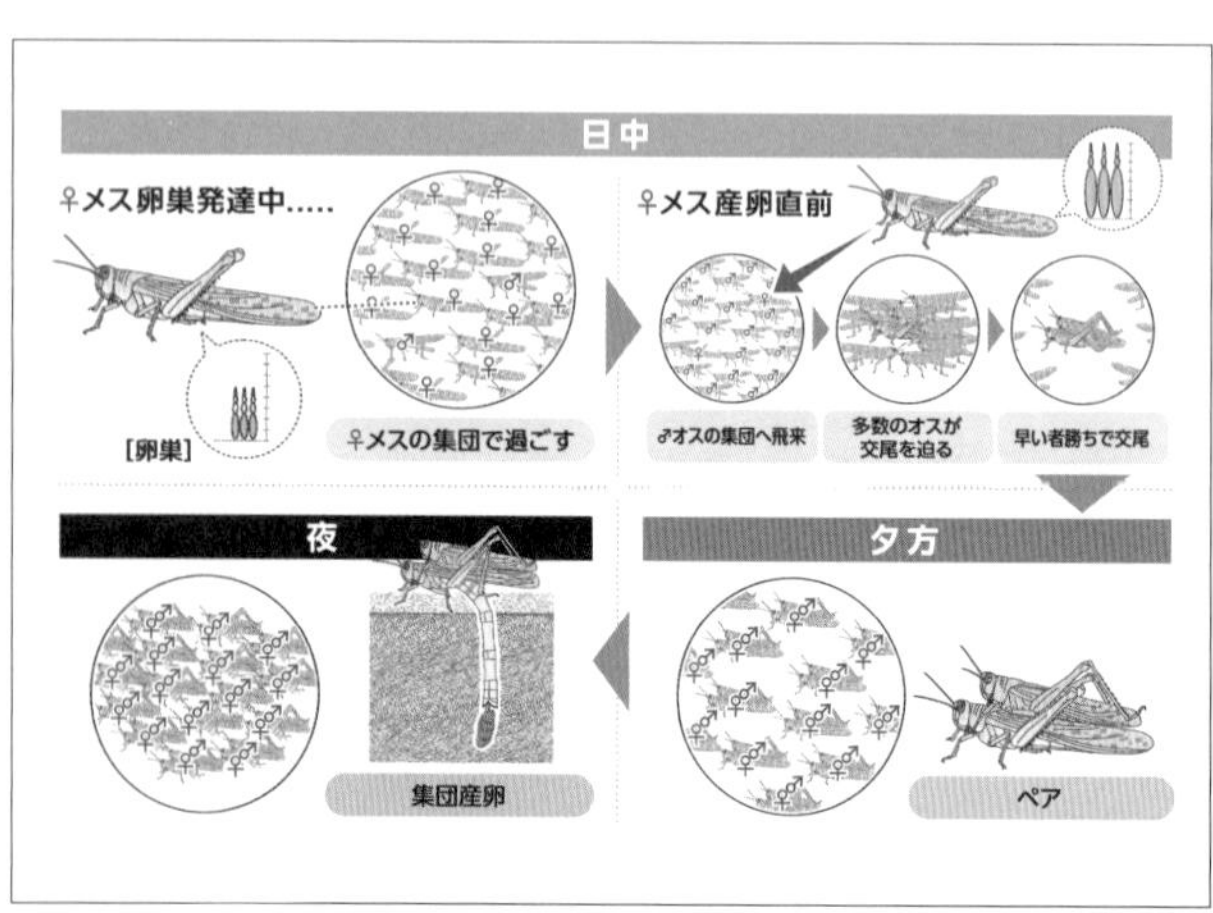

ポンチ絵。前野拓郎氏作成

を事前に準備しておく。弟でグラフィックデザイナーの拓郎氏に、バッタのイラストや今回の発見をわかりやすく見せるための「ポンチ絵」を作成してもらう。

論文に使用したバッタのイラストは全部、拓郎氏に作ってもらっていた。さすがデザイナーなだけあり、見せ方がうまい。自分に欠如している美的センスを弟にカバーしてもらうという大技を繰り出す。少しでもよく見せるため、少しでもわかりやすくするためならば、身内のすねにかぶりつかせてもらう。

出版社と論文が公表される日時の打ち合わせが必須となる。論文公表前にプレスリリースをフライングで発表してはならぬと何度も注意を受ける。出版社が公表したタイミングを見計らって世にリリースするのだ。出版社がどこの国にあるかで、時差の計算やら大変である。

論文が公表される前には「Proof（プルーフ：ゲラ刷り、見本誌のこと）」が著者に送られてきて、最終チェックを行う。これ以降、修正はできないため、最大限の注意を払ってチェックする。何度も何度も原稿を読み返して確認したはずなのに、びっくりするようなミスが見つかることが往々にしてある。私は必ず紙に印刷して、確認するようにしている。パソコン上では見つからなかったミスが紙にすると見えやすくなる。

最終原稿を送る際に、「カバー写真」を送ることもある。これは論文が掲載される号の雑誌の表紙に使われる写真で、大変な栄誉である。「あの権威ある雑誌が我々の研究をフィーチャーしてくれた！」と、末代まで誇れるレベルでの快挙である。

ドキドキしながら結果を待ったが、不採用であった。その代わり、「メディア用に掲載号の代表的な論文として紹介するから、今日中に我々が作った短い紹介文の確認と印象的な写真を送ってください」と連絡が入った。今日中って……。もし、お泊まりで飲みに行っていたら、対応できずにアウトであった。

掲載号の出だしの「In this issue（今月号）」という特集ページで取り上げていただけたのは、良き思い出となった。あのとき、牛さんがサポートしてくれたおかげだった。

PNAS誌掲載号の出だしで取り上げられた写真

吉報を届ける

２０２１年10月に、論文が公表された。世界的に注目されたとは言い難いが、数名の研究者から「面白い」と言ってもらえたし、研究者仲間からはおめでとうと祝福してもらった。

自身のブログも久しぶりに更新し、ファンの皆様に「バッタ退治の必殺技、編み出しました！」と、経過を報告した。『バッタを倒しにアフリカへ』のあとがきで、論文発表できていないから本文中で研究の話にあまり触れることができなかった、と言い訳をしていたが、論文を発表したことでようやく、紹介できた。「あっ、この人、ちゃんと研究していたんだ！」と、研究者として認識してもらい、研究者としての尊厳を取り戻すことができた。３年間も音信不通にしたというのに、待っていてくれたことが嬉しかった。

ずっと応援してくださり、論文発表を祝ってくださったファンの皆様、ありがとうございました！

国際農研・前理事長の岩永顧問からは、

「現地での行動生態の緻密な観察を基盤とし、大胆な仮説を立て、緻密に仮説を検証するというフィールド科学の真髄を発揮しています。まさに前野さん流儀の仕事です」

とこだわりを褒めていただいた。

ＦＡＯのキースさんに、出会った当初にバッタ家族の一員に迎え入れてくれたおかげで、9年にわたる研究を仲間と一緒に発表できた御礼をしたところ、「おめでとう、この調子でがんばってくれ」と励ましてくれた。

アメリカでお世話になったダグにも恩返しの想いを込めて論文を送ったところ、「過去１００年以上、少なくとも３００人の研究者がどうしてこんな面白い繁殖行動を見逃していたのか不思議でならない。私はすでに退官したが、あなたの論文は私をまだまだアクティブな研究者でいたいと思わせてくれた」と喜んでくれた。フロリダ遠征は実に良い経験となり、謝辞でお礼を伝えていた。

レジェンドたちからの祝福

論文発表できて私は紛れもなく嬉しかった。だが、心のどこかで寂しさも感じていた。せっかくオープンアクセスにしたというのに、論文の内容に関して外部からの問い合わせはほとんどなかったからだ。もっと深い議論がしたかった。もっとツッコんでほしかった。ウバロフ卿率いる対バッタ研究所のメンバーが今も生きていたら、彼らはどんな言葉をかけて議論してくれただろうか。

ウバロフ卿「ウルドよ。私の想いがまさか極東の日本に届くとは思ってもいなかったぞ。私の想いを受け継ぎ、よくぞ成し遂げたな。他のトビバッタについてもどうなっているのか研究所の研究者たちと手分けして早急に調べていかねばなるまい。そなたはバッタ学史に深く刻まれる新たなる研究領域を開拓したのだ。その闘いぶり、見事であった。だがこれで終わりではないぞ。まだ群生相の調査や他のエリアでの調査が残っている。さらなる成長を望むそなたのことだ。きっと未解決の問題を次々に解き明かしていくことができるはずだ。次なる新発見を期待しているぞ。そなたの力でバッタ学を盛り上げていってくれ。ところで、私の研究所に転職しないか？　我が研究所ならば、バッタは飼育し放題だし、活発な議論が毎日できるぞ。考えてみてくれ」

エリス「コータロー、おめでとう！　すごいわステキよ。よくバッタが別居してるなんて気づけたわね。目視だけっていうのが傑作だわ。1世紀前でも研究できていたのに、あなたに先に発見されて悔しいけど、わたしだって負けてないからね。次は幼虫の行動についてどっちが新発見できるか勝負よ」

ノリス「私がラボで観察していた産卵行動がそんなすごいスケールで起きていたなんて驚きだわ。私の研究成果とあなたの新発見とを組み合わせたら、もしかしたらバッタを望むところに誘導できるんじゃない？　もしうまくいったらすごいことだわ。さっそく打ち合わせするわよ」

ハンター・ジョーンズ「でかした！　あれだけの数のバッタの解剖をよくぞやりとげたな。野外調査と飼育実験の組み合わせが絶妙だったぞ。しかも生態学と生理学の組み合わせが抜群に効果的だった。それにしても、あの大変な実験をこなすことができる者が私以外にもいるとは、驚いたぞ。何？　８０００個近くも卵母細胞と卵の長さを測定していたのか！　あれだけバッタを触りまくっていたらそりゃバッタアレルギーになるわけだ。蕁麻疹はバッタ研究者としての勲章だ。うちらは選ばれしバッタ博士だ！」

ポポフ「メスだらけの集団がいるとかマジか！　いやぁ、てっきりメスが早死にしてるからオスだらけの集団ができあがっているんだと思ってたよ。やられたなぁ。まぁまぁ、飲め飲め。今日は祝い酒だ」

ロフェリー「バッタの大群が分裂したり、合流したりするのを見かけていたけど、あれは交尾と産卵していたのか！　もっと最後まで観察すればよかったよ。よく少ないチャンスをものにして観察できたな。ところで産卵後、雌雄はどこに飛んで行っているると考えているのか？　何？　わからないだと。よし、ならば私が温めておいた仮説を一緒に検証するための追跡実験をしようじゃないか」

レジェンドたちが生きていたら、きっとこんな賛辞を送って激励してくれたはずだ。彼らのコメントを想像してしまう私は盛大に病んでいるのだろうか。自分が本当に望んでいたのは、名誉ではなく、研究内容をわかってくれている研究者と、自身の研究成果について議論することだったようだ。だが、もう彼らはいない。喜びの裏で、叶うことがない願望を抱いた自分が恨めしかった。

報われた想い

コロナの影響は濃く、まだモーリタニアへの渡航は叶わなかった。だが、フランスならば医療体制が万全だからという理由で、２０２１年の10月からシリルの許で実験を始めた。

ある朝、シャワーを浴びてからふと携帯電話を見ると、京大昆虫研の松浦さんから着信があった。すぐさま折り返す。

松「おぉ、前野か。今ちょっとええか？　今、ラボのみんなで前野の論文を読んどるんやけど、質問してもええか？」

なんですとー！

電話越しに皆さんが代わる代わる質問してくれた。熟読しなければ気づけない改善点も指摘してもらえた。

最後に松浦さんが、

「前野、ええ研究したな」

と労いの言葉をかけてくださった。心に染みた。

ラボのみんなが貴重な時間を割いて私の論文を読んで議論してくださるとは……。こんなにも嬉しいことが世の中にあるのだろうか。

ラボに在籍中、在籍していた誰かの論文をラボのみんなで読んでゼミの時間に議論することはなかったと思う。今回は特別に読んでくれた上、サプライズで電話をかけてくれたのだ。電話することを事前に私に伝えていたら、私の時間を拘束することになってしまう。研究者の時間がどれだけ貴重なものかを配慮されたのだろう。

望んでも叶うことがないと諦めていた議論ができ、しかもそれが世界の第一線で研究し、シロアリの繁殖システムに精通している松浦さんたちだったのだ。

感無量だった。孤独感をグチったことはなかったはずなのに、見抜いてくださったのだろうか。この10年、必死にやってきたことが、ようやく報われた。

私は孤独なんかではなかった。心が晴れ渡り、気持ちは清々しく澄んでいった。


放心状態から解き放たれ、我に返り、どうして電話を受信できたのか気になった。海外出張中は携帯電話を機内モードにしてデータ通信料がかからないようにしており、電話はかかってこないはずなのだけど。案の定、機内モードにし忘れており、自分のウッカリのおかげで電話できるなんて、クロスソィンガーが気を利かせてくれたのやも。猛烈にヤル気が湧いて、コロナにかかることもなく大量の実験をこなす励みとなった。

その後、シロアリの女王が、卵の表面にある卵門（精子が入る孔（あな））を閉じることによって、有性生殖から単為生殖へと繁殖様式を切り替える仕組みを、松浦さんと一緒にPNAS誌で発表したことがある八代敏久さんからも、お祝いと実験の大変さを労うメールをいただいた。

また、学会やセミナーなどで研究を紹介すると、色んな質問を頂戴できるようになった。

論文を発表するだけではいけないのだ。もっと自分から話しかけていかなければ孤独感は拭い去れない。自分が行動しなければ、自分を満足させることはできない。私は甘えていただけだった。

巨人に捧ぐ

論文発表できた２０２１年は、バッタ研究者にとって特別な年だった。あのウバロフ卿が相説を発表した１９２１年からちょうど１００周年のメモリアル・イヤーなのだ。

PNAS誌の査読者となってくれたダランがJournal of Insect Physiology誌（昆虫生理学雑誌）にて、相変異の発見１００周年を祝う記念号を企画してくれた。私たちも相変異に関する論文を３報発表して貢献した。

ウバロフ卿に今回の発見を伝えられたら、なんと言ってくれただろうか。驚いてくれただろうか、褒めてくれただろうか。叶わぬ思いを胸に秘め、本書執筆のために彼の功績を称える評伝を読み返している途中で、思わず目を見開いた。

「彼の研究に対する姿勢は二つの法則からなっている。一つは、害虫管理は、その虫の生態学的知見を通じて初めて成すこと。もう一つは、巨大なスケールで対象種を見ること。これを成すには、国際的な調整や協力が必要となる」

まさに今回、私が試行錯誤でやってきたそのままのことを、ウバロフ卿がすでに実践していたのだ。

私はサハラ砂漠でのフィールドワークにこだわり、アメリカに修業に行き、モロッコ、フランスで実験をし、日本で生態学を学び、サバクトビバッタの防除技術の解明に取り組んできた。サバクトビバッタ問題を解決するために本気で研究すると、一つの道筋として自然と「生態学」と「国際的」なスタイルに行き着くのかもしれない。自分では独創的に研究に取り組んできたつもりだったが、ウバロフ卿の手の内だった。

ウバロフ卿の境地に少し近づけたことを誇らしく思うものの、まだまだ遥か彼方だ。しかし、せっかくなので、なにか一つくらい、自分ならではの研究に対する姿勢を加えるとしたら、「ウケ狙い」にしたい。

同じことを証明するにしても、クスリと笑えるような実験を考案したいし、面白い経緯があったほうが、後々話をするときに喜んでもらえる。私の中では、「頭が悪い」という言葉が最上級の褒め言葉となっている。考えに考え抜いて頭の悪いことをして、友人たちが笑ってくれるときの快感がたまらないのだ。

エンターテインメントの要素は研究者に求められてはいないけど、私は自身の研究活動を通じて、研究者以外の人たちにも楽しんでもらいたい。

講演会なども、聴衆が多ければ多いほどヤル気が湧いてくる特異体質をしているため、注目してもらえるのは嫌いじゃない。そもそも、ウケ狙いという余計な取り組みが成り立つのは、怖いもの見たさで話を聞いてくれる物好きなファンがいるおかげだ。

ファン（英：fan）とは、特定の人物や事象に対する支持者や愛好者のことで、「熱狂的な」を意味するファナティック（英：fanatic）の略から来ている。熱狂的なファンの応援は、自分が研究を進める原動力の一つになり、また応援してもらえるようにがんばっていける。

正直、私は全力でがんばった。誰かに押し付けられたり、指示されたりしていたら、こんなにもがんばれなかったと思う。自分の意志でがんばったことが形になるのは清々しく、格

印税のおかげで自分の本をしこたま買える富裕層になった。両サイドの油絵は母作、真ん中のイラストは芸人ネゴシックス氏作

別に嬉しいものがあった。

さて、先述したように、研究者は論文発表してもお金はもらえないが、一連の努力がどのように金銭的に報われるのかも紹介してみたい。

私は無収入者だったが、安定収入を得ることができるようになり、多額の印税も頂戴し、経済的平民になることができた。読者が授けてくれた印税の使い道についても紹介したい（これから話の展開上、軽く自慢が入ったり、良い人アピールが出てきたりするため、イラッとしたり胸ヤケしたりすること請け合いだが、怒りをキュッと抑えて読み進めてほしい。本の構成上、ハッピーエンドで爽やかに締めるための措置であり、読者の寛大なご配慮をお願いする）。

バッタのオペラをアフリカで

3年に一度、大陸を替えてバッタ目学会の国際会議が開催され、世界中のバッタ目（コオロギ、キリギリス、イナゴ、トビバッタなど）研究者が一堂に集結する。

２０１９年、アフリカ大陸では初となる国際会議がモロッコで開催されることになった。開催まで1年を切ったとある日、あのウバロフ賞を受賞したことがあるババ所長からメールが送られてきた。

「コータロー、知り合いのバッタ研究者のジェフ（ジェフェリー・アラン・ロックウッド教授、ワイオミング大学）がバッタのオペラを開発し、すでにアメリカで上演している。今度のモロッコでの学会の見世物として、アメリカから劇団員をモロッコに呼び寄せたいのだが、2万ドルほどの費用がかかる。日本のどこかに支援してくれそうなスポンサーはいないか調べてみてくれ。フェイスブックに60万人のフォロワーがいるお前なら、何か妙案があるはずだ！」

フェイスブックのお友達の上限数は5000人だ。ババ所長には以前、ブログを訪れてくれた総人数を伝えたことがあった。おそらく、その数字を勘違いしたのだろう。ババ所長の中で、私はありえないほどの超有名人になっていた。

学会開催まで1年を切っているため、事前に申請するタイプの支援金には間に合わないし、大富豪や財団に知り合いもおらず、今からは探しようもない。

ババ所長は、以前から国際会議の誘致活動をしていた。だが、モーリタニアは暑すぎるのと、大人数の研究者を呼び寄せるのは大変だという理由で、モロッコで開催されることになり、念願が叶わなかった。ババ所長には大変世話になっており、なんとか花を持たせたかっ

え

お

か

き

人名索引

＊田中角栄は全編にわたるため割愛した。また「佐藤派」「チャーチ委員会」「笠原車」など人名をもとにしても個人を指さない固有名詞は抽出していない。

た。私は大技を繰り出すことに決めた。

「私が、その2万ドルのスポンサーになれたら、とてもハッピーです。アフリカのバッタ問題について書いた私の本は、私に多くの印税をもたらしました。それをアフリカとババ所長への恩返しのために使いたいです。ババ所長は共著者みたいな方だから、『WE（我々）』として共同でスポンサーになりましょう」

２万ドルといったら大金中の大金で、時価総額２００万円以上である。私からだけではなく、たくさんの日本人読者の善意が詰まった印税を、日本からのギフトとして提供することを提案した。

ただし、私はケチである。できることなら、少額だけ払ってスポンサー面をしたかった。ということで、他にスポンサーがいなければ、全予算2万ドルを全額負担するが、もし、他にスポンサーが見つかれば、私とそのスポンサーで予算を分担し、残りは返してもらいたい旨を伝えた（例：男Aが５０００ドル、男Bが５０００ドル支払ってくれたら、私は1万ドルで済む）。

ババ所長は私の提案に大変恐縮しながら、アフリカ‐日本‐アメリカのトライアングルでこのプロジェクトを進めようと提案くださり、国際会議にこのような形で貢献できることを大変喜んでくれた。

バ「私を、モーリタニアを、そしてアフリカを気遣ってくれてありがとう！　日本のみんなへよろしく伝えてくれ」

モロッコでの開催地は、ちょうど私がお世話になっていた防除センターがある街のアガディールである。会議を少しでも華やかに盛り上げることができたら、モロッコの主催者たちもホストとしてのメンツを保つことができる。

私が財布のヒモも解き放てば、あれこれと良いことが起こる予感がした。ババ所長に恩返しができるし、このような美談は皆の大好物だ。

さっそくババ所長がオペラ管理人に経緯を伝えてくれた。

バ「私は、喜びいっぱい胸いっぱいの深い感情を持ってあなたに良いお知らせができます。私の日本の親友で、モーリタニアでは『サハラのサムライ』と呼ばれている偉大なサバクトビバッタ研究者、前野博士が、あなたが提案した『バッタオペラ』の次回会議のスポンサーを寛大かつ親切に引き受けてくれました。彼のアフリカのバッタに関する本の日本での販売から得られた印税から寛大かつ親切に支援してくれることになりました！」

その管理人、ジェフは大変喜び、資金が余ったら別の場所でオペラを開催するのにも使用したいと言ってきたが、私の印税には限りがあり、そもそもまだパーマネントの職にありつけていない経済的不安定者のため、余ったお金は返してくれるようにお願いした。ちょうど私はフランス出張前で忙しくなり、万が一予算をオーバーしても追加で送金するのは大変だったため、どうせ返金されると踏み、0・5万ドル多い2・5万ドルを送金することにした。

その後、学会も1万ドルを支援することになった。当初の経費は2万ドルの予定だったので、私には1・5万ドル、多少予算オーバーしても1万ドルは戻ってくるはずだった。はずだったのだ……。

管理人の所属機関が保有する銀行口座に送金してくれとのことで、日本の銀行で海外送金の手続きをした。

後日、「相手側の口座が見つからず、送金したお金が戻ってきた」と不可解な連絡を銀行から受ける。これまで何度も使用されてきたはずの相手側の銀行口座がなんで使えないのか、不明である。

日本の銀行の窓口係は、戻ってきたお金をドルでキープすることはできず、円に両替しなおす必要があるという。初回の送金手数料に加え、送金時に円をドルに両替した手数料もかかり、しめて5万円を失った。

この損失を誰が保証してくれるというのか。失った5万円分を差し引くとは言えず、また余計な出費をするはめになってしまった。世の中から善意の施しが減るのは、こういう理由だと思う。結局、paypalで3回に分けて送金した。

モロッコの国際会議では、学術的な発表が終わった後、300人近くが集まったホールで、オペラが開催された。オペラが企画された経緯も紹介され、ババ所長と私は最前列から楽しむことになった。演奏はモロッコのオーケストラが引き受けた。オペラの内容は、全滅してしまったトビバッタがいかにして数を減らしたのか、というものだった。

そもそも私は、オペラを一度も鑑賞したことがなかった。オペラとは、舞台上で衣装を着た出演者が声高らかに歌ったり、踊ったり、演技をしたり、音楽を楽しんだりするものとのこと。たしかにバッタに扮した女性や木こり的な大男が登場し、大げさなジェスチャーと共に何やらしゃべっている。

上演開始後、すぐに気づいたのだが、英語で声高らかにオペラっているため、英語が不慣れな私は何を言っているのか理解不能であった。そのため、内容が良いのか悪いのかジャッジすることはできず、自分のお金の使い方に疑問を持ちつつも、上演を楽しんだ。

皆も楽しんでくれたようで良かったし、会議のオーガナイザーから、モロッコでの会議を盛り上げてくれてありがとうと、感謝状とアルガンオイルをいただいた。

無難にチョコレートをお土産としてあげると、

「これでチョコレートをもらうのは10箱目なの。世界中のチョコレートをもらい、全部食べたら太ってしまうわ」と笑っていた。

余剰分は返金してくれるとの約束であったが、予想以上に出費がかさみ、返金は一切なかった。そりゃそうだ。普通、手元の予算に応じて企画するのだから。返金を期待するのであれば、最初から渡さなければいいだけだ。足りなければ関係者がなんとかしたはずだろう。最初から多めにお金を渡すという余計なことをした私が、単純にバカであった。大金を手にして調子ぶっこき、切ない思いをするとは、見事なにわか成金である。

まぁ、そもそもババ所長の助けがなければ、印税どころか就職だってできなかったのだ。思うところはあるけれど、天（読者）からの授かり物を世界のバッタ博士たちと堪能できたし、ババ所長に花を持たせることができたと気持ちの整理をしておこう。

私同様、初めてオペラを観覧したという方たちからもお礼を述べられたので、オペラの普及に貢献できたと思うことにした。
これに懲りず、日本語のオペラを鑑賞したいと思う。

聖なる衣

日本で講演会をするときは、ババ所長が授けてくださったモーリタニアの民族衣装であるダラーとターバン（ハオリ）を着用するのが私のお決まりであった。正装であり、営業用のスイッチが入り、気が引き締まる。人様の前に出るときはいつも着用しており、何度も着ているうちに着慣れてきた。

集まりなどで初対面の方と話しているとき、営業用のバッタ博士のことは認識していても、私服だと本人とは気づかないようだ。お笑い芸人が衣装を脱ぐと気づいてもらえない現象が起きるようになっていた。プライベートは人知れずゆっくりと過ごしたい。いつの間にか民族衣装が私のプライベートを守ってくれていた。

モーリタニアに行き始めて以降、日本で人前に出てもあまり緊張しなくなっていた。羞恥心を忘れてしまったのかしらと思っていたが、そうではない。モーリタニアで街中を歩くとジロジロと見られ、まるで有名人のように注目されるのに慣れてしまったおかげだ。芸能人が緊張を見せないのは、大勢に見られまくったからではないかと思う。緊張しやすい人は大勢の人にジロジロ見られるトレーニングを積めばよいかもしれない。

労いのシンゲッティ

「コータロー、我が国モーリタニアには、我が国のために研究に精を出している研究者を表彰するシンゲッティ賞なるものがある。これまでコータローの成長を待っていたのだが、モーリタニアで行った研究で論文をいくつも発表しているから実績は十分だ。応募しない手はないぞ！」

ババ所長からメールが届く。ババ所長は長年にわたり、バッタ防除センターの所長を務めてこられたが、定年退職を迎えると共に、すぐさま隣国のマリにある国際的な農業研究機関（INSAH）の長に大抜擢されていた。毎週のように海外出張に出向き、偉い人たちと会議し、国際バッタ目学会のマネジャーも兼任し、大忙しだったが、相変わらず私のことを気にかけてくれていた。

シンゲッティ賞（Chinguitt Prize）は、モーリタニア政府が毎年主催し、モーリタニアの文化や芸術、科学の発展に貢献したモーリタニアや外国の研究者が表彰される。授賞式には大統領も参加する、モーリタニアで最も権威ある賞の一つである。名称の「シンゲッティ」は、イスラム7番目の聖地として11世紀ごろから栄え、ユネスコ世界文化遺産の指定都市として、モーリタニアを代表する歴史ある街として知られている。

当時、PNAS誌の論文発表前のため、私的には大した業績をあげられていないのだが、是非ともチャレンジすることにした。

これまでの業績やら、やってきたことがいかにモーリタニアに貢献してきたか、こっぱずかしいほど偉大なる人物のように書き上げ、『バッタを倒しにアフリカへ』でモーリタニアのことを日本に紹介し、2国間の懸け橋になっていることも書き加えた。

書類はフランス語で提出する必要があった。まずは英語で書き上げ、Google翻訳さんのお世話になった原稿をババ所長に修正してもらい、申請書が完成した。

申請書を提出するとき、授賞式には必ず出席する旨の誓約書も同封する必要があった。授賞式が行われるのはモーリタニア滞在中とは限らない。もし日本にいたら、片道35時間かけて授賞式に出席することになるかもしれず、ドキドキしていた。申請時にあらかじめその旨、明記しているのは良心的だ。申請書を提出後、「最終審査に残っているが、授賞式に出席するのであれば、このまま審査を進める」とか後で事務局に言われると、全ての作業を中断し、大変ツライ思いをして帰国しなければならないことも起こりうる。

さて、いつまで経っても結果報告はなく、コロナの騒動もあって応募していることすらすっかり忘れていた頃、在モーリタニア日本国大使館からメールが届き、受賞している旨が伝えられた。

大使館員は、モーリタニアの情勢を把握するために、現地の新聞やらネットニュースやらをチェックするのが日課だそうで、そこで私の名前を見つけたという（滞在中はいつも大変お世話になっており、ありがとうございます）。その数日後に事務局から私宛に受賞の連絡があり、正式に科学技術振興賞を頂戴することになった。

シンゲッティ賞のメダル

テレビでも受賞者が発表されたらしく、ティジャニからも、

「コータロー、うちの近所の人たちからも今回の受賞をお祝いしてもらっているぞ。おめでとう」

というお祝いの連絡があった。

大変恐れながら、この賞の情報がほとんどないため、どんだけすごいのか把握できていなかったが、テレビでも発表されるとはすごい。

　薄々すごい賞であることは、賞金が150万円であることから察していた。物価の安いモーリタニアでこの額は驚愕である。

　これを独り占めしたら罰が当たってしまう。センターのスタッフは約100名。ならば奮発して、ヤギを1匹丸ごと買えちゃう1万円を一人ずつお渡しすれば、形だけでも良き恩返しになる。さっそくババ所長に吉報を知らせる。

前「このような権威ある賞を受賞できたことは信じられません。自分自身の貢献は小さいまだと思っていましたが、ババ所長が磨いてくれた申請書が、審査委員を刺激してくれました。長い時間、支援してくださりありがとうございます。ババ所長の推薦で受賞できたことがなによりも嬉しいです。この賞は私一人の賞ではなく、センターのスタッフみんなのものです。もし私が賞金を手にしたら、退職してしまった人たちも含め、みんなで均等に山分けしたいです」

バ「親愛なるメッセージをありがとう。スタッフとシンゲッティ賞受賞の喜びと賞金を共有してくれることはお金そのものよりも貴重な道徳的な価値を持つもので、とても感謝しています。あなたがモーリタニアでしたことは決して小さくなく、日本では信じられないくらい過酷な環境で一生懸命働いた成果のため、あなたはその賞を受賞するのに完全に値します。残念ながら今年は2人に賞が分けられ、モーリタニアの数学者にも授与されますが、賞の価値を下げるわけではありません」

ん？　他に受賞者がいたら何かあるのだろうか。胸騒ぎを覚えて募集要項をチェックしたら、「各賞に約150万円賞金がつくが、最大で4名が受賞し、賞金は分けること」。ふむふむ、ということは150万円の半分の75万円が取り分ということか。それでもすごい額の賞金である。

当時、コロナの影響で海外出張が制限されていたため、どうやって授賞式に参加したものか悩もうとしたところ、中止の連絡が入った。ティジャニにお願いし、事務局にメダルと賞状、賞金を受け取りに行ってもらった。

2年間、モーリタニアに渡ることができなかったが、2022年、防除センターで新所長のジャヴァ所長がお祝いのセレモニーを企画してくださった。お祝いの品として、モーリタニアの民芸品をいただいただけでなく、多数の人たちが集まってくれた。なんという気遣いサプライズ！

余談だが、在モーリタニア日本国大使館・内田立国大使が公邸に、ジャヴァ所長ともども招待してくださったことがあった。そのとき、内田大使がジャヴァ所長に、モーリタニア人はなぜこんなにも献身的で友好的なのかを質問されると、

「モーリタニア人はいつでも誰かを受け入れられる。例えば、日中、ハイマ（テントのこと）は四方をあけており、どの方角からでも客人を招き入れる準備をしている」

と粋な説明をされていた。

ジャヴァ所長はじめ、センターのみんなにお礼を伝える。

ジャヴァ所長からシンゲッティ賞受賞のお祝いをしていただく

前「この賞は私一人の力ではなく、センターのみんなと協力して獲得することができました。長年にわたりサポートしてくださり、ありがとうございました。せめて、賞金はみんなで山分けしたいと思います！」

センターを所管している農業省からセレモニーに参加してくれた偉い人も、スピーチをくださった。

「私は長年勤めてきたが、このような微笑ましい光景に出会ったのは初めてだ。つまらない会議に出席するのは嫌だが、今日のセレモニーは素晴らしい。こちらのセンターの今後の活躍を祈っている」

当初、センターの幹部たちは、この賞金は給料が低い人たちにだけ渡して、私たちは大丈夫だからと遠慮された。お金の額ではなく、みんなで山分けすることに意味があるのだから、是非とも受け取ってこの喜びをシェアしてくれと無理やりお渡しした。

翌日、センターは、一連のストーリーを記事にまとめて農業省に報告してくださった。

「モーリタニア政府が、日本から来てバッタ防除センターと共同研究している研究者を表彰し、その賞金を現地スタッフみんなで山分けし、お互いを労った」

自分で言うとかなんなんコイツという総ツッコミを覚悟の上で記すが、我ながら、これは美談中の美談である。私がもし徹底的な貧乏であったら賞金をそのまま懐に収めただろうが、印税のおかげで生活にゆとりがあったから、このような振る舞いができたのだ。印税ありがたし！

私は多額の賞金をもらったはずなのに、センターのスタッフ一人ひとりに1万円ずつ山分けすると、むしろ赤字になるわけだが、こういう赤字は良い赤字だ。センターで働くお掃除係やセキュリティ係は別の会社から派遣されているが、普段からお世話になっているので、彼らにもお渡しする。まさか自分がもらえるとは思ってもみなかったようで、めちゃ喜んでくれた。

ティジャニ曰く、

「これまでコータローが何しにセンターに来ているのかよくわかっていないスタッフもいたが、ジャヴァ所長がセレモニーを企画し全員に集合をかけ、しかも賞金を独り占めせずにセンターのアクティビティを農業省にアピールしてくれて、すごく重要な人物であるのがわかったと言っていたぞ。いずれにせよ、プロフェッサー、おめでとう！」

異国でがんばりが認められるのはありがたいことだ。センターにも少なからず貢献でき、恩返しできてよかった。ふと気づくと、オペラに続いて散財している。だが、世の中は面白いもので、良いお金の使い方をすると、巡り巡って戻ってくる。

奢れぬ者は久しからず

私は誰かからモノをもらったり、奢ってもらったりするときは、「えー！　いいんですか!!」と、大喜びでいただくことが多い。

自分が何かを差し上げて、相手が喜んでくれているのを見るのは快感である。私もたまに誰かに奢ることがあるが、喜んでくれたり、そっけなかったり様々である。喜んでもらえたら、奢りがいがあったと、自分が奢ってもらったときよりも嬉しくなってしまう。

奢ってもらえたときに、奢ってくれた人に喜んでもらうためには、奢ったときに自分がどう感じるのかを把握する必要がある。奢り上手は奢られ上手になりやすいと思う。逆に、お金を出し惜しんで奢らなくなれば、奢られなくなってしまう気がする。

また、日本は、「右へ倣え」や「お返し」の文化があるため、人に気軽に物をあげづらい。

「あの人があげたから、私もあげなければ気まずい」

「もらってしまったから、お返しをしないといけない」

日本では、誰かが気を遣うと、周りの人も、受け取った本人も気を遣わなくてはいけない空気が漂っているため、良かれと思った善意が迷惑の塊になってしまうことがある。

一方のモーリタニアは、イスラムの教えにより、持っている人が持っていない人に分け与えるのは普通のことで、素直に喜んでもらえる。あげたくなければあげなくてもいいし、あげたい人があげればいいだけで、あげなかったからといってとやかく言われず、非常にスムーズに世の中が回っているように思う。

善意を行うと「自分はなんて素晴らしい人間なのだろうか」と、承認欲求が満たされ優越感に浸ることができ、気分が良くなる。モノをもらう人は、逆に優越感をプレゼントしてあげている的な記述を、どこかで見たことがある。

自分でプレゼントを購入するより、誰かと交換し合ったほうが、余計に嬉しくなる。モノも、優越感も一緒に手に入る。何より、そういった気楽で気さくな人間関係を築けることが、一番の財産となる気がする。

日本学術振興会賞、受賞

PNAS誌での論文発表の翌年、所属機関の国際農研、小山修理事長が「日本学術振興会賞に応募してみませんか」と、声をかけてくれた。いつも明るく気さくに励ましてくれ、大変勇気づけてくれるリーダーだ。

一つずつ説明すると、日本学術振興会（Japan Society for the Promotion of Science: JSPS）と

は、文部科学省所管の独立行政法人で、学術研究の助成、研究者の養成のための資金の支給、学術に関する国際交流の促進、学術の振興に関する事業等を行うことにより、学術の振興を図ることを目的としている。

私の場合を例にとると、博士課程後期課程在籍に対するDC2（毎月の給与20万円、2年間の研究費総額190万円）、ポスドクを対象としたPD（毎月の給与36万円、3年間の研究費総額240万円）、海外の研究機関に2年間派遣する海外PD（2年間の給与と研究費総額760万円）と、若手研究者の育成に力を入れると共に、科学研究費補助金（通称・科研費）を運営している。

これは人文・社会科学から自然科学まで全ての分野にわたり、基礎から応用までのあらゆる「学術研究」（研究者の自由な発想に基づく研究）を格段に発展させることを目的とする「競争的研究資金」である。すなわち、日本学術振興会は、日本の科学の根幹を担う組織である。

そして日本学術振興会賞は、創造性に富み、優れた研究能力を有する若手研究者を見いだし、早い段階から顕彰することで、その研究意欲を高め、研究の発展を支援することにより、我が国の学術研究の水準を世界のトップレベルに発展させることを目的としている。

ちなみに、研究者界隈では、45歳までを若手として扱う。スポーツ選手であればベテランの域だが、研究者はまだまだこれからである。

過去の受賞者を見ると、iPS細胞でお馴染みの山中伸弥教授や、昆虫学の分野では、お世話になった京大昆虫研の松浦さん、産業総合研究所で共生関係及び生物間相互作用の多様性、機能、進化、起源の理解を目指す、深津武馬首席研究員が受賞している。

私などが応募したところで、倍率母数要員になるのが目に見えていた。申請書類の準備も相当大変である。だが、滅多にない機会を与えてもらったのだ。応募することにした。研究業績をまとめ、いかに自分の研究が優れているのか大風呂敷を広げて作文する。

ありがたいことに、私は日本学術振興会の全ての若手研究者支援制度にお世話になってきた。もし私が受賞できたら、若手研究者の支援制度の重要性を世にアピールでき、恩返しになるのではないか。同時に、研究者人生の命の恩人ともいえる京都大学白眉プロジェクトへの恩返しにもなるはず。加えて、所属研究機関のアピール、ひいては所管の農林水産省のアピールにつながり、日本とモーリタニアの友好関係にも結びついていく。

ここに来るまでに、ずいぶん色々な方々のお世話になってきたものだと感慨にふける。

研究業績の要約はこんな感じで準備した。

「サバクトビバッタはアフリカ等で大発生し、深刻な食料不足を引き起こす越境性農業害虫である。申請者は、本種の防除技術の開発を目指し、大発生を引き起こす原因と考えられている相変異の制御メカニズムと野外生態の解明を中心とする、生理・生態学的特性の解明に取り組んできた。例えば、雌雄が集団別居する繁殖システムの発見、砂漠の過酷な環境下における体温調節メカニズムの解明、密度依存的な卵サイズ制御メカニズムの解明等である。これらの研究成果は相変異と生態の理解を深め、農薬の使用量を軽減できる防除技術の開発に大きく寄与する。研究成果は、国際誌40報に報告した。また、一般向けの科学啓蒙にも努め、著作の発行部数は22万部を超え、研究活動そのものが多くのファンから応援されている」（申請書より抜粋）

申請書に「ファンから応援されている」と記す頭の悪い研究者はそうそうおるまい。まともに闘っても勝ち目はないため、飛び道具を使って目立とうとするのはいつもの芸当である。

数カ月後。

「うわぁ、ウソでしょ……」

内定の連絡が届いた。

喜びもあったが、大きな罪悪感が同時に湧き起こってきた。私は果たして受賞に値する研究者だろうか。身に余る賞を授かり、プレッシャーに押し潰され、精神に異常をきたす者がいるという話を聞いたことがある。

自分も完全にそれに当てはまりそうだが、「お世話になった関係者の皆様やファンのおかげで受賞できた」と考えることにした。その代表として、私が受賞すると考え方を切り替えたら気が楽になった。

授賞式@学士院

授賞式は過去2年間、コロナの影響で中止されていたが、2023年は開催されることになった。上野にある学士院が会場。なんと、授賞式は、秋篠宮皇嗣同妃両殿下のご臨席を仰ぎ、文部科学大臣代理として副大臣をはじめ、各界からの来賓の参列を得て、盛会のうちに執り行われた。

おごそかな雰囲気の中、白眉プロジェクトでご一緒した藤井啓祐教授（大阪大学）や、『目の見えない人は世界をどう見ているのか』（光文社新書）の著者である伊藤亜紗教授（東京工業大学リベラルアーツ研究教育院）ら総勢25名が出席した。

さすが皇族が出席されるだけあって、事前に渡されたプログラムには見たことのない敬語がある。あらかじめ、スーツにネクタイ着用という指定があったため、コスプレなどは厳禁だ。

秋篠宮両殿下が御着され、御臨場後、式が始まると、国歌奏楽（東京藝術大学による生演奏で、出席者は斉唱せずに、拝聴）。賞状は紙ではなく金属で、木の額縁に埋め込まれ、メダルもしっかりと固定されている。

完全におごそかである。普段、使う機会がまったくないため、ここぞとばかりに、やんごとねぇ、やんごとねぇと心の中で唱え続ける。

名前を呼ばれ、はいと返事をし、壇上へと上がる。両殿下には最敬礼（45〜90度）、文部科学副大臣には一礼（45度）、日本学術振興会理事長にはお辞儀（15度）をして賞状を受け取る。異なる角度の礼を使い分けたのは初めてだった。

その後、秋篠宮両殿下との懇談会が催された。受賞者は5つのグループに分けられ、それぞれに両殿下がお立ち寄りになられる。両殿下はお2人一緒ではなく、それぞれ個別に研究者一人ずつとお話しできるご配慮がなされた。

私たちのグループには研究者4名（with同伴者の私の父）に加え、ノーベル物理学賞受賞者で審査委員長の小林誠先生が。偉すぎる方々ばかりいて脳がバグる。

私たちの番がやって来た。まず私のお隣に殿下が、逆サイドから紀子様が順にお話しされることになった。

「アフリカで大発生するバッタをやっつける研究をしております、前野と申します」と自己紹介したところ、事前に資料に目を通してくださっていた殿下のお口から、

「あのサバクトビバッタの！」

を頂戴した。

なぜ現代でもバッタが大発生するのか、どのように現地で研究しているのか、ご質問賜り、集団別居仮説についてもご説明差し上げた。「本もたくさんの人に読んでもらえているようで」とバッタ本もご認識されており、大変恐縮した。「大変な研究ですが、これからもがんばってください」と励ましを頂戴した。

続いて紀子様にも同様の自己紹介をしたところ、

「あっ、バッタさんね！」

と、朗らかにご認識されており大変光栄であった。優しい眼差しで私たちと会話され、不

思議な高揚感を覚えた。話の流れで、バッタアレルギーのため、バッタの味見は控えている旨をお伝えしたら、驚いてくださった。

秋田から駆けつけてくれた同伴者の父を紹介し、「今回は最高の親孝行ができました」とお伝えしたところ、我々、前野家を労ってくださった。

式が終わり、他の出席者たちがお帰りになる一方、私と父はその場に残り、次なるイベントに備えた。

全日本へご報告

お次はＮＨＫの取材が待ち構えていた。

受賞決定が公表された後、ＮＨＫの宮﨑慶太アナウンサーから取材の依頼を頂戴していた。彼がＮＨＫ秋田放送局に勤めていた頃にも取材を受けたことがあったが、タイミングよく東京・渋谷の本局に異動になっていた。以前は秋田県内だけの放送だったが、今度は全国版である。特筆すべきは、宮﨑アナは「昆虫大好きアナウンサー」で、秋田では虫のイベントを開催するほどだ。

学士院の一室に撮影クルーが駆けつけ、カメラ４台が向けられるガチ取材が始まろうとしていた。

スーツの上着を脱ぎ、ワイシャツの袖をまくって、モーリタニアの民族衣装ダラーを羽織り、ターバンを頭に巻いて胸元のネクタイを隠す。正装の上に正装を重ねるという、二重正装で挑む。緊張することなく、自然体で取材を受けることができた。2週間前から飲み会の予定をたくさん組み、おしゃべりをトレーニングしたかいがあった。

授賞式の翌日、所属先でも小山理事長がお披露目会を企画してくれた。頂戴した賞状と日頃のお礼を同僚の皆に伝えた。そして興奮冷めやらぬ2日後、再びモーリタニアに戻った。

怒涛の日々であった。


アフリカに戻った2週間後、番組の放送日は奇遇にも私の誕生日だった。全国ネットで宮﨑アナが、今回の受賞と誕生日をお祝いしてくれた。NHKの生放送で誕生日を祝ってもらえる人はそうそうおるまい。モーリタニアではテレビ放送を見られないため、実家とスカイプをつなぎ、放送を見守った。

内容は、バッタに食べられたいという夢を抱いていること、日本学術振興会賞とシンゲッティ賞を受賞したこと、今回のバッタの集団別居に関する研究内容や、夢探しの秘訣として読書をおススメしていることなどを、軽やかに紹介してくれた。

テレビやラジオにはたまにしか出演しないが、実際に放送されるまで、変なことを言っていないか不安になる。今回はそんな心配も杞憂に終わり、虫好き同志の宮﨑アナの巧みなリードと編集のおかげで立派に話しているように見えた。

放送が終わり、両親と共に「大していがったなぁ（ものすごく良かったなぁ）」と感慨に浸ろうとしたところ、実家の電話が鳴りっぱなしになった。

一緒に見ていたティジャニは大興奮して、

「アボーン！　コータロー、ボク スペシャル！　モーリタニア人でも肩にかけたダラーが崩れてきて何度も着なおすのに、コータローは微動だにせずになんという着こなしなんだ！　モーリタニアの文化を日本中に知らしめてくれて、ボク メルシー！」

弘前大学時代にお世話になった安藤先生から、放送を見たと連絡を頂戴した。

「番組を見た子供のなかには、昆虫学をめざすきっかけになったかもしれない。バッタ大発生の写真もみごとだった」

と、弟子の成長を祝ってくれた。成長した姿を恩師に披露でき、大変嬉しかった。論文を発表してもお金はもらえないけど、お金じゃ買えない感動を味わえることを知った。

と言いつつ、日本学術振興会賞の副賞として、賞金110万円を頂戴した！

私は、地元秋田の土崎図書館から借りた『ファーブル昆虫記』がきっかけとなって昆虫学者に憧れ、この道を歩んできた。以前、著作を子供たちにも読んでもらいたいということで、児童書版『ウルド昆虫記　バッタを倒しにアフリカへ』を刊行しており、これは恩返しのチャンスであると閃いた。秋田県の読書活動を推進し、県立図書館を所管している秋田県教育庁生涯学習課を通じて、秋田県内の全ての図書館と小学校に、『ウルド昆虫記』計250冊を寄贈させてもらったのだ。

その際の費用が50万円だったので、今回の賞金はそっくりそのままありがたくいただくことにした。

世の中不思議なもので、良いお金の使い方をすると、後で嬉しい形となって戻ってくることが多い。プライスレスな価値をひっさげて戻ってきてくれるので、ただ手元でお金を寝かせておくのはもったいない。これからも良いお金の使い方を心掛けていきたい（良い人エピソードやら受賞やらで、読者の皆様が吐き気を催されていないか心配だが、基本的には悲惨な目に遭って心がすさみ切っている時間のほうが長いため、大目に見ていただきたい）。

聖地での対面

２０２３年、ファーブルが卒業したモンペリエ大学にて、セミナーをさせてもらえることになった。内容はもちろんサバクトビバッタの繁殖行動についてだ。

モンペリエはサイエンティフィックな都市として知られ、生態学や進化学を専門とする有志が２週間に１回、セミナーを行う（Séminaires d'Écologie et d'Évolution de Montpellier）。フランスに来たついでにセミナーをしてみないかと、シリルから声をかけてもらった。セミナーを開催するにあたり、委員会での審査があり、選ばれし者だけが発表できるという。幸い、無事に審査をパスした。

平日午前11時からの開催だが、大学に来られない大忙しの研究者もいるだろう。Ｚｏｏｍを使用したオンライン参加も可能となったのは、新型コロナウイルス感染症がもたらした、数少ないケガの功名であった。

当日ギリギリまで何度もスライドを作り直し、自分の発表を録音し、バッタのエサ替え中に何度も聞きなおす。英語での発表に大変な不安を抱えていた。フランスに渡って１カ月以上、英語だけで生活していたので、少しは滑らかに話せるようになったが、それでも他の人に比べたらポンコツである。

しゃべりに自信がないため、スライドは極力わかりやすく、写真や動画をふんだんに盛り込み、磨きをかける。

セミナーではまず、自己紹介がてら、フランスではまったく有名ではないファーブルに影響を受け、子供の頃に昆虫学者を目指してこの道に進み、とうとうファーブルが卒業したモンペリエ大学でセミナーができたこと、そして、それをとても喜んでいることを伝えた。

40分の発表で160枚という大量のスライドを準備し、テンポ良く繰り出していく。最後に、「私は『バッタを倒しにアフリカへ』をファーブルに捧げたいと思います」と、クールに締めようと企んでいたのだが、「dedicate（捧げる）」という極めて重要な単語を忘れてしまった。見事にあたふたしたが、「devote（捧げる）」でも合っていたっけと思い出し、力ない声で捧げることとなった。

後日、挽回の機会に恵まれた。研究所で仲良くなったリリィとその彼氏と一緒に、ファーブルのご自宅を訪問することになった。ファーブルのご自宅は有名な観光施設（パリ国立自然史博物館の分館。奥本大三郎著『完訳ファーブル昆虫記』集英社より）になっており、リリィはそこにお勤めしていたこともあった。

奇しくも2023年はファーブルの生誕200年。施設の許可をとった上で、誕生日プレゼントとして『バッタを倒しにアフリカへ』を彼のご自宅に献本できた。渾身の研究成果と著作を、天国のファーブルに最も近いであろう場所から捧げることができ感慨深かった。

天時、地利、人和に恵まれし者

「何かをやり遂げた者は常に三つのものに恵まれていたという。天の時と、地の利と、人の和である」

（横山光輝著『三国志　第2巻』潮出版社より抜粋）

私がこの時代に「集団別居仮説」を検証できたのは、様々な偶然が幾重にも重なった結果だ。手軽に使えるようになったカメラ類、たくましく成長した車両、GPSなど、半世紀前とは比べ物にならないほど、研究機材はタフになり精度も上がり小型化した。技術者たちの努力は学術調査を大いに助けてくれた。

インターネットが普及し、研究者一人ひとりが専用のパソコンを使えるようになり、解析の速度、作図、統計解析、文献検索の時間、執筆にかかる時間は大幅に短縮でき、浮いた時間をさらに研究に費やすことができるようになった。友人や家族への連絡もずいぶん楽になった。

野外調査を効率良く行うためのシステムは、モーリタニア国立サバクトビバッタ防除センターのババ所長が人生を捧げて築き上げ、そのシステムは廃れることなくスタッフたちによって維持されている。おかげでサハラへアクセスできる。

ファーブルの昆虫学への招待、恩師の背中への憧れ、ウバロフの遺志への尊敬、京大昆虫研をはじめとする世界各地の研究者たちからの知的な施し、フランス人研究者シリルの献身的サポート、ティジャニの縦横無尽なサポート、両親と兄弟による健(すこ)やかな家庭環境、そして、私のウルドに秘めた覚悟とあらぬ方向に向かってしまった好奇心——様々な要因が複雑にからみ合い、私の振る舞いに影響を及ぼした。

サハラ砂漠でのフィールドワークは、体力的に若いうちにしかできないハードワークである。博士過程在籍中から若手研究者を育てることを目的とした支援制度である日本学術振興会の恩恵はここにつながった。若手研究者を躍動させる京都大学白眉プロジェクト、世界で闘う舞台を研究者に提供する農林水産省所管、国際農研、ＳＮＳの発達により、即座にネタを喜んでくれるファンの皆様、心の拠りどころの仲間たち。

様々な「モノ、コト、ヒト、オモイ」が同じ時代に集結し、私は恵まれた。その結果、おそらくは、人類史が始まって以来、初めて訪れたサバクトビバッタの野外での繁殖行動を解明するチャンスを逃さずに、ものにすることができた。「アフリカでバッタを研究するために人生を全フリすると、どのような末路を辿るのか？」という疑問に答えるべく、人生を捧げて人体実験してみた。

辿り着いた先に待ち受けていたのは、憐れな成れの果てではなく、不格好ながらも我が人生を誇りに思える達成感と、もっとうまくやれていたのになぁという後悔だった。

これについては、色々と思うことがあるので、感じたことをシェアしたい。

夢の代償

無収入になったときは切なくなったけど、あのときに鍛えた広報活動のおかげで、人に物事を伝える楽しさを知ることができた。読者の皆様に恵んでもらった多額の印税がお金の心配事を吹き飛ばしてくれたし、今や研究を進めるための潤滑油になってくれている。まさに「災い転じて福となる」だ。

ただ、良いことばかりではない。夢を追いかけた代償は、「ソバカスがすごく増えちゃった」だった。日焼け止めクリームを塗っていたが、サハラの日差しは容赦なく私を焼き、ただでさえ色白の秋田県民の肌に灼熱の刻印を残した。

ソバカスなんて気にしないわ、だけど、もっと深刻な代償は「独身」だった。私の独身は、何か聖なる力に護られているのか？　と疑うほどに婚活はことごとく失敗した。バッタには孤独相と群生相、転移相があるが、私の相は今や「可哀相」だ。

彼女がいなかったから本作を執筆する時間を確保できたけど、バッタの繁殖活動について異常なまでに執着したのも、自身の婚活がうまくいかなさすぎた反動かもしれない。色んな動物の婚活システムについて意欲的に勉強し、動物の雌雄がいかにして出会い、互いに結ばれているのかを深く考察することができた。いまや婚活博士になる勢いだ。

得られた知識を基に、自分の求愛行動における問題点や異性へのアプローチ方法を解析し、婚活を成就させるための黄金の法則を読者と一緒に編み出せたらいいなと思いつき、この本に載せるべくまとめあげた。その結果、７万文字に迫ってしまった。

ご存じのように、本書はすでにかなりの厚さになっており、これ以上「鈍器」としての殺傷能力が高まるのは危険だと判断し、泣く泣く削った。まえがきで三本柱の一つに「婚活」を掲げておきながら、人間の婚活要素が手薄だったのは「書き過ぎた」という理由があった。

読者からのリクエストが多ければ、別の書籍として刊行したいと思う。

夢探しのきっかけ

「前野さん、ぜひ夢について学生たちに語ってください！　夢を持つ大切さも！」

教育関係者にこういう依頼をされることがあるが、婚活がうまくいかずに絶望の淵に佇んでいる者に、夢について語る資格などあるだろうか？

若い頃の夢は、将来の職業や生活に関わるものが多いと思う。私の場合、「職業・昆虫学者」になるという夢を追いかけ、昆虫を研究できる研究所に就職できたため、ひとまずは夢が叶ったことになる。ただ、夢の捉え方について違和感を覚えている。

進路を選ばなければならない学生時代、夢を抱いていないと、社会不適合者の烙印を押されるため、無理やり夢を捻り出さなくてはならないプレッシャーを感じていた。若者が夢を持たなければ、不健全だから夢を持ちなさい的な、圧迫に近い空気が漂っていた。

そこまでして夢を持たなければいけないものなのかしら。夢はキラキラ輝く美しいものの象徴だが、その裏には深い闇と胡散臭さが潜んでいるのではと畏れを感じていた。

正直に白状すると、私は「なんだか楽しそう」という、うっすい理由で、もうこれでいいやと早々に昆虫学者になることを夢に仕立て上げた。他の夢候補を検討することを放棄し、夢探し戦線から離脱した。世の中のことがよくわかっていないというのに、進路を選ぶとか、そんな無茶なと思いつつ、手っ取り早く、それらしい夢を持つことで、プレッシャーとおさらばしたのだ。

同年代がどうやって夢を見つけているのか知りたかったが、その機会は皆無だった。なぜなら、夢を語ることはこっぱずかしいのだ。みんな隠して教えてくれない。夢へと直結する進路をどうやって選んだのかを友達に聞いても「えっ？　なんとなく」とか「親がやっているから」という素っ気ない答えが多かったように思う。

なんとなく昆虫学者を夢に設定したところ、その後、思いのほか気分良く努力でき、いつのまにやら夢中になってがんばれたおかげで、夢が叶った。

当時の進路選びに苦悩した感情はもはや霞んで、ぼんやりと消えかかっている。夢を叶えるための努力も大変は大変だが、全力を尽くすに値する夢をどうやって見つけるのかが一番難しい気がしている。『夢をかなえるゾウ』シリーズ（水野敬也著、文響社）がミリオンセラーになっているのも、夢の見つけ方や夢を叶える秘訣をカジュアルに教えてくれる貴重な本だからではなかろうか。

「なるべく小さな幸せと　なるべく小さな不幸せ　なるべくいっぱい集めよう　そんな気持ちわかるでしょう」

（ザ・ブルーハーツ「情熱の薔薇」より）

この歌詞に込められているように、壮大な夢など抱かずとも幸せを感じることができるのだから、学生の頃からそこまで無理やり夢を探さなくてもいいのではとも思う。ただ私は、進路がからんだ夢を叶えた後でも、大小さまざまな夢を見つけ続け、一つ叶う度に幸せを感じている。そして、大きい夢が叶ったときの幸せは病みつきになるし、早めに夢を見つけられたら、その分、準備にも時間をかけられる。

そもそも夢とはいったい何者なのか？

夢を語るのはこっぱずかしいのに加え、夢を追いかけ中の中途半端なときに現れる考えは、一瞬で浮いては沈み、淡く儚く消え去るため、語られづらく、記録に残りにくい性質をしているのではなかろうか。なんとかして夢の実態を捉えてみたいと考えていた。

私は日本だけでなく、世界の人たちからも応援してもらって、なんとか夢を叶えることができた。恩返しというには、おこがましいのだけど、恩返しを兼ねて、これから少しだけ、夢を追いかけ中、すなわち〝夢中〟に感じたことについて考察してみたい。

「コイツ、夢について語り始めやがった！　正気か？」と読者に失笑されることを想像すると、顔から炎が立ち上がるほど恥ずかしいが、中途半端な今しかできない夢語りに挑んでみたい。バッタを倒す話が、どうやったら夢の話につながるのか謎すぎの展開だが、ものは試しにやってみよう。

読書に頼ろう　進路探し

「よくもまぁバッタの研究にハマったもんだね」と言われることがあるが、珍しいことをしているだけで、自分の興味の赴くままに突き進むことは、はなはだしくヘンではないと思っている。

世の中、学生の頃から進路や夢を探さないといけないらしい。それも、お金を稼ぐ仕事に結びつけねばならないようだ。それぞれの職業のやりごたえや裏事情など全然把握できていないのに、どうやって職種を絞ればよいものやら途方に暮れることになる。「今の若者は夢を持っていない」という年寄りのグチを耳にすることがあるが、昔の方々は、全員もれなく夢を持っていたというのだろうか。

　進路選びについて私なりに感じていることとして、現在、インターネットやらメディアが発達したせいで選択の余地が増えまくり、選ぶに選べず情報の波に溺れているのではなかろうか。私が外国出張からの帰国後に、目に入るほぼ全ての女性をステキだと思い、誰か一人を選べなくなってしまう、あの現象に近いだろう。

　昨今、情報は比較しやすくなっただろうが、進路は家電製品のように簡単には選べそうもない。何といっても人生がかかっているのだから。先生と親との三者面談が容赦なく開催され、とくにやりたいことが見つかっていないと自己嫌悪に陥ってしまう。とりくむべき研究テーマが見つかっていないときの不安に近い。

　給料の額はさておき、私が思うに、何をやっても面白いはずだ。研究じゃなく、営業の仕事をしていてもその面白さにハマっていたと思う。ヒトは置かれた環境に柔軟に適応できる能力を本能的に秘めている。面白さのツボが人それぞれ違い、様々な職業が営まれているのは、この柔軟性のおかげの気がしている。

　とはいえ、どうやって進路を選んだらいいものか。私がお勧めしたいのは、憧れの大人を見つけることだ。

私はファーブルに憧れて、彼の姿に自分を重ね、どんな大人になっているか妄想してみた。そうしたところ、たまらなくカッコ良くてやりごたえもありそうだったので、昆虫学者になる道を選んだ。お金のことをうっかり考慮しなかったおかげで、無収入になってしまうアクシデントはあったが、今では意図せず、お金を気にせずにビールをしこたま飲める経済的平民になることができた。

ロールプレイングというジャンルのゲームがあるが、憧れた人の役割を演じてみたらイメージがつきやすくなる。スポーツなどの競技をしている人なら、「こうなってみたいなぁ」と、一度は先輩やプロに憧れを抱いたことがあるはずだ。それと同じ感覚だ。

では、どうやって憧れの大人を見つけ出したらいいのか。近くに魅力的な大人がいる場合は、その方の生き様を学べばいいけれど、他の大人を見る機会はそうそうない。

そこで、私がゴリ押ししたいのが、読書である。1冊の本には著者の人生そのものが詰まっている。自分自身の人生はリセットしてやり直しがきかないけれど、本ならば読んだ数だけ色んな人生を追体験できる。お金のことを考えるのはもちろん大切だけど、「なんかいいかも」というほんの些細な直感がきっかけになり、夢の職業へと続く進路を選ぶ手助けになることは大いにあるはずだ。

もし、近くに進路を探せずにもがき苦しんでいる方がいたら、読書が突破口になるかもしれない。あなただけの運命の1冊に是非とも巡り合ってほしい。もちろん、私の運命の1冊は『ファーブル昆虫記』だ。

ありがたいことに毎年、たくさんの本が出版されている。著者、出版業界と本屋さんたちは、我々の夢探しを応援してくれている。お買い上げいただいたその1冊の売り上げは、巡り巡って人々の夢探しを応援しているはずだ。

家庭環境

「私は仕事柄、国際的に色んな人たちにたくさん会ってきた。しかしながら、コータローのような人間味溢れる人間にほとんど出会ったことがない。我が国のミドルネーム「ウルド」を名乗ったり、オペラに多額の寄附をしたりするなど、なかなかできることではない。私はあなたを尊敬しているが、あなたの両親は一体どんな教育をしたというのだ？」

ババ所長とお互いを褒め合って鼓舞し合っているときに言われた言葉だ。自分で自分のことを褒める文章を書くとか恥の極みではあるが、日本人全体の資質として、真面目に何かをがんばれるのは特別なことではないと思う。

親の身としては子供たちには伸び伸びと人生を送ってもらいたいし、できればお金で苦労してほしくないと願うだろう。独身者だから経験はないものの、我が子がどうやって進路を選ぶのかは、自分事よりもハラハラしちゃいそうだ。

「またゲームばっかりして！」と、子を怒る親はたくさんいるだろうが、私は人生で大切なことはドラゴンクエストやファイナルファンタジーなどのロールプレイングゲームで学ぶことができた。あちこちで経験値を積み、仲間と出会い、異世界転生的な環境での闘いに大いに役立った。どこで何が役立つかは本当にわからない。

参考までに私の両親のことを紹介すると、両親は大学に進学せず、父はＪＲ東日本の運転手に、母は専門学校で学んだ後に専業主婦になった。私には一切レールを敷かず、自由にやりたいようにしたらいいという方針だった。２人は大学がどんなものか把握していなかったため、もし大学に行くならアドバイスはできないから自分で考えて進むようにと任せてもらえた。自由といえども放置されていたわけではなく、中学生の頃には近くの塾に、高校３年生からは東進ハイスクールに行かせてくれたし、浪人した時には仙台の河合塾文理予備校に寮から通わせてもらった。

どの進路を行くにしてもある程度の学力が必要とされる場合が多く、その準備のおかげでこの道に進むことができた。

父はときおり何かの試験に向けてハチマキをしてがんばって勉強していた。その後ろ姿を見て、自分もがんばれる素質があると思い込んでいた。

母が手料理を一生懸命作る姿を見て、人のために何かができることは喜びであり、自分も人のためにがんばれる素質を秘めていると信じていた。

口であれこれ言われたわけではなく、両親の普段の姿から、自分も大人になったらあれこれがんばれるだろうと勝手に思っていた。口から出る言葉でも十分に思いは伝わるが、背中で語られる言葉を受け取るには自分の感情が働く必要があり、受け取れた時には言葉よりも重みがある。

私が親ならば、子供がアフリカでバッタの研究をして飯を食っていきたいと言ってきたら、あまりにも先行き不透明すぎて反対すると思う。子供を信じ、任せるのは、大変難しい教育方針だ。親の理解を得なければ、進路を選べない場合もあるだろう。私にはそのような足かせがなかった。バッタの研究で飯が食える夢が叶ったのは両親のおかげでもある。

ご子息が突拍子もない進路に行きたいと言い出したとき、親としては戸惑うだろうが、2冊のバッタ本を思い起こし、「野放し」という後押しがあることを再認識してほしい。

逆に、親が自分の進路に反対したら、「アフリカでバッタの研究をして、給料をもらえるようになった人がいるんだから、私の進路のほうが成功確率は高いよ」と説得材料にお使いいただきたい。

みんな応援団

夏になると全国高等学校野球選手権大会、通称、「甲子園」が開催される。私は高校球児たちが繰り広げる筋書きのないドラマや、甲子園に棲む魔物が気まぐれにイタズラする波乱を観戦するのを大変楽しみにしている。

とくに、母校の秋田中央高校が出場するときは自分のことのごとく応援する。たとえ母校でなくとも、秋田県のチームならどこでも応援する。大会が進み、惜しくも負けてしまったら、次は自分が住んだことのある宮城県、青森県、茨城県、京都府のチームを応援し始める。そのチームが負けてしまったら、次は東北のチームを……という具合に、次々と応援するチームを変えていく浮気性だが、他の方々はどうだろうか。

他のスポーツや文化的活動、研究活動、農林水産業などなど、誰かを応援したことがある方は多いはずだ。私は人間の本質として、誰かを応援したくなる慈愛の心を持っているのではないかと睨んでいる。しかも、少しでもゆかりのある者を応援したがるのではないか。町内↓地区↓県↓地域↓日本↓アジア↓地球と大きくなっていくが、いずれのスケールでも応援したくなる。

ワールド・ベースボール・クラシック（ＷＢＣ）で日本が世界一になったときなんか、日本全体が一つの応援団になっていたと思う。この「応援心」は人間社会が発達する上で非常に重要な役割を演じて来たのではなかろうか。

若いうちはひ弱で、自分が選んだ進路を一人で歩んでいくのは難しいかもしれない。そんなとき、あれこれ経験している大人がこれまでも手を差し伸べて応援してきたはずだ。学校の先生たちの教育だって応援の一種だ。言い換えると、応援してくれる良い大人に巡り合えたら若人は成長でき、どんな険しい進路でも歩んでいける。ただ、中には足を引っ張る輩や、他人の幸せや成長を妬む大人も少なからずいるから、若人にとって大人の見極めは大切だ。

応援するのは楽しいし、応援してもらえるのも楽しい。進路を歩む過程で、自分だけの応援団ができあがったら、なんだか無茶な夢でも叶いそうな気がする。たとえ自分に優れた才能や素質がなくても、ある程度までは大人に伸ばしてもらえばいいのだ。軌道に乗ったら自分の色を出せばいい。「応援する、してもらう」は、進路を歩んでいくためのキーポイントになるだろう。

では、応援してもらうためには、自分がどんな人間であるべきか。これは深き問いである。

献身的な研究者

研究者は、他人などお構いなしで、寝食を忘れ、実験室に引きこもって自分の研究に没頭しているイメージを抱かれていないだろうか。確かに猛烈に集中するときはあるが、研究者の他人を思いやる人間力には、目を見張るものがある。

２０２４年８月、京都で第27回国際昆虫学会議（ICE2024 Kyoto）が、日本昆虫科学連合と日本学術会議の共同主催で開催されるが、日本全国、とくに関西圏の名だたる昆虫学者たちが組織委員を務めている。皆、一流の昆虫学者であり、ただでさえ忙しいにもかかわらず、ご自身の貴重な時間を割き、世界中から集まる３０００人を超える昆虫学者を迎え入れる準備を着々と進めている。

研究者は論文で評価されることが多く、持ちうる全ての時間を自分のためだけに使えば、論文の生産性を高めることができる。しかし、多くの研究者は自身が所属する組織や学会がうまく運営されるように委員を務めたり意見交換したり、それこそ学会の全国大会が開催されることになれば、すさまじい時間をかけて準備することになる。

それが国際学会ともなるとスケールも大きくなり、大変なんてものじゃない。日本のため、世界のため、委員の皆様は貴重な時間を割き、色んな事を準備されている。

自分の利益を顧みず、心身ともに他人のために尽くす行為は「献身的」と表現されるが、委員を務める研究者たちはまさに献身的であり、我が国の誇り、人類の宝である。

誰かのために何かができる、献身的な振る舞いができる研究者。人として、なんとカッコいいことか。第27回国際昆虫学会議の成功を心から祈っている。

この夏、猛暑になったら、それは盛り上がりに盛り上がっている昆虫学者たちのせいである。

原動力

私は今回の発見をするために、人生全振りで研究してきたと言っても過言ではない。研究に没頭する前の学生時代に、心の底から思いっきり遊んだから、吹っ切ることができたのだろう。

一方、高校時代のテニス部では補欠にも入れずに惨めな思いをしたり、大学受験に失敗して一浪したり、若いうちに味わった苦労や挫折は精神を鍛え上げるのに役立った。

こうした、心が折れないしなやかな打たれ強さも、武器の一つになっていただろう。加えて、自分が主役じゃなくても、誰かを応援したくなる精神を育むことができた。自分もいつか応援してもらいたいなぁと思っていたところ、ファンの方々が応援してくれるようになり、ものすごい励ましになった。

純粋な知的欲求も原動力の一つであることは間違いない。しかし、今思えば、辛い体験が生きるための原動力となっていた。褒められるよりもバカにされることが多く、見返してやるという復讐心に近いというか、負けられないというか、意地のような執念のような思いがずっと心の中で消えることはなかった。この思いが、大変な状況でこそ、頼もしい支えとなった。

すでに負けを何度も味わっているがゆえ、絶対に負けたくないことに挑むとき、どうやったらいいのか真剣に悩むことができた。基本的に物事はうまく進んでくれない。うまくいかないときに、無理やりにでもうまくいくように工夫できるかできないかで、その後の展開は大きく変わる。物事がうまくいくと、逆に気持ち悪くて不安になる。

ここ一番、絶対に成功したいときが人生では訪れる。そのときに、これまで失敗した数だけ大切なポイントに気がつくことができ、逆境にも耐えられる。だから人生、失敗した者勝ちだと思っている。後で喜びを回収すればいいだけだから。待ちに待った、熟成された喜びを味わえるのは人生の大きな楽しみでもある。

とはいえ、中には本格的にヤベー案件もある。そんなときは、とっとと片づけたり見切りをつけて逃げたりするに限る。挑むべき問題であるかどうかの見極めは生死にかかわるため、無茶はしてもいいけど、無理はしないほうがよい気がする。

あと、人は何歳になっても褒められたい願望を抱いている。褒められると嬉しくてがんばろうという気になるから、褒めて褒められる関係性を築けたら精神衛生上、大変良いと思う。

夢と人生も一種の作品である。人それぞれの生き様が刻まれ、多種多様である。辛い思いは後々、人生を華やかにさせてくれる前フリだと思って、歯を食いしばって向かい合ったり、逃げて回避したりすればいい。どんな作品ができるかイタズラしながら楽しんでいきたいものだ。

夢と人生を語るにはまだまだ早すぎるけど、人生を歩んでいる途中のステージでしか抱けない考えを記しておくのも一興だ。軌道修正するためにも、皆様と議論できたらいいな。

そういえば、夢を語る姿をバカにする人はほとんどいなかった。もしかしたら、私たちは夢を語ることを必要以上に恐れているのかもしれない。

「知」のバトンリレー

世界中で、毎日のように発表される多くの論文の一報一報には、研究者一人ひとりのドラマが隠されている。様々な想いが「知」に形を変え、半永久的に受け継がれていく。仮説の検証中は、先行き不透明過ぎて心臓に悪いけど、よそでは味わえない興奮や感動に全身が痺(しび)れ、快感に酔いしれることができるのが研究の醍醐味の一つだ。

この世にまだ答えがない科学の謎に挑むのは、まるで宝探しの冒険だ。道なき道を進むにしても、道標がないわけではない。先人が築いた「知」が礎となり道となり、研究を進めることができる。疑問は永遠に尽きることはなく、研究の営みは果てしなく続いていく。顔も知らぬ先人が見つけた発見が礎となり、新たなる知見を加え、さらに後進へと託していく様は、世代を超えた「知」のバトンリレーである。我々が取り組んできた論文も一つの「知」として次世代に、いや、数百年後の世界のどこかの誰かの心に届くことを祈っている。

科学の世界では、「知」のバトンリレーに加わる新しき力を常に歓迎している。そして、新しき知を築き上げていく、これからの若き研究者たちが経済的に憂うことなく躍動するための研究助成システムの、さらなる強化を願ってやまない。

はっきり言って、もっと若手研究者の可能性に懸けてほしい。サバクトビバッタは地球規模の農業害虫で、モーセが海を割った頃から問題となってきた。サバクトビバッタに縁もゆかりもない日本の、若手研究者（当時31歳）、しかもフィールドワーク初心者が生態に関する謎の一端を解き明かすことができたのだ。これは、日本の義務教育や研究者育成システムの賜物と言える。日本に限らず世界の若手研究者は、世界が抱える難問を解き明かすポテンシャルを秘めている。

ただ、今回の研究のように単純に時間がかかったり、研究者自身が成長しなければ手掛けられなかったりするものもあり、2～3年の研究成果だけで評価されるシステムだと、チャレンジングな課題に挑むことは難しい。それこそ今回の研究は10年かかった。なけなしの私費を投入し、自身の印税で元を取るような算段がうまくいくことは少ないはずだ。若手研究者が国内外で成長し、研究に専念できる機会に恵まれる、日本学術振興会のようなシステムの維持・構築は極めて重要な社会の課題だ。

これは研究に限った話ではない。私は何も読者全員を昆虫学者にしようと企んでこの本を書いたわけではない。あらゆる分野において、若者が躍動しやすい社会を準備するのは大人の役割だ。進路を決めるとき、失敗したらどうしようという不安は大きすぎる。失敗すればするほど税金が安くなったり、コンビニの商品を安く買えたりと、色んな分野の若人がのびのびとチャレンジできる社会になればいいのにと思う。若くして熟したほうが長きにわたり、その高き実力を発揮できるから、お得である。

私個人では、全員に経済的な支援をすることはできないけど、一人の人間としての進路を前作と本作を通して共有することはできる。ぜひとも今を生きる皆様と山分けしたい。

そして、「知」のバトンリレーは今を生きる者たちでもできる。今回の研究は、観察と測定によって、未知の自然現象を報告したに留まっている。いわば、本格的な研究はこれからだ。集団別居を駆動するメカニズムをさらに詳しく解明するためには、異なる力を持つ研究者たちの力が必要になってくる。遺伝子解析や化学分析、行動解析、環境測定、数理、シミュレーションなどは強力な武器となるはずだ。今後の展開を考えれば、テクノロジーの発展は大いに助けになるし、現地での人々の動きを理解するためには文化人類学的な力も欠かせない。

私一人が生理学と生態学を組み合わせただけで、新発見できたのだ。その道のエキスパートとタッグを組めたら、きっとすさまじい新発見を連発できるはずだ。
研究に限らず、心理学や筋トレ方法に長けている方と仲良くなれたなら、私の心身を鍛えてくれるはず。私はおいしいものが大好きだから、上手な豆の煮方を伝授してくれるのだって、居酒屋を教えてくれるのだって大いなる力となる。陶芸家や酒造りをする杜氏や蔵人など、色んな分野のあなたが秘めている力を私に授けてほしい。そして、お互いの「知の力」を合わせ、日本をバッタの魔の手から護っていきたい。是非とも皆様のお力添えを！

ここにこの物語を完結するが、私の研究活動は終わったわけではない。これら一連の活動の裏で、私は新たなる仮説の検証に挑んでいた。私が遭遇できた集団産卵の現場は、ほんのわずかなもので、広大なサハラ砂漠の各地で人知れずに集団産卵は行われていた。卵は眠ることなく、2週間弱でふ化し、新たなる厄災になりうる大量の幼虫は、静かに蠢き始めていた。私の研究チームは、集団産卵調査の疲労が癒えぬ間に、すぐさまフィールドへと舞い戻っていた。

世界が信じ切っている定説を覆すために……。

あとがき　名前とお礼と挨拶と

研究するにあたり、どうしてここまでフィールドワークにこだわるのか、我ながら不思議に思っていた。いいやん別に、飼育室で実験してても。わざわざ不便なことをしなくてもよかろうものを。

『ONE PIECE』（尾田栄一郎著、集英社）を読んでいて、主人公のルフィが「D」という名前を代々受け継いでいることに言及するシーンで、ハッと気がついた。私の名字の「前野」には、フィールドを意味する「野」が含まれているではないか。フィールドにいると妙に落ち着くのはこのためかと納得できた。

「野中」さんの先祖は無類の「野好き」で、野にしかいたくなかったのかもしれない。一方、「前野」の先祖は、野の前に住むくらいの適度な「野好き」だったから、実験室とフィールドの両方を楽しむことができる血を受け継いだに違いない。「野」に導かれ、フィールドワークをしていることに、ご先祖様はあの世で喜んでくれていることだろう。ただ、私が選んだ野がサハラ砂漠だったのには驚いているに違いない。

外国で研究をする人生を歩むことになろうとは予想していなかった。幼少期から実力不足や努力不足で、文武両方でなかなか良い思いをできずに人生を進めてきた。だが、人生のメインストリームとなる研究にだけは、微塵も後悔がないように全力を尽くそうと思っていた。言語能力を磨くことをおろそかにしてきたため、大変な目に遭ったが、それでも現地の人たちから何かと面倒をよくみてもらえることが多かった。言葉も通じないのに、これはどういうことか？

確かに私はお近づきの印としてプレゼントをすることが多く、金の力で仲良くなったのかもしれないが、それでは説明できないことが多々ある。すれ違う人が振り返るほどの美男子ではないいし、体から特段良い匂いが出ているわけでもない。

今振り返ると、人間が生きていく上で本能に組み込まれた生存に関わる問題をクリアできていたからではないか。私は元気よく笑顔で挨拶し、些細なことでもお礼を伝えるように両親に育てられた。言葉が通じずとも仲良くなれる秘訣は、挨拶とお礼にあったのではないかと睨んでいる。

自然界の「食う - 食われる」の関係はシビアで、繁殖できるまでに命を落としてしまう生物だらけだ。人間社会では、変なことをしない限り、リアルに他の生物に食べられる心配は少ない。最も脅威となる天敵は人間である。

近づいてくる人間が、ヤバいヤツかどうかいち早くジャッジするための営みとして、世界中のあちこちで独立に挨拶が進化したのではないかという考えを、私は抱くようになった。見知らぬ人はいきなり攻撃してくるかもしれないが、挨拶することで敵ではないことを伝えているのではなかろうか。

挨拶すらできない野蛮人だと襲いかかってくるかもしれないし、挨拶すらできないほど致死的な病気にかかっている恐れもある。一夜にして伝染病にかかるかもしれないから、毎朝、挨拶をして健康状態を確認し合っているのではなかろうか。

両親に挨拶を教えられ、学校の先生にも挨拶しなさいと言われたが、最初はなんのためにしているのかよく理解していなかった。だが、相手に敵意を持っていないことを示し、かつ、自身の健康状態を知らせるための国境を越えた、人間の本質的な行動なのではないかと思うようになった。

ほとんどの国で皆、個人個人の名前を持っている。「○○、おはよう！」と言われるだけで、仲間として認識してもらえて安心するし、なんだか嬉しい。

フレンドリーに挨拶するという、基本中の基本のコミュニケーションを身につけていたおかげで、どの国に行ってもうまいことやれたんじゃないかと思う。とくに外国では、とびっきりの笑顔を振りまき、わからないことを誤魔化し笑いで切り抜けようとするため、渡航後1週間くらいはほっぺの筋肉が疲労困憊する。


また、お礼の効果はすごい。

「お礼を言えないようなヤツは単なる動物で、人間じゃない。お礼は相手をリスペクトする上で欠かせず、良好な人間関係を構築する上で一番大切だ」

とティジャニが豪語するくらい、お礼は大切だと実感している。

自分自身の何らかの行為に対し、相手からお礼を伝えられると、いわゆる承認欲求が満たされる。いやらしいが、お礼を言われると自分自身が認められたような気がして気分が良い。

それは相手も同じで、「前野に何かしたら、高確率でお礼を言ってくれる」という信頼を持ってくれたら、手助けしてもらいやすくなるかもしれない。

異国の言葉を覚えるに越したことはないが、挨拶とお礼はいつでも、どこでも、誰にでも、お金もかからず、大した体力も消耗せず、すぐにできる生きやすくなる技だ。もちろん表情も大切で、笑顔は万国共通の言語である。

挨拶やお礼を伝える際、おじぎすることがあるが、これは相手から目線を切り、この身をさらけ出す絶対服従の表れとみなすこともできる。日本では、礼、おじぎ、最敬礼と角度が異なり、目上の人に対するほど深い角度の礼が求められる。これは攻撃をする気がない意志の表れではなかろうか。謝罪するときには深々と首（こうべ）を垂れるが、これもこの身を危険にさらしてでも謝りたいという、強い意志の表れだろう。ひれ伏したり、土下座したりなんかは無防備すぎだ。

この基本行為のおかげで仲良くなったティジャニは、新妻との間で3人目のお子さんに恵まれた。奥さまが身籠（みごも）り、男の子だと判明したとき、

「コータロー、私は今度生まれてくる赤ちゃんにコータローと名付けることにしたぞ」と報告してきた。

早産で危うい時期を乗り越えたペティ（小さい）コータローは、家中の靴ヒモを抜き取ったり、テレビのリモコンのスイッチ部についているラバーを剥がして隠したりと、大暴れするまでに育っている。

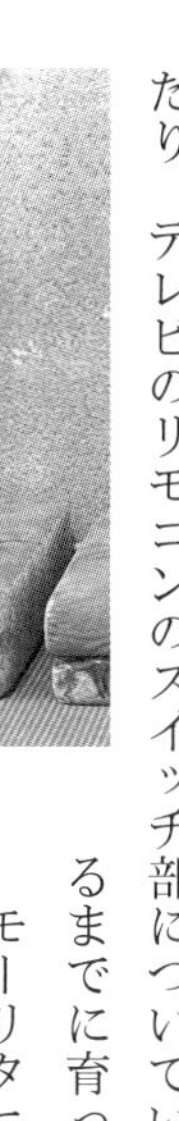

ティジャニとペティコータロー

モーリタニアからウルドをもらうだけではなく、私の名前がモーリタニアでも使われることになろうとは、ティジャニの最大の敬意の証だ。この13年間で、私と最も長い時間を一緒に過ごし、家族同然のティジャニにマキシマム メルシー。私の研究に付き合ったばかりに、ティジャニまでもがバッタアレルギーになってしまった。心からお詫び申し上げる。

あっという間に時が過ぎ去り、環境が激変していく。共同研究者たちは、国際研究機関の長になり、大臣になり、国内の研究機関の長になるなどレベルを上げている。編集者だった三宅貴久さんは、編集長になり、光文社第三編集局局長になった。巻末の奥付に発行者として名前が刻まれるまでになっている。

立場が変われば、気まぐれな感情は移ろいゆき、やがて忘却の彼方へと姿を消していく。10年にも及ぶ研究の書を執筆するとき、当時の感情を思い出すのは大変難しい。数値やデータは姿形を変えずに半永久的に保存されるが、感情だけは思い起こせないのが恐ろしい。

今ならまだ間に合う。全ての感情を失う前に、なんとかして形に残したかった。研究や婚活の合間を縫って、つぎはぎだらけの時間をチビチビと重ねて、ようやくこの本をしたためた。とくに海外出張中の孤独な時間を執筆に充てた。読者の期待にこたえるべく、全力で続編となる本作を出すことを考え、あれこれ構想を練り、執筆する時間は楽しかった。伏線をあちこちで回収するようにイタズラしてみたのだけど、気づいてもらえたら嬉しい。

内に秘めし情熱とサハラの灼熱でこの身を、この胸を焦がし続けた闘いの日々は、今も続いている。関係者の皆さんとバッタにとびっきりの感謝を表明し、新たなるステージに挑戦していく所存だ。これからも応援よろしくお願いいたします。

お花見デート用にレジャーシートを買いました。後は彼女を見つけるだけ……

集団別居仮説の前野ウルド浩太郎より

参考・引用文献

Andersson, M. (1994) Sexual selection. Princeton University Press.

Arnqvist, G., & Rowe, L. (2005) Sexual conflict. Princeton University Press.

Cullen, D.A., et al. (2017) From molecules to management: mechanisms and consequences of locust phase polyphenism. Advances in Insect Physiology, 53: 167–285.

Cullen, D.A, et al. (2022) Sexual repurposing of juvenile aposematism in locusts. Proceedings of the National Academy of Sciences, 119: 1–9.

Dirsh, V.M. (1951) A new biometrical phase character in locusts. Nature, 167: 281–282.

Dirsh, V.M. (1953) Morphometrical studies on phases of the desert locust. Anti-Locust Bulletin, 16: 1–34

Höglund, J., & Alatalo, R.V. (1995) Leks. Princeton University Press.

Hunter-Jones, P. (1960) Fertilization of eggs of the desert locust by spermatozoa from successive copulations. Nature, 185: 336.

Hunter-Jones, P. (1970) The effect of constant temperature on egg development in the desert locust *Schistocerca gregaria* (Forsk.). Bulletin of Entomological Research, 59:707–718.

Kokko, H., et al. (2014) Mating systems. (eds: Shuker, D. & Simmons, L.). The evolution of insect mating systems. Oxford University Press.

Krause, J., & Ruxton, G.D. (2002) Living in groups. Oxford University Press.

Maeno K.O. et al. (2016) Daily microhabitat shifting of solitarious-phase Desert locust adults: implications for meaningful population monitoring. Springerplus, 5: 107.

Maeno, K.O., Ould Ely, S., Ould Mohamed. S., Jaavar, M.E.H., Nakamura, S. & Ould Babah Ebbe, M.A. (2019) Defence tactics cycle with diel microhabitat choice and body temperature in the desert locust, *Schistocerca gregaria*. Ethology, 125: 250-261.

Maeno, K.O., Ould Ely, S., Ould Mohamed. S., Jaavar, M.E.H. & Ould Babah Ebbe, M.A. (2020) Adult desert locust swarms, Schistocerca gregaria, preferentially roost in the tallest plants at any given site in the Sahara Desert. Agronomy, 10: 1923.

Maeno, K.O., Piou, C., & Ghaout, S. (2020) The desert locust, *Schistocerca gregaria*, plastically manipulates egg size by regulating both egg numbers and production rate according to population density. Journal of Insect Physiology, 122: 104020.

Maeno, K.O., Piou, C., Ould Ely, S., Ould Mohamed, S., Jaavar, M.E.H., Ghaout, S., Ould Babah Ebbe, M.A. (2021) Density-dependent mating behaviors reduce male mating harassment in locusts. Proceedings of the National Academy of Sciences (PNAS), 118: e2104673118.

Maeno, K.O., Ould Ely, S., Ould Mohamed. S., Jaavar, M.E.H. & Ould Babah Ebbe, M.A. (2023) Thermoregulatory behavior of lekking male desert locusts, *Schistocerca gregaria*, in the Sahara Desert. Journal of Thermal Biology, 112: 103466.

Matsuura, K., Vargo, E.L., Kawatsu, K., Labadie, P.E., Nakano, H., Yashiro, T., Tsuji, K. (2009) Queen succession through asexual reproduction in termites. Science, 323: 1687.

Norris, M. J. (1954) Sexual maturation in the desert locust with special reference to the effects of grouping. Anti-Locust Bulletin, 18: 1–43.

Popov, G. B. (1954) Notes on the behaviour of swarms of the desert locust (*Schistocerca gregaria* Forskal) during oviposition in Iran. Transactions of the Royal Entomological Society of London, 105: 65–77.

Popov, G. B. (1958) Ecological studies on oviposition by swarms of the desert locust (*Schistocerca gregaria* Forskal) in eastern Africa. Anti-Locust Bulletin, 31: 1–70.

Roffey, J., & Magor, J.I. (2003) Desert Locust population parameters. Desert Locust F. Res.Station. Tech. Ser. 30 (FAO, Rome, Italy)

Seidelmann, K., & Ferenz, H. -J. (2002) Courtship inhibition pheromone in desert locusts, *Schistocerca gregaria.* Journal of Insect Physiology, 48: 991–996.

Stower, W.J. et al. (1958) Oviposition behaviour and egg mortality of the desert locust (*Schistocerca gregaria* Forskål) on the coast of Eritrea. Anti-Locust Bulletin, 30: 1–33.

Stauffer, T. W., & Whitman, D. W. (1997) Grasshopper oviposition. (eds: Gangwere, S.K., Muralirangan, M.C., Muralirangan, M.). The bionomics of grasshoppers, katydids and their kin. CAB International, New York, pp. 231–280.

Uvarov, B.P. (1921) A revision of the genus Locusta, L. (= pachytylus, fieb.), with a new theory as to the periodicity and migrations of locusts. Bulletin of Entomological Research, 12: 135–163.

Uvarov, B. P. (1966) Grasshoppers and Locusts. Vol. 1. Cambridge University Press.

Uvarov, B. P. (1977) Grasshoppers and Locusts. Vol. 2. London: Centre for Overseas Pest Research.

Waloff, N., & Popov, G.B. (1990) Sir Boris Uvarov (1889-1970): The Father of Acridology. Annual Review of Entomology 35: 1–26.

安藤喜一（2021）『カマキリに学ぶ』北陸館

伊藤嘉昭・桐谷圭治（1971）『動物の数は何できまるか』ＮＨＫブックス

巌俊一（1988）『巌俊一生態学論集』新思索社

粕谷英一・工藤慎一（2016）『交尾行動の新しい理解』海游舎

マーリーン・ズック、リー・W・シモンズ、沼田英治訳、遠藤淳訳（2023）『なぜオスとメスは違うのか―性淘汰の科学』大修館書店

高橋佑磨、片山なつ（2021）『伝わるデザインの基本 増補改訂3版 よい資料を作るためのレイアウトのルール』技術評論社
ジャン＝アンリ・ファーブル、奥本大三郎訳（2005 - 2017）『完訳 ファーブル昆虫記 全10巻 上下』集英社
細将貴（2012）『右利きのヘビ仮説』東海大学出版部
前野ウルド浩太郎（2017）『バッタを倒しにアフリカへ』光文社新書
前野ウルド浩太郎（2022）『孤独なバッタが群れるとき』光文社新書
松浦健二（2013）『シロアリ―女王様、その手がありましたか！』岩波科学ライブラリー
水野敬也（2021）『夢をかなえるゾウ1』文響社
宮竹貴久（2011）『恋するオスが進化する』メディアファクトリー新書
宮竹貴久（2018）『したがるオスと嫌がるメスの生物学』集英社新書
山﨑柄根（1980）「ウバロフ卿のこと」「インセクタリウム Vol.17」財団法人東京動物園協会

前野 ウルド 浩太郎（まえの うるど こうたろう）

昆虫学者（通称：バッタ博士）。1980年秋田県生まれ。国立研究開発法人国際農林水産業研究センター（国際農研）主任研究員。秋田県立秋田中央高校卒業、弘前大学農学生命科学部卒業、茨城大学大学院農学研究科修士課程修了、神戸大学大学院自然科学研究科博士課程修了。博士（農学）。京都大学白眉センター特定助教を経て、現職。アフリカで大発生し、農作物を食い荒らすサバクトビバッタの防除技術の開発に従事。モーリタニアでの研究活動が認められ、現地のミドルネーム「ウルド（○○の子孫の意）」を授かる。著書に、新書大賞受賞作で、25万部突破の『バッタを倒しにアフリカへ』、第4回いける本大賞を受賞した『孤独なバッタが群れるとき』（ともに光文社新書）、児童書『ウルド昆虫記　バッタを倒しにアフリカへ』（光文社）がある。

バッタを倒(たお)すぜ アフリカで

2024年4月30日初版1刷発行

著　者 —— 前野 ウルド 浩太郎
発行者 —— 三宅貴久
装　幀 —— アラン・チャン
印刷所 —— 近代美術
製本所 —— ナショナル製本
発行所 —— 株式会社光文社
東京都文京区音羽1-16-6(〒112-8011)
https://www.kobunsha.com/
電　話 —— 編集部03(5395)8289 書籍販売部03(5395)8116
制作部03(5395)8125
メール —— sinsyo@kobunsha.com

 ISBN 978-4-334-10290-6

1306
中日ドラゴンズが優勝できなくても愛される理由
喜瀬雅則

2年連続最下位でも視聴率と観客動員は好調。なぜ順位と人気は相関しないのか？　優勝の可能性は？　立浪監督はじめ多くのOBや関係者への取材を基にしたドラゴンズ論の決定版。

978-4-334-10291-3

1307
ダーウィンの進化論はどこまで正しいのか？
進化の仕組みを基礎から学ぶ
河田雅圭

『種の起源』刊行から一五〇年以上がたった今、人類は進化の仕組みをどれほど明らかにしてきたのか。世に流布する進化の誤解も解きほぐしながら、進化学の最前線を丁寧に解説する。

978-4-334-10292-0

1308
中高生のための「探究学習」入門
テーマ探しから評価まで
中田亨

仮説を持て、さらば与えられん！　アイデアの生み出し方、調査や実験の進め方、結果のまとめと成果発信、安全や倫理等を具体的にガイド。研究者の卵や大人にも探究の面白さを伝える。

978-4-334-10293-7

1309
世界の富裕層は旅に何を求めているか
「体験」が拓くラグジュアリー観光
山口由美

旅に大金を投じる世界の富裕層が求めるものは？　彼らの旅のスタンダードとは？　近年のラグジュアリー観光を概観し、安心や快適さではない、彼らが求める「本物の体験」を描き出す。

978-4-334-10294-4

1310
生き延びるために芸術は必要か
森村泰昌

歴史的な名画に扮したセルフポートレイト作品で知られ、「私」の意味を追求してきた美術家モリムラが、「芸術」を手がかりに「生き延びること」について綴ったM式・人生論ノート。

978-4-334-10295-1